Photoshop
创意之美

修图 + 抠图 + 调色 + 特效 + 合成
——— 全突破 ———

赵申申○编著

清華大學出版社
北京

内 容 提 要

随着数字技术的发展与普及，Photoshop从专业设计领域悄然走进了大众视线，越来越多的摄影爱好者、数码爱好者、设计爱好者不约而同地将视线投向Photoshop。

本书是一本面向广大初学者的Photoshop图书。为使越来越多的朋友能够认识并轻松掌握神奇的Photoshop，本书提取Photoshop最为实用的五个核心应用方向——修图、抠图、调色、特效以及合成，以由浅入深、循序渐进的方式讲授出来。使读者能在轻松、愉悦的学习过程中感受到Photoshop的趣味与强大。

本书采用经典理论与实践相结合的讲解模式，从Photoshop的基础操作开始，进而配合实用有趣的案例讲解Photoshop在修图、抠图、调色、特效等不同领域的使用方法。书中选用精美实用的案例，制作过程讲解清晰，方便读者边学边练，轻松掌握Photoshop操作技巧。

图书在版编目(CIP)数据

Photoshop创意之美：修图+抠图+调色+特效+合成全突破 / 赵申申编著. —北京：清华大学出版社，2017（2018.9重印）

ISBN 978-7-302-48466-0

Ⅰ. ①P… Ⅱ. ①赵… Ⅲ. ①图像处理软件 Ⅳ. ①TP391.413

中国版本图书馆CIP数据核字（2017）第227165号

责任编辑：韩宜波
封面设计：杨玉兰
责任校对：李玉茹
责任印制：李红英

出版发行：清华大学出版社
网　　址：http://www.tup.com.cn，http://www.wqbook.com
地　　址：北京清华大学学研大厦A座　　　　邮　编：100084
社 总 机：010-62770175　　　　　　　　邮　购：010-62786544
投稿与读者服务：010-62776969，c-service@tup.tsinghua.edu.cn
质量反馈：010-62772015，zhiliang@tup.tsinghua.edu.cn
印 装 者：北京亿浓世纪彩色印刷有限公司
经　　销：全国新华书店
开　　本：190mm×260mm　　　印　张：21.75　　　字　数：520千字
版　　次：2017年10月第1版　　　印　次：2018年9月第2次印刷
定　　价：88.00元

产品编号：069612-01

Photoshop 是 Adobe 公司推出的一款专业的图像处理软件，其强大的图形、图像处理功能深受平面设计者的喜爱。作为一款应用广泛的图像处理软件，它具有功能强大、设计人性化、插件丰富、兼容性好等特点。Photoshop 被广泛应用于平面设计、数码照片处理、三维特效、网页设计、影视制作等领域。

本书提取 Photoshop 最为实用的五个核心应用方向，将修图、抠图、调色、特效、合成五项功能以由浅入深、循序渐进的方式讲授出来，各章主要内容介绍如下。

第 1 章为 Photoshop 基本操作，主要带领新手朋友认识 Photoshop，并为后面系统地学习 Photoshop 操作打下基础。

第 2 章为修图，主要讲解如何使用 Photoshop 对画面中的瑕疵进行去除，以及如何简单地美化图像。

第 3 章为调色，讲解 Photoshop 的核心功能——调色技术。通过本章的学习，用户需要掌握使用 Photoshop 校正照片色彩以及风格化色调的制作技法。

第 4 章为抠图技法，主要介绍多种实用的抠图方法，例如颜色差异抠图法、通道抠图法、钢笔抠图法等。

第 5 章为绘图，主要介绍画笔绘画、颜色图案渐变的填充、矢量绘图以及文字功能的操作。

第 6 章为图层特效、第 7 章为滤镜特效，主要内容涉及特效的制作，利用图层混合模式、图层样式以及滤镜为图像添加特效。

第 8 章为合成，通过 4 个比较复杂的合成案例的制作，复习 Photoshop 的实用功能，并在案例的练习过程中逐步掌握各类合成作品的基本制作流程。

本书配备资源包括书中所有案例的源文件、素材以及视频教学，可以通过扫章首的二维码进行下载。方便读者在学习的过程中使用配套的素材同步练习书中的案例。

本书既适合艺术设计从业人员、各大院校设计专业的学生、Photoshop 爱好者、摄影后期爱好者学习，同时也适合社会培训使用。本书案例使用 Photoshop CC 版本制作和编写，建议读者使用 Photoshop CC 版本学习。

前 言

PREFACE

I

本书由赵申申编著，其他参与编写的人员还有柳美余、苏晴、李木子、矫雪、胡娟、李化、马鑫铭、王萍、董辅川、杨建超、马啸、孙雅娜、李路、于燕香、曹玮、孙芳、丁仁雯、张建霞、马扬、杨宗香、王铁成、崔英迪、张玉华、高歌、曹爱德。

由于作者水平有限，书中难免存在错误和不妥之处，敬请广大读者批评和指正。

编　者

Photoshop 创意之美——修图 + 抠图 + 调色 + 特效 + 合成全突破

第 1 章 Photoshop 基本操作

第 2 章 修图

第 **3** 章　调色

Photoshop 创意之美——修图＋抠图＋调色＋特效＋合成全突破

第 4 章　抠图技法

目　录

CONTENTS

Photoshop 创意之美——修图＋抠图＋调色＋特效＋合成全突破

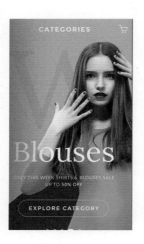

目 录

CONTENTS

Photoshop 创意之美——修图 + 抠图 + 调色 + 特效 + 合成全突破

目 录

CONTENTS

第 8 章　合成

Photoshop 创意之美——修图＋抠图＋调色＋特效＋合成全突破

第 1 章
CHAPTER ONE
Photoshop 基本操作

🌿 **本章概述**

　　本章是认识 Photoshop 的第一节课，通过本章内容的学习我们需要对 Photoshop 有个基本的了解，并熟练掌握在图层模式下的图像编辑方式，在此基础上才能够更好地进行 Photoshop 操作的学习。除此之外，辅助工具在设计制图的过程中不仅便于操作，更能保证画面内容的标准性。

🌿 **本章要点**

- 掌握文档创建、打开、置入、存储等的基础操作
- 了解图层编辑模式
- 熟练掌握错误操作的撤销与返回
- 学会使用标尺与辅助线辅助设计制图

🌿 **佳作欣赏**

1.1 初识 Photoshop

Photoshop 是 Adobe 公司推出的一款专业的图像处理软件，其强大的图形、图像处理功能受到平面设计者的喜爱。作为一款应用广泛的图像处理软件，它具有功能强大、设计人性化、插件丰富、兼容性好等特点。Photoshop 被广泛应用于平面设计、数码照片处理、三维特效设计、网页设计、影视制作等领域，如图 1-1～图 1-4 所示。

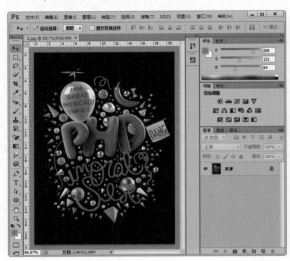

图 1-1

图 1-2

图 1-3

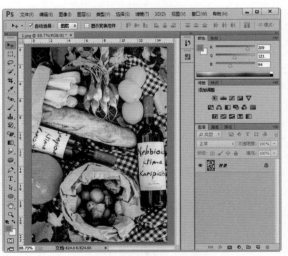

图 1-4

1.1.1 认识 Photoshop 的操作界面

成功安装 Photoshop CC 软件后，单击桌面左下角的"开始"按钮，打开程序菜单并选择 Adobe Photoshop 选项。如果桌面有 Photoshop 的快捷方式，那么双击快捷方式图标也可以启动 Photoshop 软件，如图 1-5 所示。

在学习 Photoshop 之前，需要认识一下 Photoshop 界面中的各个部分。Photoshop 的工作界面并不复杂，主要包括菜单栏、选项栏、标题栏、工具箱、文档窗口、状态栏以及面板，如图 1-6 所示。若要退出 Photoshop 软件，像其他应用程序一样单击右上角的"关闭"按钮 ✕ 即可。或者执行菜单"文件 > 退出"命令。

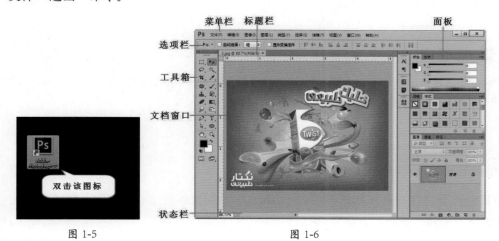

图 1-5　　　　　　　　　　　　　　图 1-6

1. 菜单栏

Photoshop 的菜单栏中包括多个菜单按钮，每个菜单又包括了多个命令，而且有的命令中还有子命令。执行菜单命令的方法十分简单，只要单击主菜单命令，然后从弹出的子菜单中选择相应的命令即可。

2. 工具箱

将鼠标指针移动到工具箱中停留片刻，将会出现该工具的名称和操作快捷键。其中，工具的右下角带有三角形图标的，表示这是一个工具组。每个工具组包含多个工具，在工具组上右击即可弹出隐藏的工具。左键单击工具箱中的某一个工具，即可选中该工具，如图 1-7 所示。

图 1-7

3. 选项栏

使用工具箱中的工具时，通常需要配合选项栏进行一定的选项设置。工具的选项大部分集中在选项栏中，单击工具箱中的工具时，选项栏中就会显示出该工具的属性，不同工具的选项栏也不同。

4. 图像窗口

图像窗口是 Photoshop 中最主要的区域，主要用来显示和编辑图像，图像窗口由标题栏、文档窗口、状态栏组成。打开一个文档以后，Photoshop 会自动创建一个标题栏。在标题栏中会显示这个文档的名称、格式、窗口缩放比例以及颜色模式等信息。单击标题栏中的 ✕ 按钮，可以关闭当前文档，如图 1-8 所示。

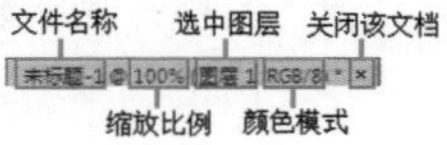

图 1-8

文档窗口是显示打开图像的地方。状态栏位于工作界面的最底部，用来显示当前图像的信息。可显示的信息包括当前文档的大小、文档尺寸、当前工具和窗口缩放比例等。单击状态栏中的三角形图标 ▶ 可以设置要显示的内容。

5. 面板

默认状态下，在工作界面的右侧显示多个面板或面板的图标。面板的主要功能是用来配合图像的编辑、对操作进行控制以及设置参数等。如果想要打开某个面板，那么单击"窗口"菜单按钮，然后执行需要打开的面板命令即可。

技巧提示 使用不同的工作区

Photoshop 提供了多种可以更换的工作区，不同的工作区显示的面板不同。在"窗口>工作区"子菜单中可以切换不同的工作区。

1.1.2 从零开始创建新的文档

当我们想要设计一件作品时，在 Photoshop 中首先需要创建一个新的、尺寸适合的文档，这时就需要使用到"新建"命令。

执行菜单"文件>新建"命令，或按 Ctrl+N 组合键，弹出"新建"对话框，如图 1-9 所示。设置完成后单击"确定"按钮，文档就创建完成了，如图 1-10 所示。

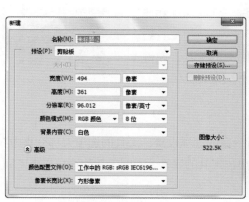

图 1-9   图 1-10

★ 名称：用于输入文档的名称。

★ 预设：单击"预设"下拉按钮可选择一些内置的常用尺寸。

★ 大小：用于设置预设类型的大小，在设置"预设"为"美国标准纸张""国际标准纸张""照片"、Web、"移动设备"或"胶片和视频"时，"大小"选项才可用。

★ 宽度／高度：设置文档的宽度和高度，其单位有"像素""英寸""厘米""毫米""点""派卡"和"列"7 种。

★ 分辨率：用来设置文档的分辨率大小。

★ 颜色模式：设置文档的颜色模式以及相应的颜色深度。

★ 背景内容：设置文档的背景内容，有"白色""背景色"和"透明"3 个选项。

★ 高级：展开"高级"选项组，在其中可以进行"颜色配置文件"和"像素长宽比"的设置。"颜色配置文件"用于设置新建文档的颜色配置。"像素长宽比"用于设置单个像素的长宽比例，通常情况下保持默认的"方形像素"即可，如果需要应用于视频文档，则需要进行相应的更改。

1.1.3　打开已有的图像文档

当我们需要处理一个已有的图像文档，或者需要继续之前没有做完的工作时，就需要在 Photoshop 中打开已有的文档，这时需要使用"打开"命令。

执行菜单"文件 > 打开"命令，弹出"打开"对话框。在"打开"对话框中首先定位到需要打开的文档所在的位置，接着选中 Photoshop 支持的文档格式（在 Photoshop 中可以打开很多种格式文件，例如 JPG、BMP、PNG、GIF、PSD 等），然后单击"打开"按钮，如图 1-11 所示。该文档即可在 Photoshop 中被打开，如图 1-12 所示。

图 1-11

图 1-12

技巧提示　打开文件的快捷方法

按 Ctrl+O 组合键，弹出"打开"对话框。

如果想同时打开多个文档，可以在对话框中按住 Ctrl 键选中多个要打开的文档，然后单击"打开"按钮即可。

如果想打开最近使用过的文件，可以执行菜单"文件 > 最近打开文档"命令，在其子菜单中会显示最近使用过的 10 个文档，单击文档名即可将其在 Photoshop 中打开。

1.1.4　调整文档显示比例与显示区域

当我们需要将画面中的某个区域放大显示时，就需要使用"缩放工具"。当显示比例过大后，就会出现无法全部显示画面内容的情况，这时使用"抓手工具" 可以平移画面，从而方便在窗口中查看。

（1）单击工具箱中的"缩放工具"按钮 ，将光标移至画面中，此时光标变为一个中心带加号的放大镜 ，如图1-13所示。然后在画面中单击即可放大图像，如图1-14所示。如果要缩放显示比例，就按住Alt键，光标会变为中心带减号的缩小镜 ，单击要缩小的区域中心，画面便缩小，如图1-15所示。

图 1-13

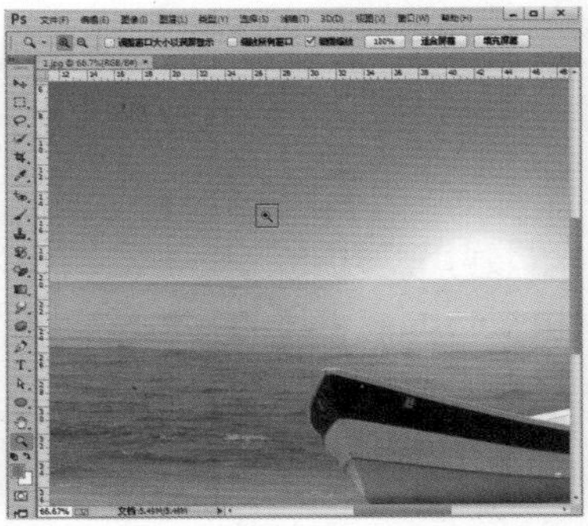

图 1-14

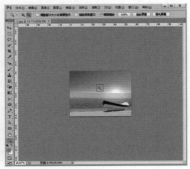

图 1-15

（2）当画面无法完整地在界面中显示时，选择工具箱中的"抓手工具" ，在画面中单击并向要观察的图像区域移动，如图1-16所示，移动到相应的位置后释放鼠标即可查看，如图1-17所示。

图 1-16

图 1-17

技巧提示　设置多个文档的排列形式

很多时候我们需要在Photoshop中打开多个文档，这时设置合适的多文档显示方式就显得尤为重要。执行菜单"窗口＞排列"命令，在子菜单中选择合适的排列方式，如图1-18所示。

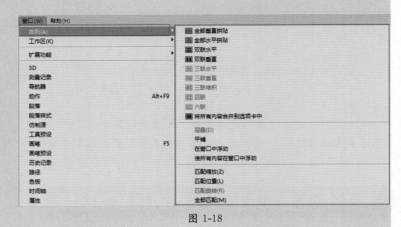

图 1-18

1.1.5 / 向当前文档置入其他元素

当我们要向文档中添加图片或其他格式的素材时，就需要进行"置入"。

（1）新建一个文档或在 Photoshop 中打开一张图片，如图 1-19 所示。接着执行菜单"文件 > 置入"命令，然后在弹出的"置入"对话框中单击需要置入文档的对象，继续单击"置入"按钮，如图 1-20 所示。

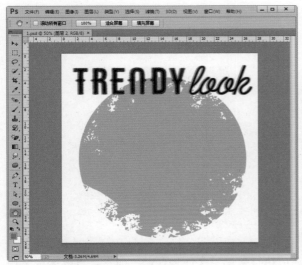

图 1-19　　　　　　　　　　　　　　　　　　图 1-20

（2）如果需要调整置入对象的大小，就需要将光标定位到对象的定界框边缘处，按住鼠标左键并拖动即可调整置入对象的大小，如图 1-21 所示。调整完成后按 Enter 键即可完成置入，如图 1-22 所示。置入后的素材对象会作为智能对象，而智能对象是无法直接对内容进行编辑的，如果想对智能对象的内容进行编辑就需要在该图层上右击，执行"栅格化图层"命令，将智能对象转换为普通对象后进行编辑，如图 1-23 所示。

图 1-21　　　　　　　　　图 1-22　　　　　　　　　图 1-23

1.1.6 / 存储文档

存储就是常说的"保存"。在这里需要了解一个名词——源文件。文档编辑制作后，直接保存的文件，通常被称为源文件或工程文件，这类文件具有可编辑性，并且最大程度保存并还原之前工作的特性。在 Photoshop 中源文件的格式为 PSD。

当完成文档编辑需要进行存储时，可以执行菜单"文件＞存储"命令，或者按 Ctrl+S 组合键。如果是第一次存储该文档，会弹出"另存为"对话框。在该对话框中选择一个合适的存储位置，然后在"文件名"下拉列表框中输入文档名称，单击"保存类型"按钮，在下拉列表中选择合适的文件格式，然后单击"保存"按钮即可，如图 1-24 所示。

图 1-24

此时如果不关闭文档继续进行新的操作，然后执行菜单"文件＞存储"命令，可以保留文档所做的更改，替换掉上一次保存的文档进行保存，并且此时不会弹出"另存为"对话框。执行菜单"文件＞另存为"命令，在弹出的"另存为"对话框中可将文档进行另外存储。

技巧提示 选择合适的文档存储格式

当文档制作完成后就需要对文档进行存储。在"保存类型"下拉列表中可以看到很多格式，用户该如何选择呢？其实并不是所有的格式都能用到。通常文档制作完成后可以将其存储为 .psd 格式。PSD 是 Photoshop 特有的工程文件的格式，该格式可以保存 Photoshop 的全部图层以及其他特殊内容，所以存储了这种格式的文档后，方便用户以后对文档进行进一步的编辑。

而 .jpg 格式则是一种压缩图片格式，具有图片文档占空间小、便于传输和预览等优势，是用户经常使用的一种格式。但是这种格式无法保存图层信息，所以就很难进行进一步的编辑，它常被用于方案效果的预览。

除此之外，还有几种比较常见的图像格式。.png 格式是一种存储透明像素的图像格式。.gif 是一种带有动画效果的图像格式，也就是人们常说的制作"动图"时所用的格式。.tif 格式由于其具有保存分层信息，且图片质量无压缩的优势，常被用于保存要打印的文档。

1.1.7 / 关闭文档

执行菜单"文件＞关闭"命令或按 Ctrl+W 组合键，将关闭当前文档。执行菜单"文件＞关闭全部"命令或按 Alt+Ctrl+W 组合键，将关闭 Photoshop 中的所有文档。

1.1.8　如何打印文档

想要将制作好的图像文档打印出来，就执行菜单"文件 > 打印"命令，接着设置打印机、打印份数、输出选项和色彩管理等属性，设置完毕后单击"打印"按钮即可打印文档，如图 1-25 所示。虽然这里包括很多参数选项，但并不是每项参数都很常用。常用选项的含义如下。

图 1-25

★ 打印机：选择打印机。如果只有一台那就无须选择，如果是多台，就要单击下拉按钮，从多台打印机内选出自己准备使用的打印机型号。

★ 份数：用于设置打印的副本数量。

★ 打印设置：单击该按钮，打开属性对话框。在该对话框中可以设置纸张的方向、页面的打印顺序和打印页数。

★ 版面：将纸张方向设置为纵向或横向。

★ 位置：单击展开"位置和大小"选项组，勾选"居中"复选框，可以将图像定位于打印区域的中心；取消勾选"居中"复选框，在"顶"和"左"文本框中输入数值可以定位图像；在预览区域中移动图像进行自由定位，只能打印部分图像。

★ 缩放后的打印尺寸：用于将图像缩放打印。如果勾选"缩放以适合介质"复选框，系统将自动缩放图像到适合纸张的可打印区域，尽量能打印最大的图片。如果取消勾选"缩放以适合介质"复选框，用户可以在"缩放"文本框中输入图像的缩放比例，或在"高度"和"宽度"文本框中设置图像的尺寸。勾选"打印选定区域"复选框后，可以在图像预览窗口中选择需要打印的区域。

1.2　掌握"图层"的基本操作

在 Photoshop 中"图层"是构成文档的基本单位，通过多个图层的层层叠叠才制作出了设计作品。图层的优势在于每个图层中的对象都可以单独进行处理，既可以移动图层，也可以调整图层堆叠的顺序，而不会影响其他图层中的内容。图层的原理其实非常简单，就像分别在多个透明的玻璃上绘画一样，每层"玻璃"都可以进行独立的编辑，而不会影响其他"玻璃"上的内容。"玻璃"和"玻璃"之间可以随意地调整堆叠方式，将所有"玻璃"叠放在一起就显现出图像的最终效果，如图 1-26 所示。

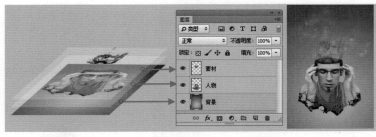

图 1-26

需要说明的是，在 Photoshop 中所有的画面内容都存在于图层中，所有操作也都是基于特定图层进行的。也就是说，想要针对某个对象操作就必须对该对象所在图层进行操作，如果要对文档中的某个图层进行操作就必须先选中该图层。那么，到底要在哪里选中图层呢？答案就是在"图层"面板中。执行菜单"窗口 > 图层"命令，打开"图层"面板。在这里可以对图层进行新建、删除、选择、复制等操作，如图 1-27 所示。

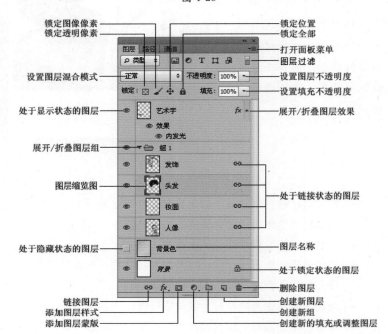

图 1-27

★ 锁定：选中图层，单击"锁定透明像素"按钮 ⊠，将使编辑范围限制在只针对图层的不透明部分。单击"锁定图像像素"按钮 ✔，将防止使用绘画工具修改图层的像素。单击"锁定位置"按钮 ✚，将防止图层的像素被移动。单击"锁定全部"按钮 🔒，将锁定透明像素、图像像素和位置，处于这种状态下的图层将不能进行任何操作。

★ 正常 ⬆ （设置图层混合模式）：用来设置当前图层的混合模式，使之与下面的图像产生混合。在下拉列表中有很多的混合模式类型，不同的混合模式，与下面图层的混合效果不同。

★ 不透明度：100% ⬆ （设置图层不透明度）：用来设置当前图层的不透明度。

★ 填充：100% ⬆ （设置填充不透明度）：用来设置当前图层的填充不透明度。该选项与"不透明度"选项类似，但是不会影响图层样式效果。

★ 👁 （处于显示 / 隐藏状态的图层）：当该图标显示为眼睛形状时表示当前图层处于可见状态，而空白状态时则处于不可见状态。单击该图标可以在显示与隐藏之间进行切换。

★ 🔗 （链接图层）：选中多个图层，单击该按钮，所选的图层会被链接在一起。当链接好多个图层后，图层名称的右侧就会显示出链接标志。被链接的图层在选中其中某一图层的情况下可以进行共同移动或变换等操作。

★ fx. （添加图层样式）：单击该按钮，在弹出的下拉菜单中选择一种样式，可以为当前图层添加一个图层样式。

* ★ ▣.（创建新的填充或调整图层）：单击该按钮，在弹出的下拉菜单中选择相应的命令可创建填充图层或调整图层。
* ★ ▢（创建新组）：单击该按钮可创建出一个图层组。
* ★ ▣（创建新图层）：单击该按钮可在当前图层的上一层新建一个图层。
* ★ 🗑（删除图层）：选中图层，单击该按钮可以删除该图层。

1.2.1 选择图层

　　想要对某个图层进行操作，就需要选中该图层。在"图层"面板中单击该图层，即可将其选中，如图 1-28 所示。在"图层"面板的空白处单击鼠标左键，即可取消选择所有图层，如图 1-29 所示。

图 1-28

图 1-29

技巧提示　选中多个图层

如果要选中多个图层，那么在按住 Ctrl 键的同时单击其他图层就可以了。

1.2.2 新建图层

　　新建图层为后期的修改、编辑提供了很好的条件，是一个简单的操作。

　　在"图层"面板底部单击"创建新图层"按钮▣，即可在当前图层的上一层新建一个图层。单击某一个图层即可选中该图层，然后在这个图层中可以进行绘图操作，如图 1-30 所示。

图 1-30

1.2.3 删除图层

　　如果有不需要的图层可以将其删除。选中图层，按住鼠标左键将其拖曳到"删除图层"按钮🗑上，即可删除该图层，如图 1-31 所示。

图 1-31

执行菜单"图层＞删除图层＞隐藏图层"命令，可以删除所有隐藏的图层。

1.2.4　复制图层

如果想要复制某一图层，可在该图层上右击，执行"复制图层"命令，如图 1-32 所示。接着在弹出的"复制图层"对话框中单击"确定"按钮，如图 1-33 所示。或者直接使用 Ctrl+J 组合键复制图层。

图 1-32

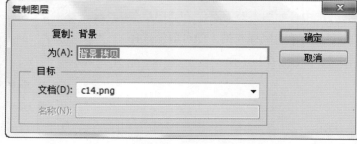

图 1-33

1.2.5　调整图层顺序

了解了图层的原理后，对于为什么要调整图层顺序这一操作的理解就非常简单了。因为位于"图层"面板上方的图层会遮挡下方的图层，如果用户想将画面后方的对象显示到画面前面来，那么就需要调整图层。

在"图层"面板中选择一个图层，按住鼠标左键向上或向下拖曳，如图 1-34 所示。释放鼠标后即可完成图层顺序的调整，此时画面的效果会发生改变，如图 1-35 所示。

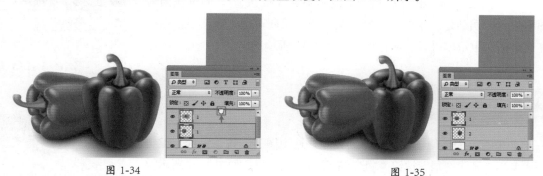

图 1-34　　　　　　　　　　　　　　　　图 1-35

技巧提示　使用菜单命令调整图层顺序

选中要移动的图层，然后执行菜单"图层＞排列"下的子命令，即可调整图层的排列顺序。

1.2.6　移动图层

　　当某个图层或图层中的某部分内容所处的位置不合适时，就可以使用"移动工具"对图层或图层中的内容进行移动。移动图层就是移动图层内像素在画面中的位置。

STEP 01 选择工具箱中的"移动工具" ⊕，然后在"图层"面板中选中需要移动的图层，如图 1-36 所示。接着在画面中按住鼠标左键并拖曳即可移动图层中的内容，如图 1-37 所示。

图 1-36　　　　　　　　　　　　　　　　　　　图 1-37

技巧提示　**如何移动并复制图层**

　　在使用"移动工具"移动图像时，按住 Alt 键拖曳图像，就能复制图层。当在图像中存在选区时，按住 Alt 键并拖动选区中的内容，就会在该图层内部复制选中的部分。

STEP 02 在不同的文档之间移动图层。选择"移动工具" ⊕，在文档中按住鼠标左键将图层拖曳至另一个文档中，释放鼠标即可将该图层复制到另一个文档中，如图 1-38 和图 1-39 所示。

图 1-38　　　　　　　　　　　　　　　　　　　图 1-39

技巧提示 **移动选区中的像素**

当图像中存在选区，且选中普通图层使用"移动工具"进行移动时，选中图层内的所有内容都会被移动，且原选区将以透明状态显示。当选中的是背景图层，并使用"移动工具"进行移动时，选区的部分画面将会被移动且原选区被填充背景色。

1.2.7 对齐图层

"对齐"功能是将多个图层对象进行整齐排列，例如，当画面中包含多个图标时，使用"对齐"功能可使多个图标按钮对齐。

首先加选需要对齐的图层，如图 1-40 所示。在选择"移动工具"状态下，选项栏中有一排对齐按钮▜▞▌ ⬚ ⬚，单击相应的按钮即可进行对齐。例如，单击"水平居中对齐"按钮⬚，效果如图 1-41 所示。

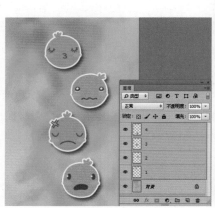

图 1-40

图 1-41

技巧提示 **对齐按钮的使用方法**

◆ ▜（顶对齐）：将所选图层最顶端的像素与当前最顶端的像素对齐。

◆ ▐⬚（垂直居中对齐）：将所选图层的中心像素与当前图层垂直方向的中心像素对齐。

◆ ▐⬚（底对齐）：将所选图层的最底端像素与当前图层最底端的中心像素对齐。

◆ ⬚（左对齐）：将所选图层的中心像素与当前图层左边的中心像素对齐。

◆ ⬚（水平居中对齐）：将所选图层的中心像素与当前图层水平方向的中心像素对齐。

◆ ⬚（右对齐）：将所选图层的中心像素与当前图层右边的中心像素对齐。

1.2.8 　分布图层

"分布"功能用于制作具有相同间距的图层。例如，制作垂直方向距离相等的图层，或者制作水平方向距离相等的图层。使用"分布"命令时，文档中必须包含多个图层（至少为 3 个图层，且"背景"图层除外）。

首先加选需要进行分布的图层，如图 1-42 所示。接着在选择"移动工具"状态下，选项栏中有一排分布按钮 ，例如，单击"垂直居中分布"按钮 即可显示分布效果，如图 1-43 所示。

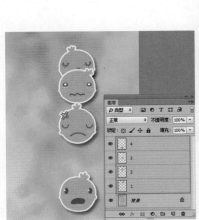

图 1-42

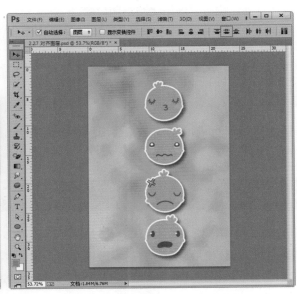

图 1-43

技巧提示　分布按钮的使用方法

◆ （垂直顶部分布）：单击该按钮，将平均每一个对象顶部基线之间的距离，调整对象的位置。

◆ （垂直居中分布）：单击该按钮，将平均每一个对象水平中心基线之间的距离，调整对象的位置。

◆ （底部分布）：单击该按钮，将平均每一个对象底部基线之间的距离，调整对象的位置。

◆ （左分布）：单击该按钮，将平均每一个对象左侧基线之间的距离，调整对象的位置。

◆ （水平居中分布）：单击该按钮，将平均每一个对象垂直中心基线之间的距离，调整对象的位置。

◆ （右分布）：单击该按钮，将平均每一个对象右侧基线之间的距离，调整对象的位置。

1.2.9 　图层的其他基本操作

合并图层：在"图层"面板中按住 Ctrl 键选中需要合并的图层，然后执行菜单"图层 > 合并图层"命令或按 Ctrl+E 组合键即可。

合并可见图层：执行菜单"图层 > 合并可见图层"命令或按 Ctrl+Shift+E 组合键将使"图层"面板中的所有可见图层合并为"背景"图层。

拼合图像：执行菜单"图层 > 拼合图像"命令，即可将全部图层合并到"背景"图层中，如果有隐藏的图层就会弹出一个提示框，提醒用户是否要扔掉隐藏的图层。

盖印图层：盖印可以将多个图层的内容合并到一个新的图层中，同时保持其他图层不变。选中多个图层，然后使用 Ctrl+Alt+E 组合键，可以将这些图层中的图像盖印到一个新的图层中，原始图层的内容保持不变。如果不选中图层而是直接按 Ctrl+Shift+Alt+E 组合键，将使所有可见图层盖印到一个新的图层中。

栅格化图层：是指将"特殊图层"转换为普通图层的过程（比如，图层上的文字、形状等）。选中需要栅格化的图层，然后执行菜单"图层 > 栅格化"中的子命令，或者在"图层"面板中选中该图层并右击，执行"栅格化图层"命令。

1.3　撤销错误操作

在使用 Photoshop 制图时，难免会出现操作错误。出错没关系，Photoshop 提供了多个撤销错误操作的方法。

1.3.1　后退一步、前进一步、还原、重做

（1）如果操作错误了，执行菜单"编辑 > 后退一步"命令或按 Ctrl+Alt+Z 组合键，可以退回上一步操作，连续使用该命令将逐步撤销操作。默认情况下可以撤销 20 个步骤。

（2）如果要取消还原的操作，执行菜单"编辑 > 前进一步"命令或按 Ctrl+Shift+Z 组合键，可以逐步恢复被撤销的操作。

（3）执行菜单"编辑 > 还原"命令或按 Ctrl+Z 组合键，可以撤销或还原最近的一次操作。

1.3.2　使用"历史记录"面板撤销操作

执行菜单"窗口 > 历史记录"命令，打开"历史记录"面板，默认状态下"历史记录"面板会保存最近 20 步的操作，如图 1-44 所示。在这里通过单击某一个操作的名称即可回到这一个操作步骤的状态下，如图 1-45 所示。

图 1-44

图 1-45

技巧提示　如何更改历史记录的步骤

默认情况下，Photoshop记录的历史记录步骤是20步，执行菜单"编辑＞首选项＞性能"命令，在"首选项"对话框中可以对历史记录的步骤数量进行调整。但是，如果更改的步骤过多会增大软件运行的缓存，减缓软件运行的速度，如图1-46所示。

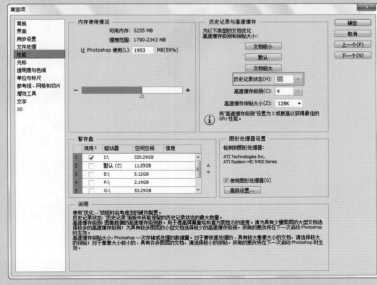

图 1-46

1.3.3　将文档恢复到上一次保存状态

执行菜单"文件＞恢复"命令，将使文档恢复到最后一次保存时的状态。

1.4　辅助工具

规整、清晰是版面布局最基本的要求，尤其是手机界面这种方寸之间的设计。在 Photoshop 中提供了多种辅助工具，可以辅助用户更加整齐地进行画面内容的排列。

1.4.1　标尺与参考线

标尺与参考线是 Photoshop 中最常用的辅助工具，可以帮助用户进行对齐、度量等操作。

STEP 01 执行菜单"视图＞标尺"命令或按Ctrl+R组合键，在文档窗口的顶部和左侧会出现标尺。标尺上显示着精准的数值，在文档的操作过程中可以进行精确的尺寸控制，如图1-47所示。再次执行菜单"视图＞标尺"命令可以隐藏标尺。

STEP 02 标尺与参考线总是一起使用，将光标放置在垂直标尺上，按住鼠标左键向文档窗口内拖曳，此时光标变为 ↔ 形状，如图1-48所示。拖曳至相应位置后释放鼠标，即可建立一条参考线，如图1-49所示。

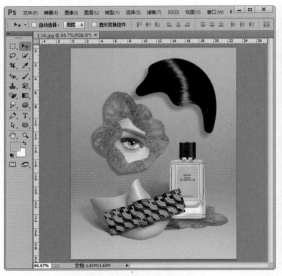

图 1-47

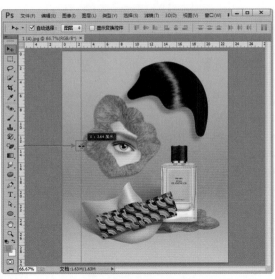

图 1-48

技巧提示　**创建水平参考线**

　　如果在水平的标尺上按住鼠标左键并拖动即可创建一条水平的参考线。

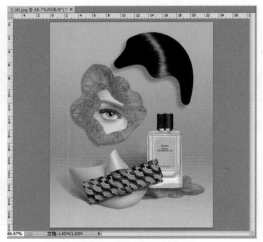

图 1-49

STEP 03 如果要移动参考线，就使用"移动工具"，然后将光标放置在参考线上，当光标变成形状时，按住鼠标左键拖动参考线即可，如图 1-50 所示。若要将某一条参考线删除，就选中该参考线，然后将其拖曳至标尺处，释放鼠标即可删除该参考线，如图 1-51 所示。

图 1-50

图 1-51

1.4.2　智能参考线

"智能参考线"是一种无须创建，在移动、缩放或绘图时自动出现的参考线，在设计的过程中非常好用。执行菜单"视图 > 显示 > 智能参考线"命令，可以启用智能参考线。启用该功能后，在对象的编辑过程中即可自动地帮助用户校准图像、切片和选区等对象的位置。例如，移动图标时可以看见粉色的智能参考线，如图 1-52 和图 1-53 所示。

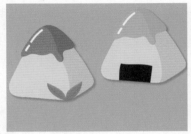
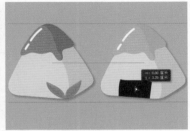

图 1-52　　　　　　　　　　　　　　　　图 1-53

1.4.3　网格

"网格"主要辅助用户在制图过程中能更好地绘制出标准化图形。因为每个单元格的大小都是相等的，所以在绘制时可以辅助绘制精准尺寸的对象的大小。执行菜单"视图 > 显示 > 网格"命令，在画布中将显示出网格，如图 1-54 和图 1-55 所示。

图 1-54　　　　　　　　　　　　　　　　图 1-55

技巧提示　对齐命令

执行菜单"视图 > 对齐"命令，用户可以在制图过程中自动捕捉参考线、网格、图层等对象。执行菜单"视图 > 对齐到"中的子命令，可以设置想要在绘图过程中自动捕捉的内容。

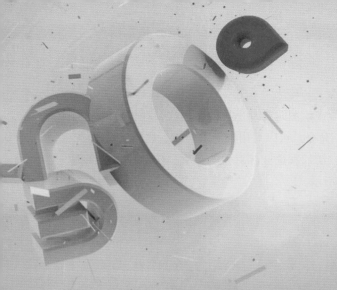

第2章
CHAPTER TWO

修 图

🍂 **本章概述**

　　Photoshop 是目前世界上应用最广泛、功能最强大的图形图像处理软件。使用该软件可以非常方便地绘制图像、调色润色、修复图像瑕疵以及制作图像特效。本章主要围绕"修图"这一主题介绍 Photoshop 的相关操作。

🍂 **本章要点**

- 学会调整尺寸、旋转、变形、缩放等基本操作
- 学会使用修复图像瑕疵的多种工具
- 掌握减淡工具、加深工具、海绵工具、模糊工具的使用方法

扫一扫，下载
本章配备资源

🍂 **佳作欣赏**

2.1 图像处理的基础操作

如果一幅图像的构图不够完美，那么通过裁剪工具可将不需要的画面裁掉，突出主体画面；如果一幅图像的尺寸不符合规范，就需要调整图像尺寸；如果某个素材的内存太大或太小，就需要进行变换……这一系列对图像处理的问题的答案都会在本节中找到！

2.1.1 调整图像尺寸

文档创建完成后需要对文档的尺寸进行调整。"图像大小"命令用于调整图像文档整体的长宽尺寸。执行菜单"图像 > 图像大小"命令，弹出"图像大小"对话框。在这里可以设置宽度、高度、分辨率，在设置尺寸数值之前要注意单位。设置完毕后单击"确定"按钮提交操作，接下来图像的大小会发生相应的变化，如图 2-1 所示。

图 2-1

启用"约束长宽比"按钮 8，将在修改宽度或高度数值时保持图像原始比例。在"图像大小"对话框右上角的下拉菜单中启用"缩放样式"命令后，对图像大小进行调整时，其原有的样式会按照比例缩放。单击"重新采样"右侧的倒三角按钮 ▾，在下拉列表中选择重新取样的方式。

2.1.2 修改画布大小

使用"画布大小"命令可以增大或缩小可编辑的画面范围。需要注意的是，"画布"指的是整个可以绘制的区域而非部分图像区域。

STEP 01 打开一幅图像，如图 2-2 所示。接着执行菜单"图像 > 画布大小"命令，弹出"画布大小"对话框，如图 2-3 所示。

图 2-2

图 2-3

STEP 02 若增大画布，原始图像内容的大小不会发生变化，增加的是画布在图像周围的编辑空间，如图 2-4 所示。但是如果缩小画布，图像就会被裁切掉一部分，如图 2-5 所示。

图 2-4   图 2-5

★ 新建大小：在"宽度"和"高度"选项中设置修改后的画布尺寸。

★ 相对：勾选此复选框时，"宽度"和"高度"数值将代表实际区域的大小，输入正值表示增大画布，输入负值表示缩小画布，而不再代表整个文档的大小。

★ 定位：主要用来设置当前图像在新画布上的位置。

★ 画布扩展颜色：当"新建大小"大于原始文档尺寸时，此处用于设置扩展区域的填充颜色。

2.1.3 / 裁剪工具

"裁剪工具" 🔲 用于裁切多余画面。打开一幅图像，单击工具箱中的"裁剪工具"按钮，在画面中按住鼠标左键并拖曳。绘制区域为保留区域，绘制以外的区域会被裁剪掉，如图 2-6 所示。如果对裁剪框的位置、大小不满意，那么拖曳控制点即可调整裁剪框的大小，如图 2-7 所示。调整完成后，按 Enter 键确定裁剪操作，如图 2-8 所示。

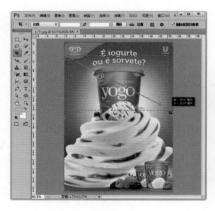  

图 2-6   图 2-7   图 2-8

★ 比例 ＄（约束方式）：在下拉列表中有多种裁切的约束比例可供选择。

★ （设定裁剪框的长宽比）：用来自定义约束比例。

★ 清除（清除）：单击该按钮清除长宽比。

★ 🔲（拉直）：通过在图像上画一条直线来拉直图像。

★　删除裁剪的像素：确定是否保留或删除裁剪框外部的像素数据。如果不勾选该复选框，多余的区域可以处于隐藏状态；如果想还原裁切之前的画面，只需要再次选择"裁剪工具"，然后随意操作即可看到原文档。

操作练习：使用裁剪工具拉直图像

案例文件	使用裁剪工具拉直图像 .psd
视频教学	使用裁剪工具拉直图像 .flv

难易指数	⭐⭐⭐⭐⭐
技术要点	裁剪工具

 案例效果 (如图 2-9、图 2-10 所示)

图 2-9

图 2-10

操作步骤

STEP 01 执行菜单"文件 > 打开"命令，打开风景素材。经过观察我们可以发现画面中的地平线不在一个水平线上，如图 2-11 所示。单击工具箱中的"裁剪工具"按钮，在选项栏中单击"拉直"按钮 🔳，此时光标变成了尺子形状。接着在画面底部草地位置按住鼠标左键从左到右拖曳绘制一条倾斜的拉直线，如图 2-12 所示。

图 2-11

图 2-12

STEP 02 释放鼠标查看拉直效果，如图 2-13 所示。最后按 Enter 键确定裁剪操作，效果如图 2-14 所示。

图 2-13　　　　　　　　　　　　　　图 2-14

2.1.4　透视裁剪工具

"透视裁剪工具" 用于在对图像进行裁剪的同时调整图像的透视效果，常用于去掉图像的透视感。单击工具箱中的"透视裁剪工具"按钮，接着通过单击的方式绘制裁剪框，如图 2-15 所示。继续绘制，如果对裁剪框不满意，拖曳控制点可以进行调整，如图 2-16 所示。调整完成后按 Enter 键结束操作，此时图像的透视感发生了变化，如图 2-17 所示。

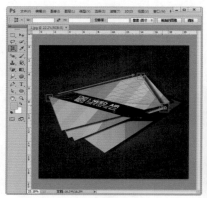

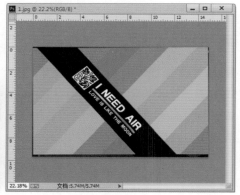

图 2-15　　　　　　　　图 2-16　　　　　　　　　　　　图 2-17

2.1.5　旋转画布

"图像 > 图像旋转"中的子命令可使图像以特定的角度旋转或翻转。例如，新建一个"国际标准纸张"A4 大小的文档，这时文档是纵向的。如果想将其更改为横向的，那么旋转画布即可。

选中需要旋转的文档，如图 2-18 所示。执行菜单"图像 > 图像旋转"命令，在"图像旋转"命令下提供了 6 种旋转画布的命令，如图 2-19 所示。图 2-20 为旋转 90 度（顺时针）的效果。

选择"任意角度"命令可以对图像进行随意角度的旋转，在打开的"旋转画布"对话框中输入要旋转的角度，单击"确定"按钮，如图 2-21 所示。旋转效果如图 2-22 所示。

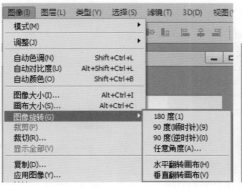

图 2-18　　　　　　　　　　　　图 2-19　　　　　　　　　　　　图 2-20

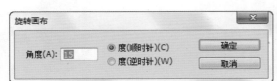

图 2-21　　　　　　　　　　　　　　　　　　图 2-22

2.1.6 ／ 变换图像

　　想要改变图像的大小、角度、透视、形态等操作，可以通过"变换"或"自由变换"命令实现。例如，某个图标太大，需要缩小，此时就需要变换图像。

STEP 01 选中需要变换的图层，执行菜单"编辑 > 自由变换"命令（快捷键为 Ctrl+T），对象四周将出现定界框，四角处以及定界框四边的中间都有控制点，如图 2-23 所示。将鼠标指针放置在控制点上，按住鼠标左键拖曳控制框即可进行缩放，如图 2-24 所示。将光标移动至 4 个角点处的任意一个控制点上，当光标变为弧形的双箭头后按住鼠标左键并拖曳光标即可任意角度旋转图像，如图 2-25 所示。

图 2-23　　　　　　　　　　　　图 2-24　　　　　　　　　　　　图 2-25

按住 Shift 键的同时拖曳定界框4个角点处的控制点，可以进行等比缩放，如图 2-26 所示。如果按住 Alt+Shift 组合键拖曳定界框4个角点处的控制点，将以中心点作为缩放中心进行等比缩放，如图 2-27 所示。

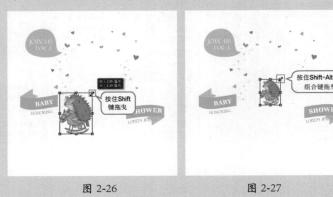

图 2-26　　　　　图 2-27

STEP 02 在有定界框的状态下，右击可以看到更多的变换方式，如图 2-28 所示。执行"斜切"命令，然后拖曳控制点可以使图像倾斜，如图 2-29 所示。

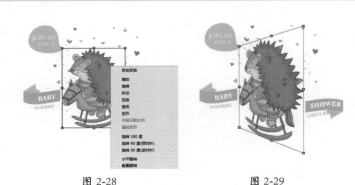

图 2-28　　　　　图 2-29

技巧提示 确定变换操作

调整完成后按 Enter 键即可确定变换操作。

STEP 03 如果执行"扭曲"命令，就可以任意调整控制点的位置，如图 2-30 所示。如果执行"透视"命令，拖曳控制点，就会在水平或垂直方向上对图像应用透视，如图 2-31 所示。

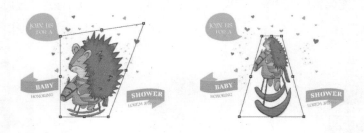

图 2-30　　　　　图 2-31

STEP 04 如果执行"变形"命令，将出现网格状的控制框，拖曳控制点即可进行自由扭曲，如图 2-32 所示。在选项栏中还可以选择一种形状来确定图像变形的方式，如图 2-33 所示。

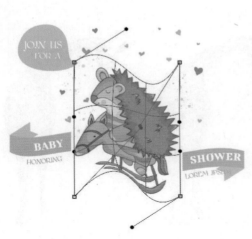

图 2-32

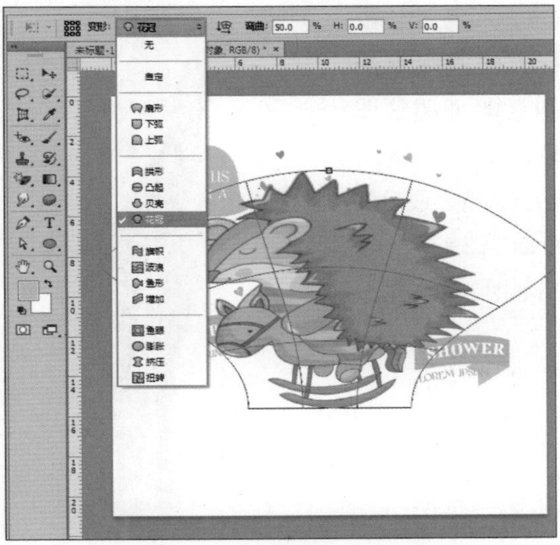

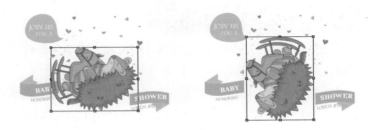

图 2-33

STEP 05 在自由变换状态下右击，将看到另外 5 个命令："旋转 180 度""旋转 90 度（顺时针）""旋转 90 度（逆时针）""水平翻转"和"垂直旋转"。图 2-34 和图 2-35 分别是执行"旋转 90 度（顺时针）"和"垂直旋转"命令的效果。

图 2-34

图 2-35

2.1.7 操控变形

操控变形用于调整图形的形态。例如，改变人物或动物的动作、改变图形的外形等。

STEP 01 选中需要变形的图层，执行菜单"编辑 > 操控变形"命令，图像上将会布满网格，如图 2-36 所示。在图像上单击鼠标左键将添加用于控制图像变形的"图钉"（也就是控制点），如图 2-37 所示。

图 2-36

STEP 02 按住鼠
标左键并拖曳控
制点即可调整图
像，如图 2-38 所
示。调整完成后按
Enter 键确认，效
果如图 2-39 所示。

图 2-37　　　　　　　　　图 2-38　　　　　　　　　图 2-39

2.1.8　内容识别比例

　　使用"内容识别比例"命令可以自动识别画面中主体物，对图形进行缩放。在缩放时尽可能
地保持主体物不变，通过压缩背景部分来改变画面整体大小。

　　选中需要变换的图像，如图 2-40 所示。执行菜单"编辑 > 内容识别比例"命令，随即会显示
定界框，接着进行缩放操作，此时可以看到画面中的主体物并没有变化，如图 2-41 所示。如果使
用"自由变换"命令进行缩放，就会产生严重的变形效果，如图 2-42 所示。

图 2-40　　　　　　　　　图 2-41　　　　　　　　　图 2-42

技巧提示　"内容识别比例"的保护功能

　　"内容识别比例"允许在调整图片大小的过程中使用 Alpha 通道来保护内容。具体操作步骤是：
在"通道"面板中创建一个用于"保护"特定内容的 Alpha 通道（需要保护的内容为白色，其他区
域为黑色），然后在选项栏中"保护"下拉列表中选择该通道即可。

　　另外，单击选项栏中的"保护肤色"按钮，在缩放图像时可以保护人物的肤色，避免肤色区
域变形。

2.2 照片修饰工具

当我们拿到一张图片时，它可能并不完美。这时就需要对其进行修改，例如，去除瑕疵、调整位置等。接着还可能对其进行润色，例如，增加画面的颜色饱和度、模糊或者锐化。经过这些处理，图片才变得更加精致。这样的图片使用起来才会锦上添花。本节主要讲解 4 个工具组，分别是减淡加深工具组，如图 2-43 所示；模糊锐化工具组，如图 2-44 所示；修复工具组，如图 2-45 所示；图章工具组（本节主要介绍"仿制图章工具"），如图 2-46 所示。

图 2-43　　　　　　　　图 2-44

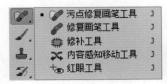

图 2-45　　　　　　　　图 2-46

2.2.1 减淡工具

在学习减淡工具之前，需要考虑一个问题，当向一种颜色中添加白色后画面会产生什么样的效果？答案是颜色的色相没有变，但是颜色明度会提高，颜色会变得更"浅"，更"亮"。Photoshop 自带的"减淡工具" 🔍 就像添加白色一样可提高涂抹区域的亮度。其具体操作如下。

打开一幅图像，如图 2-47 所示。单击工具箱中的"减淡工具"按钮 🔍，在选项栏中先设置合适的笔尖，然后设置"范围"，该选项用来选择减淡操作针对的色调区域是"中间调"还是"阴影"或是"高光"，例如，我们要提亮灰色背景的亮度，就设置"范围"为"中间调"（因为这个颜色相对于整个画面中的其他颜色来说属于中间调）。然后设置"曝光度"选项，该选项可用于控制颜色减淡的强度，数值越大，在画面中涂抹时对画面减淡的程度也就越强。如果勾选"保护色调"复选框，可以使画面内容变亮，同时保证色相不会更改。设置完成后在画面中涂抹，即可看到颜色减淡的效果，如图 2-48 所示。继续进行涂抹，效果如图 2-49 所示。

图 2-47

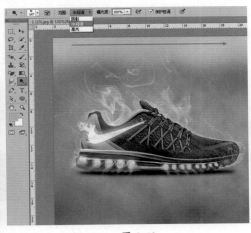

图 2-48

图 2-49

操作练习：使用减淡工具制作纯白背景

案例文件	使用减淡工具制作纯白背景.psd	难易指数	⭐⭐⭐⭐⭐
视频教学	使用减淡工具制作纯白背景.flv	技术要点	减淡工具

 案例效果（如图 2-50，图 2-51 所示）

图 2-50   图 2-51

操作步骤

STEP 01 执行菜单"文件＞打开"命令，或按 Ctrl+O 组合键，在弹出的"打开"对话框中单击选择素材"1.jpg"，单击"打开"按钮，效果如图 2-52 所示。单击工具箱中的"减淡工具"按钮🔍，在选项栏中单击"画笔预设"下三角按钮，在"画笔预设"面板中设置"大小"为 150 像素，"硬度"为 0%，设置"范围"为"高光"，"曝光度"为 100%，取消勾选"保护色调"复选框，接着将光标移动到画面中对左侧背景进行涂抹。涂抹的过程中，左侧背景变白了，如图 2-53 所示。

图 2-52   图 2-53

STEP 02 对画面右侧进行涂抹，效果如图 2-54 所示。接着在选项栏中将"画笔大小"调整为 50 像素，对画面中人物手臂处进行涂抹，如图 2-55 所示。最终效果如图 2-56 所示。

图 2-54   图 2-55   图 2-56

2.2.2 加深工具

"加深工具"与"减淡工具"的功能相反。在选项栏中选择合适的"范围"和"曝光度"参数，如图 2-57 所示，然后使用"加深工具"以涂抹的方式对图像进行局部加深处理，加深效果如图 2-58 所示。

图 2-57　　　　　　　　　　　　　　图 2-58

操作练习：使用加深工具制作纯黑背景

案例文件	使用加深工具制作纯黑背景 .psd	难易指数	★★★★★
视频教学	使用加深工具制作纯黑背景 .flv	技术要点	加深工具

 案例效果 (如图 2-59、图 2-60 所示)

 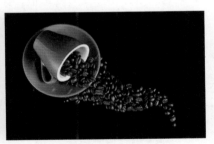

图 2-59　　　　　　　　　　　　　图 2-60

 操作步骤

STEP 01 执行菜单"文件 > 打开"命令，或按 Ctrl+O 组合键，在弹出的"打开"对话框中单击选择素材"1.jpg"，单击"打开"按钮，效果如图 2-61 所示。单击工具箱中的"加深工具"按钮，在选项栏中单击"画笔预设"下三角按钮，在"画笔预设"面板中设置"大小"为 200 像素，"硬度"为 100%，设置"范围"为"阴影"，"曝光度"为 100%，取消勾选"保护色调"复选框，接着将光

标移动到画面中，对画
面右上角进行涂抹，此
时画面右上角变为黑色，
如图 2-62 所示。

STEP 02 继续使用加
深工具，对画面中的其
他背景区域进行涂抹，
当涂抹到咖啡豆和杯子
边缘时要注意背景与光
标中心位置保持距离，
如图 2-63 所示。将画
面中的背景区域全部涂
抹完，就制作出了纯黑
色背景，如图 2-64 所示。

图 2-61

图 2-62

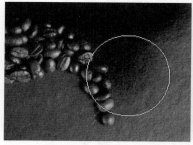

图 2-63

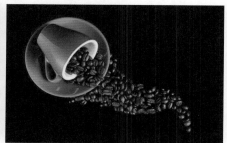

图 2-64

2.2.3 / 海绵工具

　　在学习"海绵工具" ⬛之前，需要了解颜色的"饱和度"这一概念。颜色饱和度越高，画面
越鲜艳，视觉冲击力越强，反之，颜色饱和度越低，颜色越接近灰色。使用"海绵工具" ⬛增加
或减少画面颜色饱和度的方法和"减淡工具"相似。

　　打开一幅图像，单击工具箱中的"海绵工具"按钮⬛，如图 2-65 所示。在选项栏中设置工具模式，
选择"加色"选项将增加色彩的饱和度，如图 2-66 所示。选择"去色"选项将降低色彩的饱和度，
如图 2-67 所示。勾选"自然饱和度"复选框，在增加饱和度的同时可以防止颜色过度饱和而产生
溢色现象。

图 2-65

图 2-66

图 2-67

操作练习：使用海绵工具增强画面颜色感

案例文件	使用海绵工具增强画面颜色感.psd	难易指数	
视频教学	使用海绵工具增强画面颜色感.flv	技术要点	海绵工具

案例效果（如图 2-68、图 2-69 所示）

图 2-68 　　　　　　　　　　　　　　　　图 2-69

操作步骤

STEP 01 执行菜单"文件 > 打开"命令，或按 Ctrl+O 组合键，在弹出的"打开"对话框中单击选择素材"1.jpg"，单击"打开"按钮，效果如图 2-70 所示。此时由于画面中人物颜色色彩饱和度较低，所以我们要增强画面的色彩感。单击工具箱中的"海绵工具"按钮，在选项栏中单击"画笔预设"下三角按钮，在"画笔预设"面板中设置"大小"为 200 像素，"硬度"为 0%，设置"模式"为"加色"，"流量"为 100%，勾选"自然饱和度"复选框，接着将光标移动到画面中，对帽子进行涂抹，可以看到帽子的色彩感增强了，如图 2-71 所示。

图 2-70 　　　　　　　　　　　　　　　　图 2-71

STEP 02 继续使用海绵工具在头发、面部以及服装部分进行涂抹，如图 2-72 所示。最后对背景部分进行适当的涂抹，效果如图 2-73 所示。

图 2-72 　　　　　　　　　　　　　　　　图 2-73

操作练习：使用减淡工具、海绵工具处理宠物照片

案例文件	使用减淡工具、海绵工具处理宠物照片.psd	难易指数	★★★★★
视频教学	使用减淡工具、海绵工具处理宠物照片.flv	技术要点	减淡工具、海绵工具

📖 **案例效果** (如图 2-74、图 2-75 所示)

图 2-74

图 2-75

📖 **操作步骤**

STEP 01 执行菜单"文件 > 打开"命令，或按 Ctrl+O 组合键，在弹出的"打开"对话框中单击选择素材"1.jpg"，单击"打开"按钮，效果如图 2-76 所示。为了将猫的脸部变得白一些，单击工具箱中的"减淡工具"按钮🔍，在选项栏中单击"画笔预设"下三角按钮，在"画笔预设"面板中设置"大小"为 150 像素，"硬度"为 0%，设置"范围"为"中间调"，"曝光度"为 45%，取消勾选"保护色调"复选框，接着将光标移动到画面中猫脸的位置，对猫脸左侧进行涂抹，可以看到猫的左侧脸变白了，如图 2-77 所示。

图 2-76

图 2-77

STEP 02 继续对猫脸进行涂抹，效果如图 2-78 所示。由于画面中的红布颜色过于鲜明，主体的猫不能突显出来，所以要对红色的布进行调整。单击工具箱中的"海绵工具"按钮🟤，在选项栏中设置合适的笔尖大小，设置"模式"为"去色"，"流量"为 100%，取消勾选"自然饱和度"复选框，接着将光标移动到画面中，对红色的布进行涂抹，如图 2-79 所示。

图 2-78

图 2-79

STEP 03 去掉颜色后，需要降低右侧的明度。单击工具箱中的"减淡工具"按钮🔍，在选项栏中单击"画笔预设"下三角按钮，在"画笔预设"面板中设置"大小"为 150 像素，"硬度"为

0%，设置"范围"为"阴影"，"曝光度"为 15%，取消勾选"保护色调"复选框，接着将光标移动到画面右侧，对右侧部分进行涂抹，使之变亮一些，最终效果如图 2-80 所示。

图 2-80

2.2.4 模糊工具

"模糊工具" ，顾名思义就是将图像模糊化处理的。那么为什么要进行模糊处理呢？事实上，恰当地运用模糊效果可以增加画面的层次感，起到强化主体物、隐藏瑕疵的作用。

单击工具箱中的"模糊工具"按钮，在选项栏中通过调整"强度"数值设置模糊的强度，如图 2-81 所示。接着在画面中涂抹即可使局部变得模糊，涂抹的次数越多该区域就越模糊，如图 2-82 所示。使用模糊工具制作图像能达到边缘虚化、景深的效果。

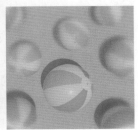

图 2-81   图 2-82

操作练习：使用模糊工具将环境处理模糊

案例文件	使用模糊工具将环境处理模糊.psd
视频教学	使用模糊工具将环境处理模糊.flv

难易指数	★★★★★
技术要点	模糊工具

案例效果 （如图 2-83、图 2-84 所示）

图 2-83   图 2-84

📖 操作步骤

STEP 01 执行菜单"文件＞打开"命令，或按Ctrl+O组合键，在弹出的"打开"对话框中单击选择素材"1.jpg"，单击"打开"按钮，效果如图2-85所示。为了使画面中灰色兔子更突出，需要将黄色兔子模糊处理。单击工具箱中的"模糊工具"按钮 △，在选项栏中单击"画笔预设"下三角按钮，在"画笔预设"面板中设置"大小"为100像素，"硬度"为0%，设置"模式"为"正常"，"强度"为100%。将光标移动到画面右侧，在黄色兔子身上进行涂抹，黄色兔子就会变模糊，如图2-86所示。

STEP 02 继续使用模糊工具在黄色兔子周围进行涂抹，使黄色兔子的周围变得更模糊一些，使画面整体更自然，如图2-87所示。

图 2-85　　　　　　　　　图 2-86　　　　　　　　　图 2-87

2.2.5 锐化工具

　　遇到清晰度不够的图像就要进行适当的锐化。"锐化工具" △ 用于增强图像局部的清晰度。打开一幅图像，单击工具箱中的"锐化工具"按钮 △，在选项栏中通过设置"强度"数值可以控制涂抹画面时的锐化强度。勾选"保护细节"复选框，再次进行锐化处理，注意保护图像的细节，如图2-88所示。设置完成后在需要锐化的位置涂抹，涂抹的次数越多锐化效果越强。锐化效果如图2-89所示。

图 2-88

图 2-89

2.2.6 涂抹工具

　　"涂抹工具" 🖐 可以模拟手指划过湿油漆时产生的效果。打开一幅图像，单击工具箱中的"涂抹工具"按钮 🖐，在选项栏中先设置合适的画笔，然后通过设置"强度"数值来设置颜色展开的衰减程度，通过设置"模式"来设置涂抹位置颜色的混合模式。若勾选"手指绘画"复选框，将使用前景颜色进行涂抹绘制，如图 2-90 所示。设置完成后，在画面中按住鼠标左键并拖曳即可拾取鼠标单击处的颜色，并沿着拖曳的方向展开这种颜色，如图 2-91 所示。

图 2-90　　　　　　　　　　图 2-91

2.2.7　污点修复画笔工具

"污点修复画笔工具" 是一款简单、有效的修复工具，它常被用于去除画面中较小的瑕疵。例如，去除面部不太密集的斑点、细纹。

单击工具箱中的"污点修复画笔工具"按钮 ，调整笔尖大小到刚好能够覆盖瑕疵即可。然后在瑕疵上单击或按住鼠标左键拖曳，释放鼠标后软件可以自动从所修饰区域的周围进行取样，用正确的内容填充瑕疵本身，如图 2-92 所示。去除污点后的效果如图 2-93 所示。

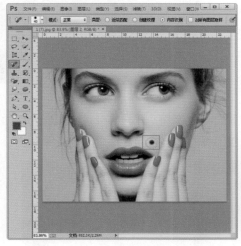

图 2-92　　　　　　　　　　图 2-93

★　模式：在设置修复图像的混合模式时，除"正常""正片叠底"等常用模式外，还有一个"替换"模式，该模式可以保留画笔描边的边缘处的杂色、胶片颗粒和纹理。

★　近似匹配：可以使用选区边缘周围的像素来查找要用作选定区域修补的图像区域。

★　创建纹理：可以使用选区中的所有像素创建一个用于修复该区域的纹理。

★　内容识别：可以使用选区周围的像素进行修复。

操作练习：使用污点修复画笔工具去除斑点

案例文件	使用污点修复画笔工具去除斑点.psd	难易指数	⭐⭐⭐⭐⭐
视频教学	使用污点修复画笔工具去除斑点.flv	技术要点	污点修复画笔工具

📖 **案例效果** (如图 2-94、图 2-95 所示)

图 2-94

图 2-95

📖 **操作步骤**

STEP 01 执行菜单"文件＞打开"命令，或按 Ctrl+O 组合键，在弹出的"打开"对话框中单击选择素材"1.jpg"，单击"打开"按钮，效果如图 2-96 所示。可以看到画面显示人物的面部有许多斑点，下面去除斑点。单击工具箱中的"污点修复画笔工具"按钮 ✐，在选项栏中单击"画笔预设"下三角按钮，在"画笔预设"面板中设置"大小"为 20 像素，"硬度"为 0%，设置"模式"为"正常"，如图 2-97 所示。

图 2-96

图 2-97

STEP 02 将光标定位在脸部的某个斑点上，使斑点在圆形光标内，如图 2-98 所示。单击鼠标左键，效果如图 2-99 所示。使用同样的方法去除其他斑点，效果如图 2-100 所示。

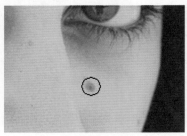

图 2-98

图 2-99

图 2-100

2.2.8 修复画笔工具

使用"修复画笔工具" ✐，首先需要在画面中取样，然后将样本像素的纹理、光照、透明度和阴影与所修复的像素进行匹配，使修复后的像素与源图像更好地融合，从而完成瑕疵的去除。

单击工具箱中的"修复画笔工具"按钮 ✐，在选项栏中设置合适的画笔大小，然后在画面中合适的位置按住 Alt 键单击进行取样，如图 2-101 所示。最后在需要修复的位置按住鼠标左键进行涂抹，如图 2-102 所示。修复后的图像效果如图 2-103 所示。

图 2-101   图 2-102   图 2-103

★ 源：用于设置修复像素的源。选中"取样"单选按钮时，将使用当前图像的像素来修复图像；选中"图案"单选按钮时，将使用某个图案作为取样点。

★ 对齐：勾选该复选框后，可以连续对像素进行取样，即使释放鼠标也不会丢失当前的取样点；取消勾选"对齐"复选框后，就会在每次停止并重新开始绘制时使用初始取样点中的样本像素。

2.2.9 / 修补工具

"修补工具" ⚙ 用于修复特定区域。单击工具箱中的"修补工具"按钮 ⚙，在画面中绘制出需要修补的区域，如图 2-104 所示。然后将光标定位到选区中，接着按住鼠标左键并拖曳，将其移动至可以替换修补区域的位置上，如图 2-105 所示。释放鼠标后即可进行自动修复，如图 2-106 所示。

图 2-104   图 2-105   图 2-106

- ★ 修补：创建选区后，选中"源"单选按钮，将选区拖曳到要修补的区域以后，释放鼠标左键就会用当前选区中的图像修补原来选中的内容；选中"目标"单选按钮时，就会将选中的图像复制到目标区域。
- ★ 透明：勾选该复选框后，将使修补的图像与原始图像产生透明的叠加效果，该选项适用于修补具有清晰分明的纯色背景或渐变背景。
- ★ 使用图案：使用修补工具创建选区，然后单击"使用图案"按钮，即可使用图案修补选区内的图像。

操作练习：使用修补工具去除沙滩上的游客

案例文件	使用修补工具去除沙滩上的游客.psd	难易指数	★★★★★
视频教学	使用修补工具去除沙滩上的游客.flv	技术要点	修补工具

 案例效果 (如图 2-107、图 2-108 所示)

图 2-107　　　　　图 2-108

 操作步骤

STEP 01 执行菜单"文件＞打开"命令，或按 Ctrl+O 组合键，在弹出的"打开"对话框中单击选择素材"1.jpg"，单击"打开"按钮，效果如图 2-109 所示。画面显示沙滩上有很多游客，下面使用修补工具将画面中的人物去除。单击工具箱中的"缩放工具"按钮，将光标移到画面上，单击放大显示比例，方便我们观察并准确地去除人物，如图 2-110 所示。

图 2-109　　　　　图 2-110

STEP 02 单击工具箱中的"修补工具"按钮，在选项栏中单击"新选区"按钮，设置"修补"为"正常"，并选中"源"单选按钮，接着将光标移动到画面当中，按住鼠标左键拖曳，沿着要修补的部分绘制选区，如图 2-111 所示。释放鼠标即可得到选区，如图 2-112 所示。

图 2-111　　　　　图 2-112

STEP 03 将光标定位在选区中，如图 2-113 所示。按住鼠标左键将选区向没有人物的区域拖曳，如图 2-114 所示。释放鼠标完成修补，如图 2-115 所示。

图 2-113　　　　　　　图 2-114　　　　　　　图 2-115

STEP 04 使用同样的方法将其他区域修补，最后使用缩放工具将画面的显示比例调整回原比例，最终效果如图 2-116 所示。

图 2-116

2.2.10　内容感知移动工具

"内容感知移动工具" 是一种非常神奇的移动工具，它可以将选区中的内容"移动"到其他位置，而内容原来所在的位置将会被智能填充，与周围画面融为一体。

单击工具箱中的"内容感知移动工具"按钮，在图像上按住鼠标左键绘制需要移动的区域，将光标放置在区域内，如图 2-117 所示。接着按住鼠标左键向其他区域移动，如图 2-118 所示。释放鼠标后 Photoshop 会自动将影像与四周的景物融合在一起，而原始的区域则会进行智能填充，如图 2-119 所示。

图 2-117　　　　　　　图 2-118　　　　　　　图 2-119

41

内容感知移动工具的模式

当选项栏中的模式设置为"移动"时,选中的对象将被移动。当设置为"扩展"时,选中并移动对象,对象将被移动并复制,原来位置的内容不会被删除,新的位置还会出现该对象。

操作练习:内容感知移动

案例文件	内容感知移动.psd
视频教学	内容感知移动.flv

难易指数	★★★★★
技术要点	内容感知移动工具

案例效果（如图 2-120~ 图 2-122 所示）

图 2-120

图 2-121

图 2-122

操作步骤

STEP 01 执行菜单"文件 > 打开"命令，或按 Ctrl+O 组合键，在弹出的"打开"对话框中单击选择素材"1.jpg"，单击"打开"按钮，效果如图 2-123 所示。单击工具箱中的"内容感知移动工具"按钮，在选项栏中单击"新选区"按钮，设置"模式"为"移动"，"适应"为"中"，接着在人物边缘按住鼠标左键进行拖曳，如图 2-124 所示。

图 2-123

图 2-124

STEP 02 当所画的线首尾相接时便会形成选区，如图 2-125 所示。将光标放置在选区内部，按住鼠标左键并拖曳，如图 2-126 所示。移动到适当的位置后释放鼠标左键，使用 Ctrl+D 组合键取消选区，此时原位置的人物将消失，新位置将出现人物，如图 2-127 所示。

图 2-125 图 2-126 图 2-127

 STEP 03 单击工具箱中的"内容感知移动工具"按钮 ，在选项栏中将"模式"设置为"扩展"，然后使用该工具绘制选区，并向右拖曳，如图 2-128 所示。释放鼠标即可看到移动并复制的人像效果，如图 2-129 所示。

图 2-128 图 2-129

2.2.11 / 红眼工具

"红眼"问题是摄影中非常常见的问题。在光线较暗的环境中使用闪光灯进行拍照，经常会造成黑眼球变红的情况。单击工具箱中的"红眼工具"按钮，将光标移动到红眼处，如图 2-130 所示。接着单击鼠标左键即可去除红眼，如图 2-131 所示。

图 2-130 图 2-131

操作练习：使用红眼工具矫正瞳孔颜色

案例文件	使用红眼工具矫正瞳孔颜色.psd	难易指数	★★★★★
视频教学	使用红眼工具矫正瞳孔颜色.flv	技术要点	红眼工具

案例效果 (如图 2-132、图 2-133 所示)

图 2-132

图 2-133

操作步骤

STEP 01 执行菜单"文件＞打开"命令，或按 Ctrl+O 组合键，在弹出的"打开"对话框中单击选择素材"1.jpg"，单击"打开"按钮，效果如图 2-134 所示。此时画面中人物的瞳孔颜色为红色，下面对瞳孔颜色进行校正。单击工具箱中的"红眼工具"按钮，在选项栏中设置"瞳孔大小"为 50%，"变暗量"为 50%，此时光标变成了眼睛形状，如图 2-135 所示。

图 2-134

图 2-135

STEP 02 单击工具箱中的"缩放工具"，在画面中单击，将画面显示比例放大，如图 2-136 所示。接着将光标定位在瞳孔处，按住鼠标左键拖曳矩形框，将人物瞳孔定位在矩形框的中间位置，如图 2-137 所示。释放鼠标左键校正完成，如图 2-138 所示。

图 2-136

图 2-137

图 2-138

STEP 03 使用同样的方法校正另一个瞳孔，效果如图 2-139 所示。最后使用 Ctrl+0 组合键将画面显示到合适屏幕大小，效果如图 2-140 所示。

图 2-139

图 2-140

2.2.12　仿制图章工具

"仿制图章工具" 🖳 用于对画面中的部分内容进行取样，以画笔绘制的方式，将取样绘制到其他区域。仿制图章工具是较为方便的图像修饰工具，使用频率非常高。

打开一幅图像，单击工具箱中的"仿制图章工具"按钮 🖳，在需要修补的位置周围按住 Alt 键在画面中单击取样，如图 2-141 所示。然后在需要修复的地方按住鼠标左键单击或拖曳，此时效果如图 2-142 所示。在修补的过程中可以适当地调整笔尖的大小，为了让效果更加自然，可以随时取样，效果如图 2-143 所示。

图 2-141

图 2-142

图 2-143

2.3　使用"自适应广角"校正广角畸变

广角镜头拍摄照片有时会产生畸变（尤其是拍摄建筑时），这些畸变一方面来自镜头，另一方面来自透视关系。通过"自适应广角"滤镜可以轻松校正镜头产生的畸变。

STEP 01 打开一幅畸变的图像，利用参考线可以看到画面畸变的程度，如图 2-144 所示。因为图片有些桶形畸变，所以执行菜单"滤镜 > 自适应广角"命令，在弹出的对话框中设置"校正"类型为"鱼眼"。接着选择"约束工具" 🔊，在有畸变的位置一侧单击，然后在另外一侧单击，即可创建一条约束线。这条约束线能够校正畸变，如图 2-145 所示。

图 2-144

图 2-145

STEP 02 绘制完约束线后，如果对校正效果不满意，可以将光标移动到圆形控制点处，当光标变为双箭头后按住鼠标左键拖曳即可调整角度。调整完成后，可能会在边缘位置出现空白区域，如图 2-146 所示。继续进行调整，因为出现了空白区域，所以可以通过调整"缩放"数值，将画面放大，使空白区域隐藏到画面以外，如图 2-147 所示。设置完成后单击"确定"按钮，效果如图 2-148 所示。

图 2-146

图 2-147

图 2-148

2.4 使用 Camera Raw 调整数码照片

Camera Raw 可以对照片进行润色与修饰，如去污、去红眼、调整颜色饱和度、亮度、锐化等操作。正因如此，Camera Raw 滤镜深受广大摄影师的青睐。

STEP 01 选择一幅图像，执行菜单"滤镜 >Camera Raw"命令，弹出 Camera Raw 对话框。该对话框左上角的位置为工具箱，右侧为参数面板。当选择某个工具后，在参数面板中可对其进行相应的调整，如图 2-149 所示。例如，单击"调整画笔工具"按钮，其参数面板如图 2-150 所示。

图 2-149

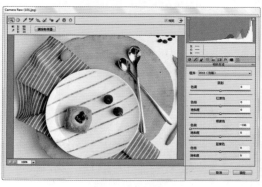

图 2-150

技巧提示 工具选项

◆ 🔍 (缩放工具)：单击将放大显示窗口中的图像，按住 Alt 键单击，将缩小图像的显示。

◆ ✋ (抓手工具)：放大窗口以后，使用该工具可在预览窗口中移动图像。

◆ ✎ (白平衡工具)：使用该工具在白色或灰色的图像内容上单击，可以校正照片的白平衡。

◆ ✐ (颜色取样器工具)：使用该工具在图像中单击将吸取颜色，窗口顶部会显示取样像素的颜色值，以便调整颜色。

◆ 🔘 (目标调整工具)：长时间单击该工具，可以看到工具包括"参数曲线""色相""饱和度""明亮度"，然后在图像中单击并拖动鼠标即可应用调整。

◆ 🩹 (污点去除)：使用另一区域中的样本修复图像中选中的区域。

◆ 👁 (红眼去除)：与 Photoshop 中的"红眼工具"相同，用于去除红眼。

◆ 🖌 (调整画笔)：处理局部图像的曝光度、亮度、对比度、饱和度、清晰度等。

◆ 🔲 (渐变滤镜)：用于对图像进行局部处理。

◆ ⭕ (径向滤镜)：用于强调画面中主体影像的位置。

STEP 02 在使用缩放工具、抓手工具、白平衡工具或颜色取样器工具时，会显示颜色调整面板，如图 2-151 所示。在颜色调整面板顶端有一排按钮，单击各按钮可切换到相应的参数面板，如图 2-152 所示。

图 2-151

图 2-152

2.5 使用"镜头校正"滤镜调整画面

之前学习的"自适应广角"滤镜主要用来调整镜头畸变，而"镜头校正"滤镜调整的范围更加广泛。该滤镜不仅能够调整镜头畸变产生的"桶形失真"或"枕形失真"，还能够调整紫边、四角失光等问题。

STEP 01 打开要校正的图像，如图 2-153 所示。图像显示地面变形，还有绿色的假影和四角失光的现象。执行菜单"滤镜 > 自适应广角"命令，弹出"镜头校正"对话框，向左拖曳"移去扭曲"滑块，此时地面位置变为水平，如图 2-154 所示。

图 2-153

图 2-154

STEP 02 调整绿色的假影。设置"修复绿/洋红边"的参数为 –30.00，如图 2-155 所示。接着修补"四角失光"的现象，设置"晕影"的"数量"为 +45，如图 2-156 所示。设置完成后单击"确定"按钮，效果如图 2-157 所示。

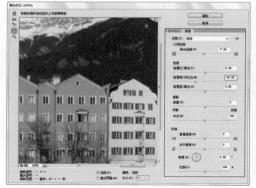

图 2-155　　　　　　　　　　　　　　　　图 2-156

图 2-157

2.6　使用"液化"滤镜调整图像

　　"液化"滤镜用于推、拉、旋转、收缩和膨胀图像的任意区域，是一款非常好用的变形滤镜。尤其在人像处理时，用这款滤镜可以修整人物的脸形、身材、五官等。

STEP 01 打开一幅图像，如图 2-158 所示。执行菜单"滤镜＞液化"命令，弹出"液化"对话框，

单击"向前变形工具"
按钮，设置合适的"画
笔大小"。将光标移动
至左胳膊的位置，然后
按住鼠标左键自右向左
拖曳。在拖曳过程中需
要缓慢些，掌握变形的
程度，如图 2-159 所示。

图 2-158　　　　　　　　　　　　　　　图 2-159

STEP 02 在上一步的变形操作中，图像边缘可能会产生空白区域，如果想避免这一情况的发生，就选择"冻结蒙版工具" ，设置合适的画笔大小，然后在需要保护的位置涂抹，涂抹的区域变成半透明的红色，如图 2-160 所示。接着进行变形操作，如图 2-161 所示。如果不再需要蒙版，那么使用"解冻蒙版工具" 可以擦除蒙版。

图 2-160

图 2-161

STEP 03 单击工具箱中的"膨胀工具"按钮 ，将笔尖大小调整到比眼睛稍大一些，然后在眼睛的上方单击，即可放大眼睛，如图 2-162 所示。继续进行调整，调整完成后单击"确定"按钮，效果如图 2-163 所示。

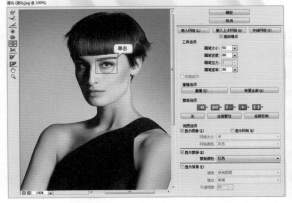
图 2-162　　　　　　　　　　图 2-163

在"液化"对话框的左侧有很多常用的工具，包括变形工具、蒙版工具、视图平移缩放工具。当勾选"液化"面板右侧的"高级模式"复选框时，将显示出更全面的液化参数。

★ （向前变形工具）：在画面中按住鼠标左键并拖动，将向前推动像素。

★ （重建工具）：用于恢复变形的图像，类似于撤销。在变形区域单击或拖曳鼠标进行涂抹时，将使变形区域的图像恢复到原来的效果。

★ （平滑工具）：在画面中按住鼠标左键并拖动，将使不平滑的边界区域变得平滑。

★ （顺时针旋转扭曲工具）：按住鼠标左键拖曳鼠标将顺时针旋转像素，如图 2-164 所示。

如果按住 Alt 键并按住鼠标左键进行操作，则可以逆时针旋转像素，如图 2-165 所示。

图 2-164

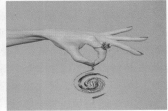
图 2-165

★ 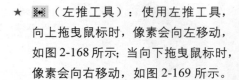（褶皱工具）：按住鼠标左键并拖动，将使像素向画笔区域的中心移动，使图像产生内缩效果，如图 2-166 所示。

★ （膨胀工具）：按住鼠标左键并拖动，将使像素向画笔区域中心以外的方向移动，使图像产生向外膨胀的效果，如图 2-167 所示。

图 2-166　　　　　图 2-167

★ （左推工具）：使用左推工具，向上拖曳鼠标时，像素会向左移动，如图 2-168 所示；当向下拖曳鼠标时，像素会向右移动，如图 2-169 所示。

★ （冻结蒙版工具）：在进行液化调节细节时，有可能附近的部分也被液化了，因此就需要把某一些区域冻结，这样就不会影响这部分区域了。

图 2-168　　　　　图 2-169

★ （解冻蒙版工具）：使用该工具在冻结区域涂抹，可以将其解冻。

★ "工具选项"选项组：设置当前使用的工具的各种属性。

★ 画笔大小：设置扭曲图像的画笔的大小。

★ 画笔密度：控制画笔边缘的羽化范围。画笔中心产生的效果最强，边缘处最弱。

★ 画笔压力：控制画笔在图像上产生扭曲的速度。

★ 画笔速率：设置工具在预览图像中保持静止时扭曲所应用的速度。

★ 光笔压力：勾选该复选框可以通过压感笔的压力来控制工具。

★ 重建选项：设置重建方式，以及如何撤销所执行的操作，可以使用"重建"应用重建效果，可以使用"恢复全部"取消所有的扭曲效果。

★ 蒙版选项：设置蒙版的保留方式，如图 2-170 所示。

图 2-170

技巧提示　　"蒙版选项"的使用

◆ （替换选区）：显示原始图像中的选区、蒙版或透明度。

◆ （添加到选区）：显示原始图像中的蒙版，使用"冻结蒙版工具" 可将图像添加到选区。

◆ （从选区中减去）：从当前的冻结区域中减去通道中的像素。

◆ （与选区交叉）：只使用当前处于冻结状态的选定像素。

◆ （反相选区）：使用选定像素使当前的冻结区域反相。

◆ 无：单击该按钮，将使图像全部解冻。

◆ 全部蒙住：单击该按钮，将使图像全部冻结。

◆ 全部反相：单击该按钮，将使冻结区域和解冻区域反相。

★ 视图选项：用来显示或隐藏图像、网格、蒙版和背景。勾选"显示网格"复选框，不但可以显示网格，还可以设置网格的颜色、大小，如图 2-171 所示。勾选"显示背景"复选框，如果当前文档中包含多个图层，那么在"使用"下拉列表框中可选择其他图层作为查看背景，如图 2-172 所示。

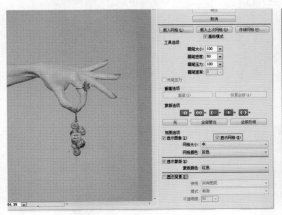
图 2-171

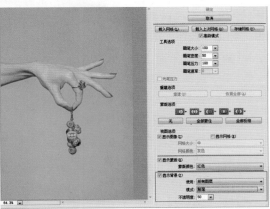
图 2-172

2.7　使用"消失点"修补透视画面中的内容

在平面设计中，透视关系非常重要。通过"消失点"滤镜能够在图像中指定平面，然后执行绘画、仿制、复制或粘贴、变换等编辑操作。

STEP 01 打开一幅带有透视的图像，如图 2-173 所示。图像整体透视关系非常明显。接下来用"消失点"滤镜为墙体添加一个窗户。执行菜单"滤镜>消失点"命令，弹出"消失点"对话框。接着单击"创建平面工具"按钮，然后参照墙体的透视感，通过单击的方法绘制出透视定界框，如图 2-174 所示。

图 2-173

图 2-174

技巧提示　如何删除透视定界框

在绘制透视定界框的过程中，如果对控制点的位置不满意准备将其删除时，按 Delete 键是没有反应的，此时需要按 Backspace 键才能将其删除。如果要删除透视定界框同样也需要按 Backspace 键。

STEP 02 单击工具箱中的"图章工具"按钮，设置合适的笔尖"直径"，然后按住 Alt 键单击窗户拾取（使用方法与"仿制图章工具"类似）图像，接着将光标移动至左侧空白的墙壁上单击，即可进行仿制，并且仿制的对象带有透视感，如图 2-175 所示。继续按住鼠标左键涂抹，效果如图 2-176 所示。设置完成后单击"确定"按钮完成操作。

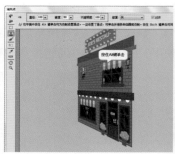

图 2-175　　　　　　　图 2-176

★ （编辑平面工具）：用于选择、编辑、移动平面的节点以及调整平面的大小。图 2-177 是调整"透视定界框"控制点的效果；图 2-178 是移动变形"透视定界框"的效果。

★ （创建平面工具）：通过单击的方式绘制"透视定界框"。

图 2-177　　　　　　　图 2-178

★ （选框工具）：使用该工具将在创建好的透视定界框内绘制选区，以选中平面上的某个区域，如图 2-179 所示。建立选区以后，将光标放置在选区内，按住 Alt 键拖曳选区，将复制图像，如图 2-180 所示。

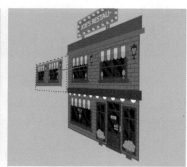

图 2-179　　　　　　　图 2-180

★ （图章工具）：使用该工具时，按住 Alt 键在透视平面内单击可以设置取样点，然后在其他区域拖曳鼠标即可进行仿制操作。

★ （画笔工具）：用于在透视平面上绘制选定的颜色。

★ （变换工具）：用于变换选区，其作用相当于菜单"编辑＞自由变换"命令，效果如图 2-181 所示。

★ （吸管工具）：用于在图像上拾取颜色，以作为"画笔工具"的绘画颜色。

★ （测量工具）：用于在透视平面中测量项目的距离和角度。

图 2-181

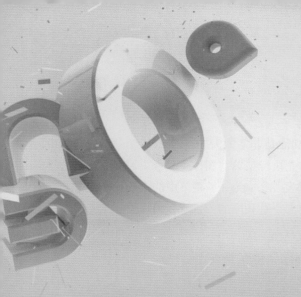

第 3 章
CHAPTER THREE

调 色

✄ **本章概述**

    调色就是更改图像颜色，使其形成另外一种感觉。本章所说的"调色"，既是一种技术，又是一种对事物的客观感受，因为不同的人对颜色的感悟是不同的。所以，调色是一项非常难把握的技术，它需要人们在实践中不断地去感受、学习与领悟。

✄ **本章要点**

- 学会不同的调色技法
- 掌握使用调色命令的方法

扫一扫，下载
本章配备资源

✄ **佳作欣赏**

3.1 调色技法

作为一款专业图像处理软件，Photoshop 的调色功能是非常强大的。Photoshop 提供了多种调色命令，与此同时还提供了两种使用命令的方法。首先执行菜单"图像 > 调整"命令，子菜单中的命令如图 3-1 所示。接着执行菜单"图层 > 新建调整图层"命令，子菜单中的命令如图 3-2 所示。此时我们将两个菜单对比一下就会发现这些命令绝大部分是相同的。那么这是为什么呢？跟着下面的操作，我们一同发现其中的秘密。

图 3-1   图 3-2

01 打开一幅图像，如图 3-3 所示。执行菜单"图像 > 调整 > 色相 / 饱和度"命令，会弹出"色相 / 饱和度"对话框。在该对话框中调整任意参数后单击"确定"按钮，如图 3-4 所示。画面效果直接发生了变换，如图 3-5 所示。此时画面中的颜色、色调发生了变化，如果觉得效果不满意，那么只能进行"撤销"操作。如果操作的步骤太多，可能就无法还原回之前的效果了。

图 3-3   图 3-4   图 3-5

STEP 02 如果对图像执行菜单"图层>新建调整图层>色相/饱和度"命令，随即会打开"属性"面板，在该面板中可以看到与"色相/饱和度"对话框同样的参数选项，接着调整同样的参数，如图3-6所示。此时画面的效果也与图3-5相同，但是不同的是在"图层"面板中会生成一个调整图层，如图3-7所示。

图 3-6　　　　　　　　　　　　　　　图 3-7

STEP 03 调整图层与普通图层的属性相同，也含有显示、隐藏、删除、调整不透明度等。这就方便了我们显示或隐藏调色效果。而且调整图层还带有图层蒙版，使用黑色的画笔在蒙版中涂抹，可以隐藏画面中的调色效果，如图3-8所示。如果对调整的参数不满意，也无须撤销，只需要双击调整图层的缩览图，或者再次打开"属性"面板，在该面板中可以重新调整参数，如图3-9所示。调整参数后效果如图3-10所示。

图 3-8　　　　　　　　　　　　图 3-9　　　　　　　　　　　图 3-10

　　经过上述操作，我们发现使用"调整"命令进行调色是直接作用于像素，一旦做出更改很难被还原。而"新建调整图层"命令，则是一种可以逆转、可编辑的调色方式。因此当用户在操作过程中遇到上述"撤销"问题时，建议使用"新建调整图层"方式进行调色，因为这对后期的调整、编辑都能起到极大的帮助。

操作练习：使用调整图层为图像调色

案例文件	使用调整图层为图像调色.psd	难易指数	⭐⭐⭐⭐⭐
视频教学	使用调整图层为图像调色.f1v	技术要点	"属性"面板

 案例效果 (如图3-11、图3-12所示)

图 3-11　　　　　　　　　　　　　　图 3-12

🍂 操作步骤

STEP 01 执行菜单"文件 > 打开"命令，或按 Ctrl+O 组合键，在弹出的"打开"对话框中单击选择素材"1.jpg"，如图 3-13 所示。单击"打开"按钮，效果如图 3-14 所示。

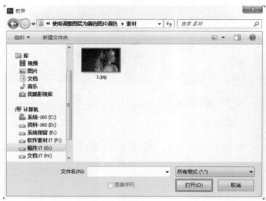

图 3-13　　　　　　　　　　　　　　图 3-14

STEP 02 画面显示亮度不足，并且画面中红色成分过多。因此首先要提高画面的亮度。执行菜单"图层 > 新建调整图层 > 曲线"命令，在打开的"属性"面板中的曲线上单击添加控制点，拖动控制点改变曲线形状，如图 3-15 所示。效果如图 3-16 所示。

图 3-15　　　　　　　　　　图 3-16

STEP 03 减少画面中的红色。继续在"属性"面板中设置通道为"红色"，在曲线上单击添加控制点，拖动控制点向下改变曲线形状，如图 3-17 所示。在减少画面中的红色的同时，画面中的绿色明显增多，效果如图 3-18 所示。

图 3-17　　　　　　　　　　图 3-18

STEP 04 由于调整后的画面中绿色比较突出，所以要降低画面中的绿色。继续在"属性"面板中设置通道为"绿色"，在曲线上单击添加控制点，拖动控制点向下改变曲线形状，如图 3-19 所示。效果如图 3-20 所示。

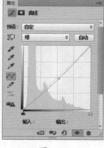

图 3-19　　　　　　　　　　图 3-20

STEP 05　增加画面中的蓝色使画面颜色平衡。继续设置通道为"蓝色"，在曲线上单击添加控制点，拖动控制点向上改变曲线形状，如图 3-21 所示。效果如图 3-22 所示。

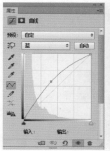 

图 3-21　　　　　　　　　图 3-22

以上是对画面整体进行的调整，下面对画面的细节进行调整。

STEP 06　对人物的肤色进行细微调整。执行菜单"图层 > 新建调整图层 > 曲线"命令，在打开的"属性"面板中的曲线上单击添加控制点，拖动控制点向上改变曲线形状，如图 3-23 所示。效果如图 3-24 所示。接着在"图层"面板中选择图层蒙版缩览图，设置"前景色"为黑色，使用 Alt+Delete 组合键为该图层蒙版填充黑色，如图 3-25 所示。

图 3-23　　　　　　　　图 3-24　　　　　　　　图 3-25

STEP 07　设置"前景色"为白色，接着单击工具箱中的"画笔工具"，在选项栏中单击"画笔预设"选取器下三角按钮，在"画笔预设"面板中设置"大小"为 100 像素，"硬度"为 0%，如图 3-26 所示。使用画笔工具在画面中人物皮肤上进行涂抹，在该图层蒙版缩览图中可以看到被涂抹的区域变成了白色，如图 3-27 所示。此时在背景颜色不变的情况下只有人物主体显示了效果，如图 3-28 所示。

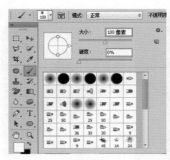  

图 3-26　　　　　　　　图 3-27　　　　　　　　图 3-28

STEP 08　使用同样的方法对人物皮肤部位再次进行调整，如图 3-29 所示。使皮肤更白一些，效果如图 3-30 所示。

STEP 09　对人物头发颜色进行轻微的色相调整。执行菜单"图层 > 新建调整图层 > 色相 / 饱和度"

命令，在"属性"面板中设置颜色为"红色"、"色相"为+5，如图3-31所示。使用同样的方法对图层缩览图填充黑色，使用白色画笔工具对人物头发进行涂抹，效果如图3-32所示。此时头发颜色倾向于黄色，效果如图3-33所示。

图 3-29

图 3-30

图 3-31

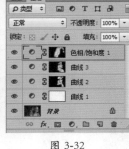

图 3-32

图 3-33

3.2 自动调色

在"图像"菜单中提供了3个快速自动调整图像颜色的命令：自动色调、自动对比度和自动颜色，如图3-34所示。这些命令会自动检测图像明暗以及偏色问题，无须设置参数就可以进行自动的校正。通常用于校正数码照片出现的明显的偏色、对比过低、颜色暗淡等常见问题。图3-35所示为使用"自动色调"命令的效果对比；图3-36所示为使用"自动对比度"命令的效果对比；图3-37所示为使用"自动颜色"命令的效果对比。

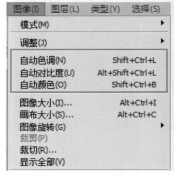

图 3-34

图 3-35

图 3-36

图 3-37

图像颜色模式

　　图像的颜色模式是指将某种颜色表现为数字形式的模型，或者说是一种记录图像颜色的方式。执行菜单"图像 > 模式"命令，在子菜单中可以看到多种颜色模式：位图模式、灰度模式、双色调模式、索引颜色模式、RGB 颜色模式、CMYK 颜色模式、Lab 颜色模式和多通道模式。

　　处理数码照片时一般常用 RGB 颜色模式；涉及需要印刷的产品时使用 CMYK 颜色模式；而 Lab 颜色模式是色域最宽的色彩模式，也是最接近真实世界颜色的一种色彩模式。

3.3　亮度 / 对比度

　　画面中只有当高光位置足够亮，阴影位置足够暗时，画面中的颜色才能有对比，在视觉上才能有一定的冲击力。"亮度 / 对比度"命令就是用来调整图像的明暗程度和对比度的。

　　打开一幅图像，如图 3-38 所示。执行菜单"图像 > 调整 > 亮度 / 对比度"命令，弹出"亮度 / 对比度"对话框，在这里可以进行参数的设置，如图 3-39 所示。调整完成后按"确定"按钮完成操作，此时画面效果如图 3-40 所示。

图 3-38

图 3-39

图 3-40

★　亮度：用来设置图像的整体亮度。数值为负值时，表示降低图像的亮度，如图 3-41 所示。数值为正值时，表示提高图像的亮度，如图 3-42 所示。

图 3-41

图 3-42

★　对比度：用于设置图像亮度对比的强烈程度。数值为负值时表示降低对比度，如图 3-43 所示。数值为正值时，表示增加对比度，如图 3-44 所示。

图 3-43

图 3-44

操作练习：使用"亮度／对比度"调整图像

案例文件	使用"亮度和对比度"调整图像.psd	难易指数	★★★★★
视频教学	使用"亮度和对比度"调整图像.flv	技术要点	"亮度／对比度"命令

案例效果 (如图 3-45、图 3-46 所示)

图 3-45　　　　　　　　图 3-46

操作步骤

STEP 01 执行菜单"文件＞打开"命令，或按 Ctrl+O 组合键，在弹出的"打开"对话框中单击选择素材"1.jpg"，单击"打开"按钮，效果如图 3-47 所示。画面显示有些暗，需要对画面明暗程度进行调整。

STEP 02 执行菜单"图层＞新建调整图层＞亮度／对比度"命令，在"属性"面板中设置"亮度"为 70，如图 3-48 所示。画面明显变亮了很多，效果如图 3-49 所示。

图 3-47　　　　　　　图 3-48　　　　　　　图 3-49

3.4 色阶

　　"色阶"就是用直方图描述出整幅图像的明暗信息。通过 Photoshop 中的"色阶"命令可以调整图像的阴影、中间调和高光的强度级别，从而校正图像的色调范围和色彩平衡。"色阶"命令不仅能用于整个图像的明暗调整，还能用于图像的某一范围或者各个通道、图层的调整。

　　打开一幅图像，如图 3-50 所示。执行菜单"图像 > 调整 > 色阶"命令，或按 Ctrl+L 组合键，弹出"色阶"对话框，如图 3-51 所示。在这里通过调整输入色阶的数值或者输出色阶的数值来更改画面的明暗效果，如图 3-52 所示。如果需要调整画面颜色，可以更改"通道"或对单独通道进行调整即可。

　　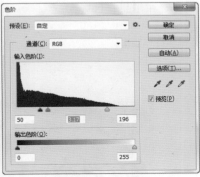　　

图 3-50　　　　　　　　　　　　　　图 3-51　　　　　　　　　　　　　　图 3-52

- ★ 预设：单击"预设"下拉按钮，可以选择一种预设的色阶调整选项来对图像进行调整。
- ★ 通道：在"通道"下拉列表框中可以选择一个通道。通过控制某个通道的明暗程度，可以调整图像中这一通道颜色的含量，以校正图像的颜色。

图 3-53

- ★ ▨（在图像中取样以设置黑场）：使用该吸管在图像中单击即可取样，单击点的像素将调整为黑色，同时图像中比该单击点暗的像素也会变成黑色，如图 3-53 所示。
- ★ ▨（在图像中取样以设置灰场）：使用该吸管在图像中单击即可取样，且根据单击点像素的亮度来调整其他中间调的平均亮度，如图 3-54 所示。

图 3-54

★ 🖊️（在图像中取样以设置白场）：使用该吸管在图像中单击即可取样，单击点的像素将调整为白色，同时图像中比该单击点亮的像素也会变成白色，如图 3-55 所示。

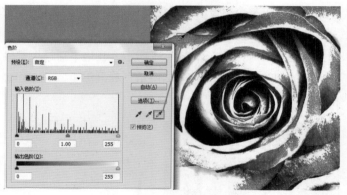

图 3-55

★ 输入色阶：通过拖曳滑块可以调整图像的阴影、中间调和高光，同时也可以直接在对应的输入框中输入数值。例如向左拖曳中间调滑块时，将使图像变亮，如图 3-56 所示；向右拖曳中间调滑块将使图像变暗，如图 3-57 所示。

★ 输出色阶：用于设置图像的亮度范围，从而降低对比度。图 3-58 和图 3-59 为设置前后的对比效果。

图 3-56

图 3-57

图 3-58

图 3-59

3.5 曲线

打开一幅图像，如图 3-60 所示。执行菜单"图像 > 调整 > 曲线"命令，或按 Ctrl+M 组合键，弹出"曲线"对话框。在倾斜的直线上单击即可添加控制点，然后进行拖曳调整曲线形状。在曲线上半部分添加控制点将调整画面的亮部区域；在曲线下半部分添加控制点将调整暗部区域；在曲线中段添加控制点将调整画面中间调区域。将控制点向左上角调整可使画面变亮，如果将控制点向右下调整将使画面变暗，如图 3-61 所示。

随着曲线形态的变化，画面的明暗以及对比度都会发生变化，如图 3-62 所示。如果想调整画面颜色，就需要在"通道"下拉列表框中选择某个通道，然后进行曲线形状的调整。

图 3-60

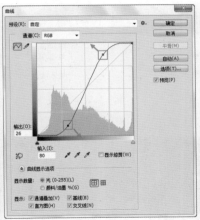
图 3-61

图 3-62

★ 预设：在"预设"下拉列
表框中共有 9 种曲线预设
效果，选中即可自动生成
相应的效果。

★ 通道：在"通道"下拉列
表框中选择一个通道将校
正图像的颜色。

★ 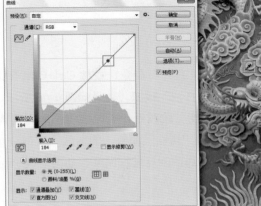（在曲线上单击并拖动可
修改曲线）：激活该按钮后，
将光标放置在图像上，曲线
上会出现一个圆圈，表示光
标处的色调在曲线上的位置，
拖曳鼠标左键可以添加控制
点以调整图像的色调。向上
调整表示提亮，向下调整则
表示压暗，如图 3-63 所示。

图 3-63

★ 〰（编辑点以修改曲线）：
激活该按钮，在曲线上单击，
可以添加新的控制点，通过
拖曳控制点可以改变曲线的
形状，从而达到调整图像的
目的。图 3-64 所示为调整
曲线形状，图 3-65 所示为
调整曲线后的效果。

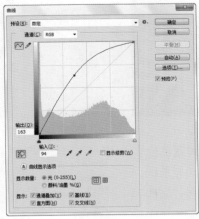
图 3-64

图 3-65

★ 〰（通过绘制来修改曲线）：激活该按钮后，可以以手绘的方式自由绘制出曲线，绘制好曲线
后单击"编辑点以修改曲线"按钮〰，可以显示出曲线上的控制点。

★ 输入 / 输出："输入"即"输入色阶"，显示的是调整前的像素值；"输出"即"输出色阶"，
显示的是调整以后的像素值。

操作练习：使用"曲线"打造暖色童年

案例文件	使用"曲线"打造暖色童年.psd	难易指数	★★★★★
视频教学	使用"曲线"打造暖色童年.flv	技术要点	"曲线"命令

 案例效果 (如图 3-66、图 3-67 所示)

图 3-66　　　　　　　　　　　图 3-67

 操作步骤

STEP 01 执行菜单"文件 > 打开"命令，或按 Ctrl+O 组合键，在弹出的"打开"对话框中单击选择素材"1.jpg"，单击"打开"按钮，效果如图 3-68 所示。

STEP 02 由于画面的"亮度"比较低，所以要将画面亮度提高。执行菜单"图层 > 新建调整图层 > 曲线"命令，在打开的"属性"面板中的曲线上半部分单击添加控制点，拖动控制点改变曲线形状，继续在下半部分添加控制点进行调整，如图 3-69 所示。画面整体被提亮，效果如图 3-70 所示。

 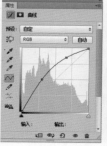 

图 3-68　　　　　　　　　　图 3-69　　　　　　　　　　图 3-70

STEP 03 从画面中可以看到蓝色过多红色较少，画面整体风格偏向冷色调。下面对画面颜色进行调整。在"属性"面板的 RGB 下拉列表框中选择"红"选项，在曲线上单击添加控制点，拖曳控制点向上改变曲线形状，再次单击添加控制点进行调整，如图 3-71 所示。效果如图 3-72 所示。

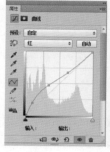 

图 3-71　　　　　　　　　　图 3-72

STEP 04 画面蓝色依然过多，对蓝色进行调整。继续在"属性"面板的 RGB 下拉列表框中选择"蓝"选项，在曲线上单击添加控制点，拖曳控制点向下，改变曲线形状，再次单击添加控制点进行调整，如图 3-73 所示。效果如图 3-74 所示。

图 3-73　　　　　　　图 3-74

3.6 曝光度

"曝光度"一词来源于摄影。当画面曝光度不足时，图像就会晦暗无力，画面沉闷；当曝光度过高时，图像就会泛白，画面高光部分无层次，彩色不饱和，整个画面像褪了色似的。在 Photoshop 中通过"曝光度"命令可以校正图像曝光过度、曝光不足的问题。

打开一幅图像，如图 3-75 所示。执行菜单"图像 > 调整 > 曝光度"命令，弹出"曝光度"对话框，然后调整参数，如图 3-76 所示。设置完成后单击"确定"按钮，此时画面效果如图 3-77 所示。

图 3-75　　　　　　图 3-76　　　　　　图 3-77

★ 预设：Photoshop 自定了 4 种曝光效果，分别是"减 1.0""减 2.0""加 1.0"和"加 2.0"。
★ 曝光度：调整画面的曝光度。向左拖曳滑块，将降低曝光效果，如

图 3-78　　　　　　图 3-79

图 3-78 所示；向右拖曳滑块，将增强曝光效果，如图 3-79 所示。
★ 位移：该选项主要对阴影和中间调起作用，将使其变暗，但对高光基本不会产生影响。
★ 灰度系数校正：使用一种乘方函数来调整图像灰度系数，将增加或减少画面的灰度系数。

3.7 自然饱和度

"饱和度"是画面颜色的鲜艳程度。使用"自然饱和度"命令能够增强或减弱画面中颜色的

饱和度，且调整后的效果细腻、自然，不会造成因饱和度过高出现的溢色状况。

　　打开一幅图像，如图 3-80 所示。执行菜单"图像＞调整＞自然饱和度"命令，弹出"自然饱和度"对话框，调整"自然饱和度"和"饱和度"数值，如图 3-81 所示。设置完成后单击"确定"按钮，此时画面效果如图 3-82 所示。

图 3-80

图 3-81

图 3-82

★ 自然饱和度：向左拖曳滑块，将降低颜色的饱和度，如图 3-83 所示；向右拖曳滑块，将增加颜色的饱和度，如图 3-84 所示。

图 3-83　　　　　　　图 3-84

★ 饱和度：向左拖曳滑块，将增加所有颜色的饱和度，如图 3-85 所示；向右拖曳滑块，将降低所有颜色的饱和度，如图 3-86 所示。

图 3-85

图 3-86

操作练习：使用"自然饱和度"美化照片

案例文件	使用"自然饱和度"美化照片 .psd	难易指数	⭐⭐⭐⭐⭐
视频教学	使用"自然饱和度"美化照片 .flv	技术要点	"自然饱和度"命令

 案例效果 (如图 3-87、图 3-88 所示)

图 3-87

图 3-88

操作步骤

STEP 01 执行菜单"文件>打开"命令，或按 Ctrl+O 组合键，在弹出的"打开"对话框中单击选择素材"1.jpg"，单击"打开"按钮，如图 3-89 所示。画面显示整体颜色感较弱，食物显得不是很诱人，效果如图 3-90 所示。

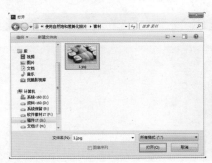

图 3-89　　　　　　　　　　图 3-90

STEP 02 执行菜单"图层>新建调整图层>自然饱和度"命令，在打开的"属性"面板中设置"自然饱和度"为 +100，设置"饱和度"为 +19，如图 3-91 所示。此时照片的饱和度增强了很多，效果如图 3-92所示。

图 3-91　　　　　　　　图 3-92

3.8　色相/饱和度

在 Photoshop 中，"色相/饱和度"命令就是用来调整颜色三要素的。"色相/饱和度"命令不仅可以对画面整体颜色进行调整，还可以对画面中单独的颜色进行调整。

打开一幅图像，如图 3-93 所示。执行菜单"图像>调整>色相/饱和度"命令，或按 Ctrl+U组合键，弹出"色相/饱和度"对话框，如图 3-94 所示。调整色相数值，画面效果如图 3-95 所示。

图 3-93　　　　　　　　图 3-94　　　　　　　　图 3-95

★ 预设：在"预设"下拉
列表框中提供了8种
色相／饱和度预设，如
图3-96所示。

★ 通道：在"通道"下拉
列表框中有全图、红色、
黄色、绿色、青色、蓝
色和洋红通道。选择好
通道以后，拖曳下面的
"色相""饱和度"和"明
度"的滑块，将对该通
道的色相、饱和度和明
度进行调整。

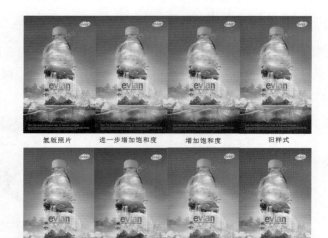

图 3-96

★ ☝（在图像上单击并拖动可修改饱和度）：激活该按钮，在图像上单击后可以设置取样点，
如图3-97所示。按住鼠标左键并向左拖曳鼠标将降低图像的饱和度，如图3-98所示；向右拖
曳将增加图像的饱和度，如图3-99所示。

★ 着色：勾选该复选框后，图像会整体偏向于单一的红色调，通过拖曳3个滑块可以调节图像的
色调，如图3-100所示。

图 3-97

图 3-98

图 3-99

图 3-100

操作练习：使用"色相/饱和度"制作多彩的玫瑰花

案例文件	使用"色相和饱和度"制作多彩的玫瑰花.psd	难易指数	
视频教学	使用"色相和饱和度"制作多彩的玫瑰花.flv	技术要点	"色相/饱和度"命令、快速选择工具

案例效果（如图 3-101、图 3-102 所示）

图 3-101　　　　　　　　　　图 3-102

操作步骤

STEP 01 执行菜单"文件＞打开"命令，或按 Ctrl+O 组合键，在弹出的"打开"对话框中单击选择素材"1.jpg"，单击"打开"按钮，如图 3-103 所示。效果如图 3-104 所示。

图 3-103　　　　　　　　　　图 3-104

STEP 02 单击工具箱中的"快速选择工具"按钮，在选项栏中单击"添加到选区"按钮，然后在画面中按住鼠标左键拖曳，得到两朵花的选区，如图 3-105 所示。接着执行菜单"图层＞新建调整图层＞色相/饱和度"命令，在打开的"属性"面板中设置"色相"为 +35，如图 3-106 所示。此时这两朵花的颜色发生了变化，效果如图 3-107 所示。

图 3-105　　　　　图 3-106　　　　　　图 3-107

STEP 03 使用快速选择工具绘制另外两朵花的选区，如图 3-108 所示。执行菜单"图层 > 新建调整图层 > 色相/饱和度"命令，在打开的"属性"面板中设置"色相"为 -77，设置"饱和度"为 -73，如图 3-109 所示。此时这两朵花变为了淡紫色，效果如图 3-110 所示。

图 3-108   图 3-109   图 3-110

STEP 04 使用快速选择工具绘制底部两朵花的选区，如图 3-111 所示。执行菜单"图层 > 新建调整图层 > 色相/饱和度"命令，在打开的"属性"面板中设置"色相"为 +60，设置"饱和度"为 -32，如图 3-112 所示。此时左下角两朵花变为了香槟色，效果如图 3-113 所示。

图 3-111   图 3-112   图 3-113

3.9 色彩平衡

"色彩平衡"常用于校正图像的偏色情况，它的工作原理是通过"补色"操作校正偏色。

打开一幅图像，如图 3-114 所示。执行菜单"图像 > 调整 > 色彩平衡"命令，弹出"色彩平衡"对话框，然后设置参数，单击"确定"按钮，如图 3-115 所示。此时画面效果如图 3-116 所示。

 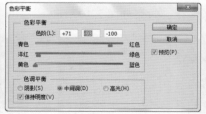 

图 3-114   图 3-115   图 3-116

★ 色彩平衡：用于调整"青色 - 红色""洋红 - 绿色"以及"黄色 - 蓝色"在图像中所占的比例，可以手动输入，也可以拖曳滑块调整。比如，向左拖曳"黄色 - 蓝色"滑块，将在图像中增加

黄色，同时减少其补色
蓝色，如图 3-117 所示；
反之，将在图像中增加
蓝色，同时减少其补色
黄色，如图 3-118 所示。

图 3-117

图 3-118

★ 色调平衡：选择调整色彩平衡的方式，包含"阴影""中间调"和"高光"3 个选项。图 3-119
所示为选中"阴影"单选按钮时的调色效果，图 3-120 所示为选中"中间调"单选按钮时的调
色效果；图 3-121 所示为选中"高光"单选按钮时的调色效果。

★ 保持明度：如果勾选该复选框，将保持图像的色调不变，可以防止亮度值随着颜色的改变而改变。

图 3-119

图 3-120

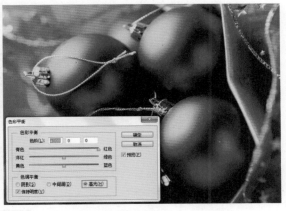
图 3-121

操作练习：使用"色彩平衡"制作林间风景

案例文件	使用"色彩平衡"制作林间风景.psd	难易指数	★★★★★
视频教学	使用"色彩平衡"制作林间风景.flv	技术要点	"色彩平衡"和"曲线"命令

🍃 **案例效果** (如图 3-122、图 3-123 所示)

图 3-122

图 3-123

🍃 **操作步骤**

STEP 01 执行菜单"文件＞新建"命令，在弹出的"新建"对话框中设置"宽度"为 1576 像素、"高度"为 1120 像素、"分辨率"为 72 像素/英寸、"背景内容"为"白色"，单击"确定"按钮，如图 3-124 所示。在工具箱中设置"前景色"为黑色，使用 Alt+Delete 组合键为画面填充前景色，如图 3-125 所示。

STEP 02 执行菜单"文件＞置入"命令，在弹出的"置入"对话框中单击选择素材"1.jpg"，单击"置入"按钮，如图 3-126 所示。按 Enter 键完成置入。选中置入的图层，执行菜单"图层＞栅格化＞智能对象"命令，如图 3-127 所示。

STEP 03 由于画面不够清晰，要使画面变得清晰，就选择素材图层，执行菜单"滤镜＞锐化＞智能锐化"命令，在弹出的"智能锐化"对话框中设置"数量"为 200%、"半径"为 64.0 像素、"减少杂色"为 50%，单击"确定"按钮即可，如图 3-128 所示。效果如图 3-129 所示。

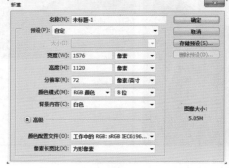
图 3-124

图 3-125

图 3-126

图 3-127

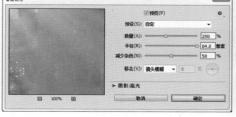
图 3-128

图 3-129

STEP 04 对画面色彩进行校正。执行菜单"图层 > 新建调整图层 > 色彩平衡"命令，在打开的"属性"面板中单击"色调"下三角按钮，选择为"阴影"选项，设置"青色"为 –20、"洋红"为 0、"黄色"为 +30，如图 3-130 所示。接着单击"色调"下三角按钮，选择为"中间调"选项，设置"青色"为 +20、"洋红"为 0、"黄色"为 –30，如图 3-131 所示。继续单击"色调"下三角按钮，选择为"高光"选项，设置"青色"为 +10、"洋红"为 0、"黄色"为 –30，如图 3-132 所示。效果如图 3-133所示。

图 3-130　　　　　　图 3-131　　　　　　图 3-132　　　　　　　　图 3-133

STEP 05 由于画面中一些部位色彩校正得有些过度，因此要在该调整图层的图层蒙版中对多余的部分进行去除。设置"前景色"为黑色，单击工具箱中的"画笔工具"按钮 ✍，在选项栏中单击"画笔预设"选取器下三角按钮，在"画笔预设"面板中设置"大小"为 100 像素、"硬度"为 0%，在画面中进行涂抹。在该图层蒙版缩览图中可以看到被涂抹的区域变成了黑色，如图 3-134 所示。蒙版效果如图 3-135 所示。被涂抹的区域不受调整图层的影响，效果如图 3-136 所示。

图 3-134　　　　　　　　　图 3-135　　　　　　　　　　图 3-136

STEP 06 对画面两侧进行压暗处理，使画面更有深邃感。执行菜单"图层 > 新建调整图层 > 曲线"命令，在打开的"属性"面板中的曲线上单击添加控制点，拖曳控制点改变曲线形状，如图 3-137 所示。效果如图 3-138 所示。

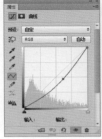

图 3-137　　　　　　　图 3-138

STEP 07 设置"前景色"为黑色，接着单击工具箱中的"画笔工具"按钮 ✍，在选项栏中单击"画笔预设"选取器下三角按钮，在"画笔预设"面板中设置"大小"为 100 像素、"硬度"为 0%，如图 3-139 所示。使用画笔工具在画面中间进行涂抹，在该图层蒙版缩览图中可以看到被涂抹的区域变成了黑色，图层蒙版效果如图 3-140 所示。效果如图 3-141 所示。

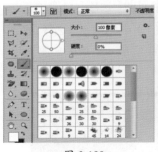
图 3-139

图 3-140

图 3-141

3.10 黑白

"黑白"命令用于丢弃画面中的颜色，使图像以黑白颜色显示。"黑白"命令有一个非常大的优势，就是它可以控制各种色调在转换为灰度时的明暗程度。

打开一幅图像，如图 3-142 所示。执行菜单"图像 > 调整 > 黑白"命令，或按 Alt+Shift+Ctrl+B 组合键，弹出"黑白"对话框，如图 3-143 所示。默认情况下打开该对话框后图像会自动变为黑白，效果如图 3-144 所示。

图 3-142

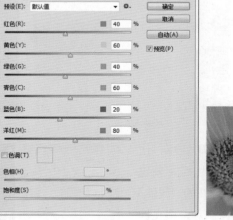
图 3-143

图 3-144

★ 预设：下拉列表框中提供了 12 种黑色效果，可以直接选择相应的预设创建黑白图像。
★ 颜色：这 6 个颜色选项用来调整图像中特定颜色的灰色调。例如，在一幅图像中，向左拖曳"红色"滑块，将使由红色转换而来的灰度色变暗，如图 3-145 所示；向右拖曳，将使灰度色变亮，如图 3-146 所示。

图 3-145　　　　　　　　　　　图 3-146

★ 色调：勾选"色调"复选框，将为黑色图像着色，从而创建单色图像。另外，还可以调整单色图像的色相和饱和度。图 3-147 和图 3-148 所示为设置不同色调的效果。

图 3-147　　　　　　　　　　　图 3-148

操作练习：使用"黑白"制作黑白照片

案例文件	使用"黑白"制作黑白照片.psd	难易指数	★★★★★
视频教学	使用"黑白"制作黑白照片.flv	技术要点	"黑白"命令

 案例效果 （如图 3-149、图 3-150 所示）

图 3-149　　　　　　　　　　　图 3-150

 操作步骤

01 执行菜单"文件 > 打开"命令，或按 Ctrl+O 组合键，在弹出的"打开"对话框中单击选择素材"1.jpg",单击"打开"按钮,如图 3-151 所示。效果如图 3-152 所示。

图 3-151

图 3-152

STEP 02 执行菜单"图层>新建调整图层>黑白"命令,打开"属性"面板,如图 3-153 所示。此时图像变为黑白效果,如图 3-154 所示。

图 3-153

图 3-154

STEP 03 如果想调整画面变灰后的明度,那么就需要在打开的"属性"面板中设置参数,设置"红色"为 34、"黄色"为 67、"绿色"为 20、"青色"为 40、"蓝色"为 12,如图 3-155 所示。效果如图 3-156 所示。

图 3-155

图 3-156

3.11 照片滤镜

"暖色调"与"冷色调"这两个词想必大家都不陌生。没错,颜色是有温度的。蓝色调通常给人寒冷、冰凉的感受,被称为冷色调;黄色或者红色给人温暖、和煦的感觉,被称为暖色调,"照片滤镜"命令可以轻松改变图像的"温度"。

打开一幅图像,如图 3-157 所示。执行菜单"图像>调整>照片滤镜"命令,弹出"照片滤镜"

对话框，然后进行参数的设置，如图 3-158 所示。参数设置完成后单击"确定"按钮，效果如图 3-159 所示。

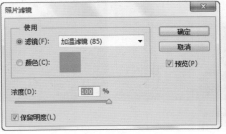

图 3-157 　　　　　　　　图 3-158 　　　　　　　　图 3-159

★ 滤镜：在"滤镜"下拉列表框中可以选择一种预设的效果应用到图像中。图 3-160 所示为加温滤镜（LBA）效果，图 3-161 所示为冷却滤镜（80）效果。

图 3-160 　　　　　　　　　　　　　图 3-161

★ 颜色：选中"颜色"单选按钮，将自行设置滤镜颜色。图 3-162 所示是"颜色"为青色时的效果；图 3-163 所示是"颜色"为洋红色时的效果。

图 3-162 　　　　　　　　　　　　　图 3-163

★ 浓度：用于调整图像中应用滤镜颜色的百分比。数值越大，应用到图像中的颜色浓度就越高，如图 3-164 所示；数值越小，应用到图像中的颜色浓度就越低，如图 3-165 所示。
★ 保留明度：勾选该复选框以后图像的明度将保持不变。

图 3-164   图 3-165

3.12 通道混合器

　　"通道混合器"命令是通过混合当前通道颜色与其他通道的颜色像素，从而改变图像的颜色。

　　打开一幅图像，如图 3-166 所示。执行菜单"图形＞调整＞通道混合器"命令，弹出"通道混合器"对话框，设置参数，如图 3-167 所示。设置完成后单击"确定"按钮，图像效果如图 3-168 所示。

图 3-166   图 3-167   图 3-168

★　预设：Photoshop 提供了 6 种制作黑白图像的预设效果。

★　输出通道：在"输出通道"下拉列表框中选择一种通道将对图像的色调进行调整。图 3-169 所示是设置通道为"绿"时的调色效果；图 3-170 所示是设置通道为"蓝"时的调色效果。

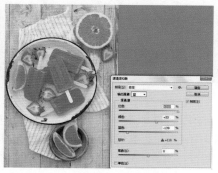

图 3-169   图 3-170

★ 源通道：用于设置颜色在图像中的百分比。

★ 总计：用于显示源通道的计数值。如果计数值大于 100%，就有可能会丢失一些阴影和高光细节。

★ 常数：用来设置输出通道的灰度值，负值表示在通道中增加黑色，正值表示在通道中增加白色。

★ 单色：勾选该复选框表示制作黑白图像。

操作练习：使用"通道混合器"制作霓虹效果

案例文件	使用"通道混合器"制作霓虹效果.psd	难易指数	
视频教学	使用"通道混合器"制作霓虹效果.flv	技术要点	通道混合器、剪贴蒙版

案例效果 (如图 3-171、图 3-172 所示)

图 3-171   图 3-172

操作步骤

STEP 01 执行菜单"文件>新建"命令，在弹出的"新建"对话框中设置"宽度"为 1000 像素、"高度"为 1415 像素、"分辨率"为 72 像素/英寸、"背景内容"为白色，单击"确定"按钮完成设置，如图 3-173 所示。单击工具箱中的"渐变工具"按钮，在选项栏中单击渐变色条，在"渐变编辑器"对话框中编辑一个彩色渐变，设置"渐变方式"为"线性渐变"，单击"确定"按钮完成设置。在画面左上角按住鼠标左键并拖曳到右下角完成绘制，效果如图 3-174 所示。

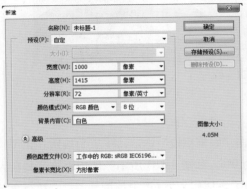

图 3-173   图 3-174

STEP 02 执行菜单"文件＞置入"命令，在弹出的"置入"对话框中单击选择素材"1.jpg"，单击"置入"按钮，如图 3-175 所示。画面效果如图 3-176 所示。按 Enter 键完成置入，执行菜单"图层＞栅格化＞智能对象"命令，将图像栅格化为普通图层，如图 3-177 所示。

图 3-175

图 3-176

图 3-177

STEP 03 单击工具箱中的"钢笔工具"按钮，在选项栏中设置"绘制模式"为"路径"，在画面中绘制人像的路径，如图 3-178 所示。使用 Ctrl+Enter 组合键将路径转换为选区，如图 3-179 所示。接着单击"图层"面板中的"添加图层蒙版"按钮，为画面创建图层蒙版，使人像照片的背景部分隐藏，如图 3-180 所示。

图 3-178

图 3-179

图 3-180

STEP 04 对人物进行霓虹效果制作。执行菜单"图层＞新建调整图层＞通道混合器"命令，在"属性"面板中设置"输出通道"为绿色，调整"蓝色"的数值为 –62%，如图 3-181 所示。效果如图 3-182 所示。

图 3-181

图 3-182

STEP 05 设置"前景色"为黑色，在选项栏中单击"画笔预设"选取器下三角按钮。在"画笔预设"面板中设置"大小"为 100 像素、"硬度"为 0%，如图 3-183 所示。使用画笔工具在人物区域进行涂抹，蒙版中涂抹的区域将被隐藏，蒙版如图 3-184 所示。选中该调整图层，执行菜单"图层＞创建剪贴蒙版"命令，效果如图 3-185 所示。

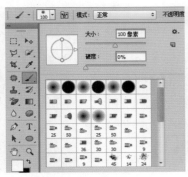  

图 3-183   图 3-184   图 3-185

STEP 06 制作蓝色霓虹效果。执行菜单"图层 > 新建调整图层通道混合器"命令，在"属性"面板中设置"输出通道"为红色，设置"绿色"数值为 –90%，如图 3-186 所示。设置"输出通道"为蓝色，调整"红色"数值为 +200%、"蓝色"数值为 +200%，如图 3-187 所示。效果如图 3-188 所示。

图 3-186   图 3-187   图 3-188

STEP 07 使用黑色的画笔对调整图层的蒙版进行涂抹，被涂抹的区域不受该调整图层影响，蒙版如图 3-189 所示。继续选择该图层，右击，执行"创建剪贴蒙版"命令，为人像图层创建剪贴蒙版，效果如图 3-190 所示。

STEP 08 制作红色霓虹效果。执行菜单"图层 > 新建调整图层 > 通道混合器"命令，在"属性"面板中设置"输出通道"为红色，调整"常数"数值为 +28%，如图 3-191 所示。效果如图 3-192 所示。

图 3-189   图 3-190   图 3-191   图 3-192

09 选中该图层的蒙版，使用黑色圆形柔角画笔涂抹多余部分，蒙版效果如图 3-193 所示。对人物图层创建剪贴蒙版，效果如图 3-194 所示。

图 3-193　　　　　　图 3-194

10 制作人物黄色霓虹效果。执行菜单"图层 > 新建调整图层 > 通道混合器"命令，在"属性"面板中设置"输出通道"为红色，调整"红色"数值为 +183%、"绿色"数值为 +200%、"蓝色"数值为 +200%，如图 3-195 所示。设置"输出通道"为绿色，调整"红色"数值为 +79%、"绿色"数值为 +100%、"蓝色"数值为 0，如图 3-196 所示。效果如图 3-197 所示。

图 3-195　　　　　图 3-196　　　　　图 3-197

11 选中该图层的蒙版，使用黑色画笔涂抹人像右下角以外的区域，将其隐藏，蒙版如图 3-198 所示。为人物图层创建剪贴蒙版，效果如图 3-199 所示。

12 制作人物高光。单击工具箱中的"画笔工具"按钮，在选项栏中单击"画笔预设"选取器下三角按钮，在"画笔预设"面板中设置画笔"大小"为 100 像素、"硬度"为 0%、"不透明度"为 42%，在画面适当位置进行绘制，如图 3-200 所示。执行菜单"图层 > 创建剪贴蒙版"命令，"图层"面板如图 3-201 所示。

图 3-198　　　　　图 3-199　　　　　图 3-200　　　　　图 3-201

STEP 13 单击工具箱中的"横排文字工具"按钮 T，在选项栏中设置合适的"字体""字号"，设置"填充"为黑色，在画面中单击输入文字，如图 3-202 所示。设置稍小的字号，用同样的方法输入其他文字，效果如图 3-203 所示。

图 3-202   图 3-203

3.13 颜色查找

"颜色查找"集合了预设的调色效果，使用方法非常简单。

打开一幅图像，如图 3-204 所示。执行菜单"图像 > 调整 > 颜色查找"命令，在弹出的对话框中选择用于颜色查找的方式：3DLUT 文件，设置"摘要""设备链接"，如图 3-205 所示。设置完成后单击"确定"按钮，图像整体颜色产生了风格化的效果，如图 3-206 所示。

图 3-204   图 3-205   图 3-206

操作练习：使用"颜色查找"制作浓郁的色调

案例文件	使用"颜色查找"制作浓郁的色调.psd	难易指数	★★★★★
视频教学	使用"颜色查找"制作浓郁的色调.flv	技术要点	"颜色查找"命令

案例效果（如图 3-207、图 3-208 所示）

图 3-207

图 3-208

操作步骤

STEP 01 执行菜单"文件＞打开"命令，或按 Ctrl+O 组合键，在弹出的"打开"对话框中单击选择素材"1.jpg"，单击"打开"按钮，如图 3-209 所示。效果如图 3-210 所示。

图 3-209

图 3-210

STEP 02 执行菜单"图层＞新建调整图层＞颜色查找"命令，在打开的"属性"面板中单击"3DLUT 文件"下三角按钮，在下拉列表中选择 LateSunset.3DL 选项，如图 3-211 所示。此时照片产生了非常风格化的颜色效果，如图 3-212 所示。

图 3-211

图 3-212

3.14 反相

"反相"就是将图像中的颜色转换为它的补色。例如，在通道抠图时就会时常将黑白两色进行反选。

打开一幅图像，如图 3-213 所示。执行菜单"图层＞调整＞反相"命令，或按 Ctrl+I 组合键，即可得到"反相"效果，如图 3-214 所示。"反相"命令是可逆的过程，再次执行该命令即可得到原始效果。

图 3-213   图 3-214

3.15 色调分离

"色调分离"是将图像中每个通道的色调级数目或亮度值指定级别，然后将其余的像素映射到最接近的匹配级别。

打开一幅图像，如图 3-215 所示。执行菜单"图像 > 调整 > 色调分离"命令，在弹出的"色调分离"对话框中设置"色阶"的数量，"色阶"值越小分离的色调越多；"色阶"值越大，保留的图像细节就越多。设置完成后单击"确定"按钮，如图 3-216 所示。画面效果如图 3-217 所示。

图 3-215   图 3-216   图 3-217

3.16 阈值

"阈值"常用于将彩色的图像转换为只有黑白两色的图像。在执行该命令后，所有比设置的阈值色阶亮的像素将转换为白色，而比阈值暗的像素将转换为黑色。

打开一幅图像，如图 3-218 所示。执行菜单"图像 > 调整 > 阈值"命令，弹出"阈值"对话框，然后拖曳滑块调整阈值色阶，当阈值越大时黑色像素分布就越广。设置完成后单击"确定"按钮，如图 3-219 所示。画面效果如图 3-220 所示。

图 3-218　　　　　　　　图 3-219　　　　　　　　图 3-220

操作练习：使用"阈值"制作彩色绘画效果

案例文件	使用"阈值"制作彩色绘画效果.psd	难易指数	★★★★★
视频教学	使用"阈值"制作彩色绘画效果.flv	技术要点	"阈值"命令、混合模式

 案例效果 (如图 3-221、图 3-222 所示)

图 3-221　　　　　　　　　　　　图 3-222

 操作步骤

STEP 01 执行菜单"文件＞打开"命令，或按 Ctrl+O 组合键，在弹出的"打开"对话框中单击选择素材"1.jpg"，单击"打开"按钮，如图 3-223 所示。执行菜单"图层＞新建调整图层＞阈值"命令，在打开的"属性"面板中设置"阈值色阶"为 113，如图 3-224 所示。效果如图 3-225 所示。

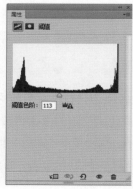

图 3-223　　　　　　　　图 3-224　　　　　　　　图 3-225

STEP 02 单击工具箱中的"横排文字工具"按钮 T，在选项栏中设置合适的"字体""字号"，设置"填充"为黑色，在画面中单击并输入文字，如图 3-226 所示。执行菜单"文件 > 置入"命令，在弹出的"置入"对话框中单击选择素材"2.jpg"，单击"置入"按钮，按 Enter 键完成置入。接着执行菜单"图层 > 栅格化 > 智能对象"命令，将该图层栅格化为普通图层，如图 3-227 所示。

图 3-226

图 3-227

STEP 03 在"图层"面板中设置图层混合模式为"滤色"，如图 3-228 所示。最终效果如图 3-229 所示。

图 3-228

图 3-229

3.17 渐变映射

"渐变映射"命令的作用是根据图像的明暗关系将渐变颜色映射到图像中不同亮度的区域中。

打开一幅图像，如图 3-230 所示。执行菜单"图像 > 调整 > 渐变映射"命令，弹出"渐变映射"对话框，接着单击渐变色条，在弹出的"渐变编辑器"对话框中编辑一个合适的渐变颜色，如图 3-231 所示。设置完成后单击"确定"按钮，此时画面颜色效果如图 3-232 所示。

图 3-230

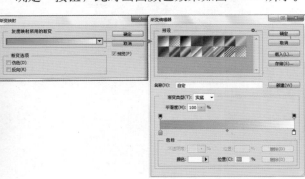

图 3-231

图 3-232

★ 仿色：勾选该复选框后，Photoshop 会添加一些随机的杂色来平滑渐变效果。

★ 反向：勾选该复选框后，将反转渐变的填充方向，映射出的渐变效果也会发生变化。

操作练习：使用"渐变映射"制作粉嫩柔和效果

案例文件	使用"渐变映射"制作粉嫩柔和效果.psd	难易指数	★★★★★
视频教学	使用"渐变映射"制作粉嫩柔和效果.flv	技术要点	"渐变映射"命令、混合模式

案例效果（如图 3-233、图 3-234 所示）

图 3-233

图 3-234

操作步骤

STEP01 打开一幅图像，执行菜单"图层>新建调整图层>渐变映射"命令，创建一个"渐变映射"调整图层，如图 3-235 所示。在渐变映射"属性"面板中单击渐变色条，如图 3-236 所示。

图 3-235

图 3-236

STEP02 在弹出的"渐变编辑器"对话框中编辑一个粉色系渐变，然后单击"确定"按钮完成设置，如图 3-237 所示。此时画面效果如图 3-238 所示。

图 3-237

图 3-238

STEP 03 在"图层"面板中选择"渐变映射"调整图层,设置图层混合模式为"柔光",如图 3-239 所示。此时画面最终效果如图 3-240 所示。

图 3-239

图 3-240

3.18　可选颜色

　　"可选颜色"命令是很常用的调色命令,使用该命令可以单独对图像中的红、黄、绿、青、蓝、洋红、白色、中性色以及黑色中各种颜色所占的百分比进行调整。打开一幅图像,如图 3-241 所示。执行菜单"图像 > 调整 > 可选颜色"命令,弹出"可选颜色"对话框,如图 3-242 所示。在"可选颜色"对话框中的"颜色"下拉列表框中选中需要调整的颜色,然后拖曳下方的滑块,控制各种颜色的百分比。设置完成后单击"确定"按钮,效果如图 3-243 所示。

图 3-241

图 3-242

图 3-243

★ 颜色:在"颜色"下拉列表框中选择要修改的颜色,然后对该颜色中的青色、洋红、黄色和黑色所占的百分比进行调整。图 3-244 所示是"颜色"设置为黑色时的调色效果;图 3-245 是"颜色"设置为黄色时的调色效果。

★ 方法:选中"相对"单选按钮,将根据颜色总量的百分比修改青色、洋红、黄色和黑色的数量;选中"绝对"单选按钮,将采用绝对值调整颜色。

图 3-244

图 3-245

3.19 阴影 / 高光

　　"阴影 / 高光"命令是一个用来调整画面明度的命令。该命令常用于还原图像阴影区域过暗或高光区域过亮造成的细节损失问题。

　　打开一幅图像，如图 3-246 所示。执行菜单"图像 > 调整 > 阴影 / 高光"命令，弹出"阴影 / 高光"对话框，如图 3-247 所示。勾选"显示更多选项"复选框后将显示"阴影 / 高光"的完整选项，如图 3-248 所示。

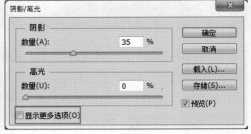

图 3-246　　　　　　　　　　　图 3-247　　　　　　　　　　　图 3-248

★　阴影："数量"选项用来控制阴影区域的亮度，值越大，阴影区域就越亮；"色调宽度"选项用来控制色调的修改范围，值越小，修改的范围就只针对较暗的区域；"半径"选项用来控制

像素是在阴影中还是在高光中。图 3-249 所示的参数，修改后的效果如图 3-250 所示。

图 3-249　　　　　　　　　　　图 3-250

★　高光："数量"选项用来控制高光区域的黑暗程度，值越大高光区域越暗；"色调宽度"选项用来控制色调的修改范围，值越小修改的范围就只针对较亮的区域；"半径"选项用来控制像素是在阴影中还是在高光中。图 3-251 所示的参数，修改后的效果如图 3-252 所示。

图 3-251　　　　　　　　　　　图 3-252

★ 调整："颜色校正"选项用来调整已修改区域的颜色；"中间调对比度"选项用来调整中间调的对比度；"修剪黑色"和"修剪白色"用来决定在图像中有多少阴影和高光被剪到新的阴影中。

操作练习：使用"阴影 / 高光"恢复暗部细节

案例文件	使用"阴影 / 高光"恢复暗部细节.psd	难易指数	★★★★★
视频教学	使用"阴影 / 高光"恢复暗部细节.flv	技术要点	"阴影 / 高光"命令

 案例效果（如图 3-253、图 3-254 所示）

图 3-253 图 3-254

操作步骤

STEP 01 执行菜单"文件 > 打开"命令，或按 Ctrl+O 组合键，在弹出的"打开"对话框中单击选择素材"1.jpg"，单击"打开"按钮，如图 3-255 所示。执行菜单"图像 > 调整 > 阴影 / 高光"命令，在弹出的"阴影 / 高光"对话框中勾选"显示更多选项"复选框，如图 3-256 所示。

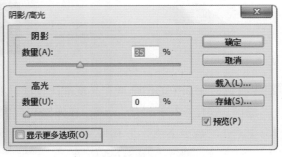

图 3-255 图 3-256

STEP 02 设置"阴影"选项组中的"数量"为 60%、"色调宽度"为 50%、"半径"为 30 像素，设置"高光"选项组中的"数量"为 0%，单击"确定"按钮，如图 3-257 所示。效果如图 3-258 所示。

图 3-257 图 3-258

操作练习：增强画面细节

案例文件	增强画面细节 .psd
视频教学	增强画面细节 .flv

难易指数	★★★★★
技术要点	"智能锐化" "阴影 / 高光" "曲线" 命令

📖 **案例效果** （如图 3-259、图 3-260 所示）

图 3-259

图 3-260

🍃 **操作步骤**

STEP 01 执行菜单"文件 > 打开"命令，或按 Ctrl+O 组合键，在弹出的"打开"对话框中单击选择素材"1.jpg"，单击"打开"按钮，如图 3-261 所示。效果如图 3-262 所示。

图 3-261

图 3-262

STEP 02 此时画面中的清晰度和亮度都比较低，因此接下来要使画面变得清晰，变得明亮。执行菜单"滤镜 > 锐化 > 智能锐化"命令，在弹出的"智能锐化"对话框中设置"数量"为 150%、"半径"为 1.0 像素、"减少杂色"为 16%，设置"移去"为"镜头模糊"，单击"确定"按钮完成设置，如图 3-263 所示。效果如图 3-264 所示。

图 3-263

图 3-264

STEP 03 执行菜单"图像 > 调整 > 阴影高光"命令,在弹出的"阴影 / 高光"对话框中先勾选"显示更多选项"复选框,再设置"阴影"选项组中的"数量"为 53%、"色调宽度"为 50%、"半径"为 30 像素,设置"高光"选项组中的"数量"为 0%,单击"确定"按钮完成设置,如图 3-265 所示。效果如图 3-266 所示。

图 3-265

图 3-266

STEP 04 使用"曲线"命令调整画面的对比度。执行菜单"图层 > 新建调整图层 > 曲线"命令,在打开的"属性"面板中单击曲线并拖曳出 S 形状,如图 3-267 所示。最终效果如图 3-268 所示。

图 3-267

图 3-268

3.20 HDR 色调

HDR 全称为 High Dynamic Range,即高动态范围。其特点是:亮的地方非常亮,暗的地方非常暗,过渡区域的细节都很明显。"HDR 色调"命令常用于风景照片的处理。当拍摄风景照片时,明明看着风景非常漂亮,但是拍摄下来以后无论是从色彩还是意境上照片都比真实景像差许多,这时我们就可以将图像制作成 HDR 风格。

打开一幅图像,如图 3-269 所示。执行菜单"图像 > 调整 >HDR 色调"命令,弹出"HDR 色调"对话框,在该对话框中既可以使用预设选项,也可以自行设定参数,如图 3-270 所示。设置完成后单击"确定"按钮,HDR 色调效果如图 3-271 所示。

图 3-269

图 3-270

图 3-271

★ 边缘光：该选项组用于
调整图像边缘光的强
度。当"强度"不同时，
对比效果如图 3-272 和
图 3-273 所示。

图 3-272

图 3-273

★ 色调和细节：调节该选
项组中的选项将使图像
的色调和细节更加丰富
细腻。不同"细节"
数值画面效果对比如
图 3-274 和图 3-275 所示。

图 3-274

图 3-275

3.21 变化

　　"变化"命令可以快速地更改图像的色彩倾向，是一个较为直观的调色方式。其操作方法也
很简单，首先从"阴影""中间调""高光"或者"饱和度"这几个部分中的任意一个开始调整，
然后在对话框的下半部分即可看到增加某种颜色所产生的效果，单击其中某一项即可为图像添加
这种颜色信息。

　　打开一幅图像，如图 3-276 所示。执行菜单"图像 > 调整 > 变化"命令，弹出"变化"对话框。
单击各种调整缩略图，可以进行相应的调整，比如，单击"加深蓝色"缩览图，将应用一次加蓝
色效果。在使用"变化"命令时，单击调整缩览图产生的效果是累积性的，如图 3-277 所示。图 3-278
所示为使用"变化"命令制作的调色效果。

图 3-276

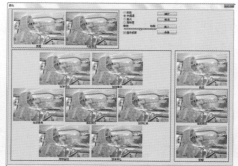
图 3-277

图 3-278

★ 饱和度／显示修剪：专门用于调节图像的饱和度。另外，勾选"显示修剪"复选框，当饱和度
范围超出了最高限度将发出警告。

★ 精细 - 粗糙：该选项用来控制每次进行调整的量。特别注意，每移动一格，调整数量会双倍
增加。

3.22　去色

　　"去色"命令将使彩色图像快速变为黑白图像，使用时在保留图像原始明度的前提下将色彩的饱
和度降为 0，将图像
变为没有颜色的灰
度图像。打开图片，
如图 3-279 所示。接
着执行菜单"图像 >
调整 > 去色"命令，
图像变为黑白效果，
如图 3-280 所示。

图 3-279　　　　　　　　　　图 3-280

3.23　匹配颜色

　　"匹配颜色"命令能够以一个素材图像颜色为样本，对另一个素材图像颜色进行匹配融合，
使二者达到统一或者相似的色调效果。

　　01 打开一幅色彩倾向较为明显的图像，如图 3-281 所示。接着置入需要调色的图像并将其
栅格化，如图 3-282
所示。

　　02 执行菜单
"图像 > 调整 > 匹
配颜色"命令，弹出
"匹配颜色"对话框。
接着设置"源"为
本文档。因为要将"人
物"图层的颜色与"背
景"图层的颜色进
行匹配，所以首先需
要设置"图层"为"背
景"，接着通过设
置"渐隐"的参数
设置颜色的浓度，
如图 3-283 所示。设
置完成后单击"确定"
按钮，效果如图 3-284
所示。

图 3-281

图 3-282

图 3-283　　　　　　　　　　图 3-284

★ 目标：显示要修改的图像的名称以及颜色模式。

★ 应用调整时忽略选区：如果目标图像（即被修改的图像）中存在选区，那么勾选该复选框，Photoshop 将忽视选区的存在，且会将调整应用到整个图像。如果不勾选该复选框，那么调整只针对选区内的图像。

★ 渐隐："渐隐"选项类似于图层蒙版，它决定了有多少源图像的颜色可以匹配到目标图像的颜色中。

★ 使用源选区计算颜色：使用源图像中的选区图像的颜色计算匹配颜色。

★ 使用目标选区计算调整：使用目标图像中的选区图像的颜色计算匹配颜色（注意，这种情况必须选择源图像为目标图像）。

★ 源：用来选择源图像，即将颜色匹配到目标图像的图像。

3.24 替换颜色

如果要更改画面中某个区域的颜色，常规的方法是先得到选区，然后填充其他颜色。而使用"替换颜色"命令可以免去很多麻烦，通过在画面中单击、拾取的方式可以直接对图像中指定颜色进行色相、饱和度以及明度的修改，从而起到替换某一颜色的目的。

STEP 01 使用"替换颜色"命令将图像背景更改颜色。打开一幅图像，执行菜单"对象＞调整＞

替换颜色"命令，弹出"替换颜色"对话框，默认情况下选择的是"吸管工具" ✐，然后设置"颜色容差"数值，接着将光标移动到需要替换颜色的位置，单击拾取颜色，此时预览窗口中白色的区域代表被选中（也就是会被替换的部分），如图 3-285 所示。如果有未选中的位置，使用"添加到取样"工具 ✐ 在未选中的位置单击，如图 3-286 所示。

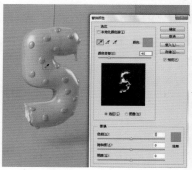

图 3-285　　　　图 3-286

STEP 02 在"替换"选项组中，通过更改"色相""饱和度"和"明度"选项调整替换的颜色，通过"结果"选项观察替换颜色的效果，如图 3-287 所示。设置完成后单击"确定"按钮，此时图像背景效果如图 3-288 所示。

图 3-287

图 3-288

★ 本地化颜色簇：该选项主要用来同时在图像上选择多种颜色。
★ 吸管：利用吸管工具选中被替换的颜色。使用"吸管工具" [img] 在图像上单击，即可选中单击处的颜色，同时在"选区"预览窗口中也会显示出选中的颜色区域（白色代表选中的颜色，黑色代表未选中的颜色），如图 3-289 所示。使用"添加到取样" [img] 在图像上单击，可将单击处的颜色添加到选中的颜色中，如图 3-290 所示。使用"从取样中减去" [img] 在图像上单击，单击处的颜色将从选定的颜色中减去，如图 3-291 所示。

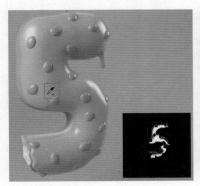 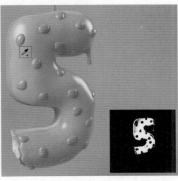 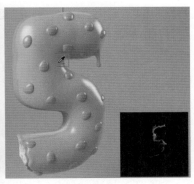

　　　　　图 3-289　　　　　　　　　　　图 3-290　　　　　　　　　　　图 3-291

★ 颜色容差：该选项用来控制选中颜色的范围。数值越大，选中的颜色范围越广。图 3-292 所示为"颜色容差"为 15 的效果，图 3-293 是"颜色容差"为 200 的效果。
★ 选区 / 图像：选中"选区"单选按钮，画面将以蒙版方式显示，其中白色表示选中的颜色，黑色表示未选中的颜色，灰色表示只选中了部分颜色，如图 3-294 所示；选中"图像"单选按钮，画面将只显示图像，如图 3-295 所示。

 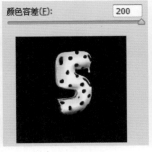 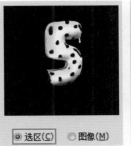 

　　　图 3-292　　　　　　　图 3-293　　　　　　　图 3-294　　　　　　　图 3-295

★ 替换："替换"包括 3 个选项，这 3 个选项与"色相 / 饱和度"命令的 3 个选项相同，用来调整选定颜色的色相、饱和度和明度。调整完成后，画面选区部分即可变成替换的颜色。图 3-296 和图 3-297 为更改颜色后的效果。

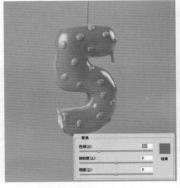 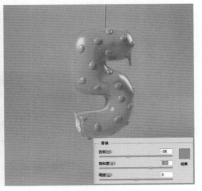

　　　　　　　　　　图 3-296　　　　　　　　　　　　图 3-297

3.25 色调均化

"色调均化"命令将使各个阶调范围的像素分布尽可能均匀，以达到色彩均化的目的。执行该命令后图像会自动重新分布图像中像素的亮度值，以便它们能更均匀地呈现所有范围的亮度级。

01 打开一幅图像，如图 3-298 所示。执行菜单"图像 > 调整 > 色调均化"命令，效果如图 3-299 所示。

图 3-298　　　　　　　图 3-299

02 如果图像中存在选区，如图 3-300 所示，执行"色调均化"命令后会弹出"色调均化"对话框，如图 3-301 所示。

03 若选中"仅色调均化所选区域"单选按钮，效果如图 3-302 所示。若选中"基于所选区域色调均化整个图像"单选按钮，效果如图 3-303 所示。

图 3-300　　　　　　图 3-301　　　　　　图 3-302　　　　　　图 3-303

操作练习：使用多种调色命令制作神秘紫色调

案例文件	使用多种调色命令制作神秘紫色调 .psd	难易指数	★★★★★
视频教学	使用多种调色命令制作神秘紫色调 .flv	技术要点	"曲线""可选颜色"和"色相 / 饱和度"命令

 案例效果 (如图 3-304、图 3-305 所示)

图 3-304　　　　　　　　　图 3-305

📖 操作步骤

STEP 01 执行菜单"文件 > 打开"命令，或按 Ctrl+O 组合键，在弹出的"打开"对话框中单击选择素材"1.jpg"，单击"打开"按钮，如图 3-306 所示。效果如图 3-307 所示。

图 3-306   图 3-307

STEP 02 此时画面整体偏暗，这就需要将画面整体亮度提高。执行菜单"图层 > 新建调整图层 > 曲线"命令，在打开的"属性"面板中的曲线上单击即可添加控制点，拖曳控制点改变曲线形状，对"中间调"进行调整，如图 3-308 所示。此时画面整体变亮了一些，效果如图 3-309 所示。

图 3-308   图 3-309

STEP 03 执行菜单"图层 > 新建调整图层 > 选取颜色"命令，在"属性"面板中设置"颜色"为"中性色"，设置"黄色"为 –36%，如图 3-310 所示。此时画面中的黄色减少了，画面整体倾向于紫色的冷调感，效果如图 3-311 所示。

图 3-310   图 3-311

STEP 04 对人物主体的肤色进行调整。执行菜单"图层 > 新建调整图层 > 曲线"命令，在打开的"属性"面板中的曲线上单击即可添加控制点。拖曳控制点改变曲线形状，继续添加控制点对形状进行改变，对"中间调"进行调整，如图 3-312 所示。效果如图 3-313 所示。接着在"图层"面板中选择图层蒙版缩览图，设置"前景色"为黑色，使用 Alt+Delete 组合键为该图层蒙版填充黑色，如图 3-314 所示。

图 3-312   图 3-313   图 3-314

STEP 05 设置"前景色"为白色，接着单击工具箱中的"画笔工具"按钮 ，在选项栏中单击"画笔预设"选取器下三角按钮，在"画笔预设"面板中设置"大小"为100像素、"硬度"为100%，如图3-315所示。使用画笔工具在人物皮肤处进行涂抹，在该图层蒙版缩览图中可以看到被涂抹的区域变成了白色，如图3-316所示。此时在背景颜色不变的情况下只有人物皮肤亮度提高了，效果如图3-317所示。

图 3-315　　　　　图 3-316　　　　　图 3-317

STEP 06 对背景颜色进行调整。执行菜单"图层 > 新建调整图层 > 色相 / 饱和度"命令，在打开的"属性"面板中设置"色相"为+180，如图3-318所示。在"图层"面板中单击图层蒙版缩览图，设置"前景色"为黑色，使用Alt+Delete组合键为该图层蒙版填充黑色，使效果隐藏，如图3-319所示。继续使用白色画笔在背景处进行涂抹，使背景部分受到调整图层的影响，效果如图3-320所示。

图 3-318　　　　　图 3-319　　　　　图 3-320

STEP 07 此时画面左右的明暗不平衡，所以要对画面左侧进行压暗。执行菜单"图层 > 新建调整图层 > 曲线"命令，在打开的"属性"面板中的曲线上单击即可添加控制点，拖曳控制点改变曲线形状，如图3-321所示。效果如图3-322所示。设置"前景色"为黑色，在"图层"面板中单击图层蒙版缩览图，使用Ctrl+Delete组合键为该图层蒙版填充黑色，使效果隐藏，接着设置"前景色"为黑色，使用画笔工具在人物以及右侧背景处进行涂抹，效果如图3-323所示。

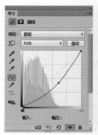

图 3-321　　　　　图 3-322　　　　　图 3-323

STEP 08 执行菜单"图层 > 新建调整图层 > 曲线"命令，在打开的"属性"面板中的曲线上单击即可添加控制点。拖曳控制点改变曲线形状，对"中间调"进行轻微调整，如图 3-324 所示。效果如图 3-325 所示。使用同样的方法，用黑色画笔工具涂抹，去除左右两侧的部分，效果如图 3-326 所示。

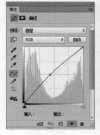
图 3-324

图 3-325

图 3-326

STEP 09 执行菜单"文件 > 置入"命令，在弹出的"置入"对话框中单击选择素材"2.jpg"，单击"置入"按钮，如图 3-327 所示。将画面放置在中间位置，效果如图 3-328 所示。

图 3-327

图 3-328

STEP 10 在"图层"面板中设置图层混合模式为"滤色"，如图 3-329 所示。最终效果如图 3-330 所示。

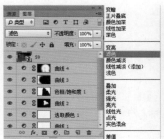

图 3-329

图 3-330

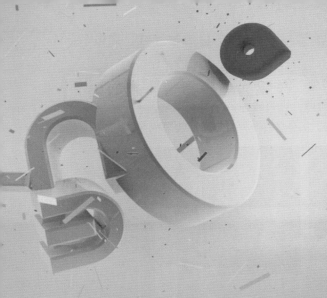

第4章
CHAPTER FOUR
抠图技法

✎ **本章概述**

　　"选区"是指图像中规划出的区域，区域边界以内的部分叫被选中的部分，边界以外的部分叫未被选中的部分。在 Photoshop 进行图像编辑时，会直接对选区以内的部分进行处理，而不会影响到选区以外的部分。除此之外，在图像中创建了合适的选区之后，还可以将选区中的部分单独提取出来（可以将选区中的部分复制为独立图层，也可以选中背景部分并删除），这个过程就是抠图。而进行设计作品的制作过程中经常需要从图片中提取部分元素，所以选区与抠图技术是必不可少的。将多个原本不属于同一图像中的元素结合到一起，从而产生新的画面，这种操作通常被称为"合成"。想要使画面中出现多个来自其他图片中的元素，就需要使用到选区与抠图技术。以上这些内容就构成了从"选区"到"抠图"再到"合成"的一系列经常配合使用的技术，也就是本章将要讲解的重点。

✎ **本章要点**

- 选框工具、套索工具的使用方法
- 磁性套索、魔棒、快速选择工具的使用方法
- 图层蒙版与剪贴蒙版的使用方法

扫一扫，下载
本章配备资源

✎ **佳作欣赏**

4.1 绘制简单的选区

Photoshop 包含很多种用于制作选区的工具，例如工具箱中的"选框工具组"中就含有四种选区工具：矩形选框工具、椭圆选框工具、单行选框工具、单列选框工具。在"套索工具组"中也包含多种选区制作工具：套索工具、多边形套索工具、磁性套索工具。除了这些工具以外，使用快速蒙版工具、文字蒙版工具也可以创建简单的选区。

4.1.1 矩形选框工具

当我们想对画面中某个方形区域进行填充或者单独的调整时，就需要绘制该区域的选区。想要绘制一个长方形选区或者正方形选区时，可以使用矩形选框工具。单击工具箱中的"矩形选框工具"按钮□，在画面中按住鼠标左键并拖曳鼠标，释放鼠标后即可得到矩形选区，如图 4-1 所示。单击工具箱中的"矩形选框工具"按钮□，按住 Shift 键的同时在画面中按住鼠标左键并拖曳鼠标，释放鼠标后即可得到正方形选区，如图 4-2 所示。

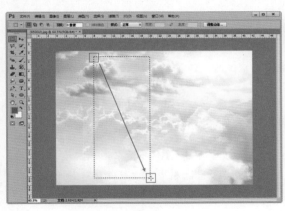

图 4-1

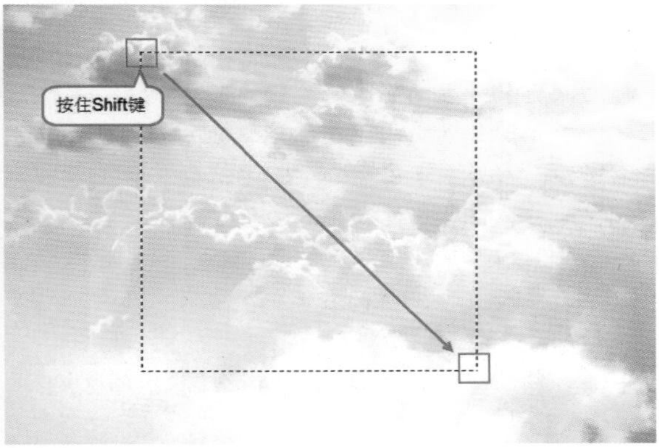

图 4-2

技巧提示　矩形选框工具的选项栏

◆ □（新选区）：单击该按钮后，每次绘制都可以创建一个新选区，如果已经存在选区，那么新创建的选区将替代原来的选区。

◆ □（添加到选区）：单击该按钮后，将使当前创建的选区添加到原来的选区中，如图 4-3 和图 4-4 所示。

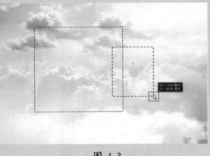

图 4-3

图 4-4

◆ ▣（从选区减去）：单击该按钮后，将使当前创建的选区从原来的选区中减去，如图 4-5 和图 4-6 所示。

◆ 单击"与选区交叉"按钮 ▣ 后，新建选区时只保留原有选区与新创建的选区相交的部分，如图 4-7 和图 4-8 所示。

◆ 羽化：主要用来设置选区边缘的虚化程度。羽化值越大，虚化范围越宽；

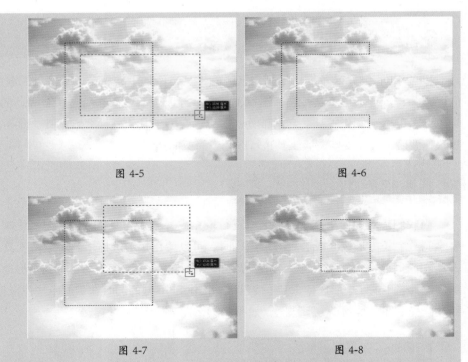

图 4-5   图 4-6

图 4-7   图 4-8

羽化值越小，虚化范围越窄。

◆ 消除锯齿：用于消除选区锯齿现象。在使用椭圆选框工具、套索工具、多边形套索工具时"消除锯齿"选项才可用。

◆ 样式：用来设置选区的创建方法。当选择"正常"选项时，将创建任意大小的选区；当选择"固定比例"选项时，将在右侧的"宽度"和"高度"文本框输入数值，以创建固定比例的选区；当选择"固定大小"选项时，将在右侧的"宽度"和"高度"文本框中输入数值，然后单击鼠标左键即可创建一个固定大小的选区。

◆ 调整边缘：单击该按钮将打开"调整边缘"对话框，在该对话框中可以对选区进行平滑、羽化等处理。

4.1.2 椭圆选框工具

如果需要在画面中绘制一个圆形图形，或者想对画面中某个圆形区域进行单独的调色、删除或者其他编辑时，可以使用"椭圆选框工具" ○ 。单击工具箱中的"椭圆选框工具"按钮 ○ ，在画面中按住鼠标左键并拖曳鼠标，释放鼠标后即可得到椭圆选区，如图 4-9 所示。绘制时按住鼠标左键并按住 Shift 键拖动可以创建正圆选区，如图 4-10 所示。

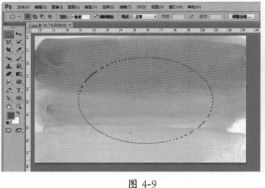

图 4-9   图 4-10

操作练习：使用选框工具与图层蒙版制作宠物海报

案例文件	使用选框工具与图层蒙版制作宠物海报.psd	难易指数	★★★★★
视频教学	使用选框工具与图层蒙版制作宠物海报.flv	技术要点	选框工具、图层蒙版

 案例效果 (如图 4-11 所示)

图 4-11

 操作步骤

STEP 01 执行菜单"文件 > 打开"命令，打开背景素材"1.jpg"，如图 4-12 所示。继续执行菜单"文件 > 置入"命令，在弹出的"置入"对话框中单击选择素材"2.jpg"，单击"置入"按钮，将素材放置在适当位置，按 Enter 键完成置入。接着执行菜单"图层 > 栅格化 > 智能对象"命令，将该图层栅格化为普通图层，如图 4-13 所示。

STEP 02 为照片绘制一个圆形形状。单击工具箱中的"椭圆选框工具"按钮，然后在小狗位置按住 Shift 键并按住鼠标左键拖曳绘制正圆选区，如图 4-14 所示。接着单击"图层"面板底部的"添加图层蒙版"按钮，效果如图 4-15 所示。

图 4-12

图 4-13

图 4-14

图 4-15

STEP 03 为图片添加描边效果。选择蒙版图层，执行菜单"图层 > 图层样式 > 描边"命令，在"图层样式"对话框中设置"大小"为 18 像素，"位置"为"外部"，"混合模式"为"正常"，"不透明度"为 100%，"填充类型"为"渐变"，"渐变"为蓝色系渐变，"样式"为"线性"，"角度"为 -58 度，"缩放"为 100%，如图 4-16 所示。继续在左侧列表框中勾选"内发光"复选框，设置"混合模式"为"正片叠底"，"阴影颜色"为黑色，"不透明度"为 75%，"角度"为 130 度，"距离"为 5 像素，"阻塞"为 0%，"大小"为 9 像素，如图 4-17 所示。单击"确定"按钮，效果如图 4-18 所示。

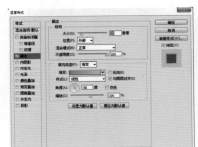

图 4-16

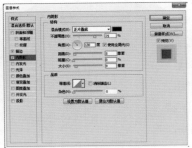

图 4-17

图 4-18

STEP 04 单击"图层"面板底部的"创建新组"按钮 🗀，并将制作的圆形照片图层放置在新建的组内，如图 4-19 所示。单击工具箱中的"矩形选框工具"按钮 ⬚，在选项栏中单击"新选区"按钮，接着在画面中按住鼠标左键拖曳绘制矩形，如图 4-20 所示。选择"组"，单击"图层"面板底部的"添加图层蒙版"按钮，效果如图 4-21 所示。

STEP 05 最后使用同样的方法制作其他小狗的相框，如图 4-22 所示。

图 4-19　　　　　　　　图 4-20　　　　　　　　图 4-21　　　　　　　　图 4-22

4.1.3　单行选框工具、单列选框工具

当我们需要绘制一个 1 像素高的分割线的时候，使用矩形选框工具就很难办到。这时使用"单行选框工具" ═ 或"单列选框工具" ┆ 就可以进行绘制。使用单行选框工具可以创建高度为 1 像素，宽度与整个页面宽度相同的选区。使用单列选框工具可以创建宽度为 1 像素，高度与整个页面高度相同的选区。

使用单行选框工具在画面中单击即可得到选区，单列选框工具的使用方法与此相同。图 4-23 所示为使用单行选框工具绘制的选区；图 4-24 所示为使用单列选框工具绘制的选区。

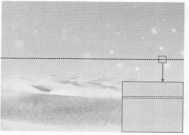

图 4-23　　　　　　　　图 4-24

4.1.4　套索工具

当想随手画一个选区时就可以使用套索工具 ◯ 进行绘制。单击工具箱中的"套索工具"按钮 ◯，在画面中按住鼠标左键并拖曳，释放鼠标时选区将自动闭合，得到选区，如图 4-25 和图 4-26 所示。

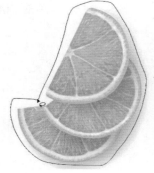
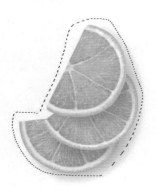

图 4-25　　　　　　　　图 4-26

4.1.5 多边形套索工具

当想要绘制不规则的多边形选区时，或者在需要抠取转折较为明显的图像对象时，可以选择多边形套索工具进行选区的绘制。"多边形套索工具" ⊠ 主要用于创建转角为尖角的不规则的选区。选择工具箱中的多边形套索工具，在画面中单击确定起始位置，然后将光标移动至下一个位置单击，两次单击连成一条直线，如图 4-27 所示。继续以单击的方式绘制，当绘制到起始位置时光标变为 ⅓ 形状，如图 4-28 所示。接着单击即可得到选区。如图 4-29 所示。

图 4-27

图 4-28

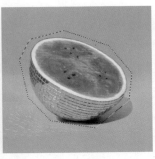

图 4-29

操作练习：使用多边形套索工具制作卡通相框

案例文件	使用多边形套索工具制作卡通相框 .psd	难易指数	★★★★★
视频教学	使用多边形套索工具制作卡通相框 .flv	技术要点	多边形套索工具

 案例效果 (如图 4-30 所示)

图 4-30

操作步骤

STEP 01 执行菜单"文件 > 打开"命令，或按 Ctrl+O 组合键，打开素材"1.jpg"，如图 4-31 所示。继续执行菜单"文件 > 置入"命令，置入素材"2.jpg"，将素材放置在适当位置后按 Enter 键完成置入。接着执行菜单"图层 > 栅格化 > 智能对象"命令，将图层栅格化为普通图层，如图 4-32 所示。

STEP 02 将素材中的企鹅放在相框内。为了方便观察可以选中卡通企鹅图层，在"图层"面板中将其"不透明度"设置为 50%，如图 4-33 所示。效果如图 4-34 所示。

图 4-31

图 4-32

图 4-33

图 4-34

STEP 03 单击工具箱中的"多边形套索工具"按钮 ，在画面中相框一角单击确定起点，如图 4-35 所示。将光标移动到相框另一角点单击，如图 4-36 所示。使用同样的方法继续单击，当勾画到起点时单击，形成闭合选区，如图 4-37 所示。

图 4-35　　　　　　　　　　图 4-36　　　　　　　　　　图 4-37

STEP 04 使用 Ctrl+Shift+I 组合键将选区反选，如图 4-38 所示。然后按 Delete 键删除选区中的像素，再按 Ctrl+D 组合键取消选区，效果如图 4-39 所示。

STEP 05 在"图层"面板中设置"不透明度"为 100%，如图 4-40 所示。效果如图 4-41 所示。

图 4-38　　　　　　　图 4-39　　　　　　　图 4-40　　　　　　　图 4-41

4.1.6 使用快速蒙版制作选区

抠图和选区之间有着密不可分的联系。那么怎样才能抠取一个不规则的对象呢？此时使用快速蒙版就能得到选区。"快速蒙版"是一种以绘图的方式创建选区的工具。

STEP 01 选择一个图层，如图 4-42 所示。接着单击工具箱底部的"以快速蒙版模式编辑"按钮 ，即可进入快速蒙版编辑模式（此时画面没有变化）。接着选择工具箱中的"画笔工具" ，在图像上按住鼠标左键拖曳进行绘制，被绘制的区域将以半透明的红色蒙版覆盖出来（红色的部分为选区以外的部分），如图 4-43 所示。

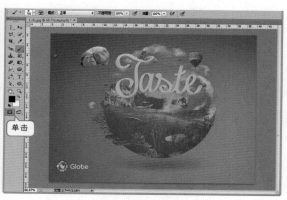

图 4-42　　　　　　　　　　　　　　　　图 4-43

技巧提示 编辑快速蒙版的小技巧

在快速蒙版模式下，不仅可以使用各种绘制工具，还可以使用滤镜对快速蒙版进行处理。

STEP 02 单击□按钮，退出快速蒙版编辑状态。此时将得到绘制区域以外部分的选区，如图 4-44 所示。接着进行抠图、合成等其他操作，如图 4-45 所示。

图 4-44

图 4-45

技巧提示 "棋盘格"代表透明

图 4-46 所示的背景中出现的灰色的网格状叫"棋盘格"，在 Photoshop 中它代表透明。也就是说，此时画面中除了我们看见的蓝色图形以外，画面中再没有其他像素了。

图 4-46

4.1.7 创建文字选区

为文字添加图案、纹理、渐变颜色等操作之前需要得到文字的选区，使用文字蒙版工具可以轻松得到文字的选区。在文字工具组中有两个工具用于创建文字选区："横排文字蒙版工具" 和 "直排文字蒙版工具"。这两种工具的使用方法与使用文字工具相同，只不过创建出的文字选区一个是水平排列的文字的选区，另一个是垂直排列的文字选区。

选择"横排文字蒙版工具"，在画面中单击，此时画面被半透明的红色蒙版覆盖，接着输入文字，如图 4-47 所示。输入完成后在选项栏中单击"提交当前编辑"按钮，得到文字选区。如图 4-48 所示。

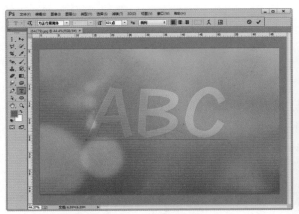
图 4-47

图 4-48

技巧提示　如何选择工具组中的工具

　　观察一下工具箱，会发现有些工具图标的右下角有个一三角形的标记，它表示这是一个工具组，在工具组中还有隐藏的其他工具。在工具组上单击，即可看到隐藏的工具。接着将光标移动至需要选中的工具上方，然后释放鼠标即可选中工具，如图 4-49 所示。

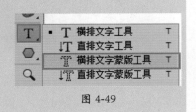
图 4-49

操作练习：使用图层蒙版制作镂空文字版面

案例文件	使用图层蒙版制作镂空文字版面 .psd
视频教学	使用图层蒙版制作镂空文字版面 .flv

难易指数	★★★★★
技术要点	横排文字蒙版工具

 案例效果 （如图 4-50 所示）

图 4-50

 操作步骤

`STEP 01` 执行菜单"文件＞新建"命令，在弹出的"新建"对话框中设置"宽度"为 1242 像素、"高度"为 1242 像素，设置"分辨率"为 72 像素 / 英寸，"颜色模式"为 RGB 颜色，"背景内容"为白色，如图 4-51 所示。执行菜单"文件＞置入"命令，在弹出的"置入"对话框中单击选择素材"1.jpg",单击"置入"按钮。
将光标移动至定界框的控制点
处按住 Shift 键并按住鼠标左
键向外拖曳,对素材进行等比
例放大,按 Enter 键完成置入。
执行菜单"图层 > 栅格化 > 智
能对象"命令,将图层栅格化
为普通图层,如图 4-52 所示。

图 4-51   图 4-52

STEP 02 选择工具箱中的矩形工具,在选项栏中设置"绘制模式"为"形状","填充"为白色,
在画面中按住鼠标左键拖曳绘制矩形,如图 4-53 所示。选择工具箱中的横排文字蒙版工具,在选
项栏中设置合适的"字体"和"字号",接着在画面中单击输入文字,单击选项栏中的"提交当
前所有操作"按钮即可得到文字选区,如图 4-54 所示。

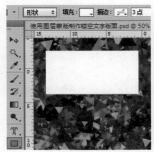

图 4-53   图 4-54

STEP 03 单击"图层"面板底部的"添加图层蒙版"按钮,文字效果如图 4-55 所示。选择文字
图层的图层蒙版,使用 Ctrl+I 组合键将蒙版颜色反向。此时画面效果如图 4-56 所示。

图 4-55   图 4-56

STEP 04 在"图层"面板中
选择文字图层,使用 Ctrl+J 组
合键进行复制。然后在画面中
按住鼠标左键向下拖曳,如
图 4-57 所示。接着执行菜单"编
辑 > 变换 > 旋转 180 度"命令,
效果如图 4-58 所示。

图 4-57   图 4-58

STEP 05 选择工具箱中的矩形工具，在选项栏中设置"绘制模式"为"形状"，"填充"为无颜色，"描边"为灰色，"描边宽度"为 4 点，在画面中下方文字上按住鼠标左键拖曳绘制矩形，如图 4-59 所示。选择工具箱中的横排文字工具，在选项栏中设置合适的"字体"和"字号"，"文本颜色"为黑色，在矩形框中输入文字，如图 4-60 所示。

STEP 06 使用同样的方法输入其他文字，如图 4-61 所示。

图 4-59   图 4-60   图 4-61

4.2 选区填充与描边

选区不仅用于限制图像中被调整的范围，在包含选区的情况下还可对选区进行颜色的填充，以及对选区边缘进行描边操作。

4.2.1 填充选区

在 Photoshop 中为选区填充单一颜色的方法有多种，最简单的是通过"前景色 / 背景色"进行填充。在填充颜色之前，首先得设置好前景色与背景色。使用 Alt+Delete 组合键将为选区内部填充前景色，如图 4-62 所示。使用 Ctrl+Delete 组合键将为选区填充背景色，如图 4-63 所示。如果当前画面中没有选区，那么填充的将是整个画面。

图 4-62

图 4-63

4.2.2 描边选区

对图形进行"描边"可起到强化、突出的作用。使用"描边"命令可以在选区、路径或图层周围创建边框效果。例如，画面中包含选区，如图 4-64 所示。执行菜单"编辑>描边"命令，在"描边"对话框中设置描边的"宽度""颜色""位置"以及"模式"的部分参数，接着单击"确定"按钮，如图 4-65 所示。选区边缘会出现单色的轮廓效果，如图 4-66 所示。

图 4-64 图 4-65 图 4-66

技巧提示 "描边"对话框参数详解

◆ 描边：用来设置描边的宽度和颜色。

◆ 位置：设置描边相对于选区的位置，包括"内部""居中"和"居外"3 个选项，如图 4-67~图 4-69 所示。

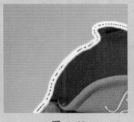

图 4-67 图 4-68 图 4-69

◆ 混合：用来设置描边颜色的混合模式和不透明度。

◆ 保留透明区域：如果勾选该复选框，将只对包含像素的区域进行描边。

4.3 选区的基本编辑操作

有时绘制的选区可能会不尽人意，这时就要对选区进行变换、移动等操作。当不再需要选区了，就可以将其取消。这些对选区的基本编辑操作，在本节中都会涉及。

4.3.1 载入图层选区

我们可以创建选区，也可以载入已有图层的选区。例如需要对一个图形的选区进行调整，此时就需要得到这个图形的选区，然后才能进一步地编辑。首先需要在"图层"面板中找到需要载入选区的图层，然后按住 Ctrl 键单击该图层的缩览图，如图 4-70 所示。接着就会载入该图层的选区，如图 4-71 所示。

图 4-70　　　　　　　　　图 4-71

4.3.2　移动选区

要调整选区在画面中的位置，有两个前提条件，首先是处在使用选框工具的状态，其次是在"新选区"的选区运算模式下。满足这两个条件才能进行选区的移动操作。

先绘制一个选区，然后单击选项栏中的"新选区"按钮，接着将光标移动至选区内，光标变为 ▸⊡ 形状，如图 4-72 所示。接着按住鼠标左键并拖曳光标即可移动选区，如图 4-73 所示。

图 4-72　　　　　　　　　　　图 4-73

4.3.3　自由变换选区

若要更改选区的大小、形状，需要对选区进行自由变换。选区的自由变换和对图形的自由变换的操作方式是一样的，需要调出定界框对其进行变换操作。

首先需要创建一个选区。接着执行菜单"选择＞变换选区"命令或者右击执行"变换选区"命令，如图 4-74 所示。接着选区周围会出现定界框，拖动定界框上的控制点即可对选区进行变换，如图 4-75 所示。变换完成之后按 Enter 键确定变换操作，如图 4-76 所示。

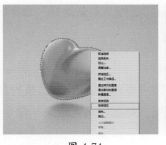
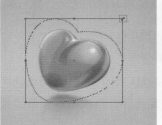
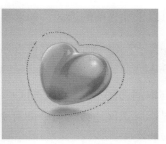

图 4-74　　　　　　　　　　图 4-75　　　　　　　　　　图 4-76

4.3.4　全选

　　从字面意思上理解"全选"就是全部选中的意思，在Photoshop 中全选是指选中整个文档的范围。执行菜单"选择 > 全部"命令或使用 Ctrl+A组合键，将创建与当前文档边界相同的选区，如图 4-77 所示。

图 4-77

4.3.5　反选

　　当绘制一个选区，想要得到它的反方向的选区时，就需要进行"反选"操作。首先创建一个选区，如图 4-78 所示。执行菜单"选择 > 反向选择"命令，或者使用 Ctrl+Shift+I组合键得到当前选区以外部分的选区，如图 4-79 所示。

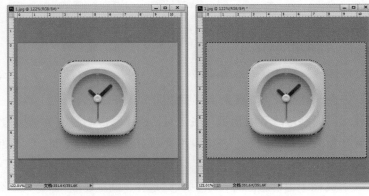

图 4-78　　　　　　　　　　图 4-79

4.3.6　取消选区

　　当不需要选区时，可以取消选区的选择。执行菜单"选择 > 取消选择"命令，或按 Ctrl+D 组合键可以去除当前的选区。如果要恢复被取消的选区，执行菜单"选择＞重新选择"命令即可。

4.3.7 隐藏与显示选区

与取消选区不同，隐藏选区可将选区暂时隐藏，当需要选区时可将其再显示出来。执行菜单"视图＞显示＞选区边缘"命令即可隐藏选区。再次执行菜单"视图＞显示＞选区边缘"命令将显示被隐藏的选区。

4.3.8 选区的储存与载入

选区是无法进行打印输出的，当文档关闭后，之前创建的选区就不存在了。但如果该选区在下次操作中还需要使用，那么能不能将选区保存起来呢？答案是肯定的，具体操作方法如下。

STEP 01 首先绘制一个选区，如图 4-80 所示。接着执行菜单"窗口＞通道"命令，打开"通道"面板（默认情况下"通道"面板与"图层"面板在一起，如果"通道"面板是打开的就不需要执行该命令）。接着单击"通道"面板底部的"将选区储存为通道"按钮 ▣ ，即可将选区存储为 Alpha 通道，如图 4-81 所示。

STEP 02 若想使用在"通道"面板储存的选区，可以在"通道"面板中按住 Ctrl 键的同时单击储存选区的通道蒙版缩览图，即可重新载入之前储存的选区，如图 4-82 所示。

图 4-80   图 4-81   图 4-82

4.3.9 调整边缘

在使用选框工具、套索工具等选区工具时，在选项栏中都有一个 调整边缘… 按钮。单击此按钮，将弹出"调整边缘"对话框。在该对话框中可以对已有的选区边缘进行平滑、羽化、对比度、位置等参数的设置。例如，在抠取不规则对象、毛发边缘时可以使用"调整边缘"功能得到精确的选区。

当文档中包含选区时，执行菜单"选择＞调整边缘"命令，或者单击选项栏中的 调整边缘… 按钮，如图 4-83 所示，将弹出"调整边缘"对话框。在这里可以看到很多选项，如图 4-84 所示。

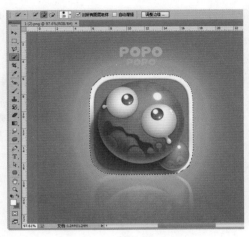
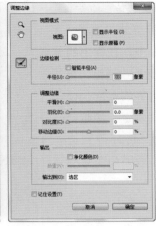

图 4-83　　　　　　　　　　　　图 4-84

★ 　（调整半径工具）/ 　（抹除调整工具）：使用这两个工具可以精确地调整发生边缘调整的
　边界区域。制作头发或毛皮选区时可以使用"调整半径工具"柔化区域以增加选区内的细节。

★ 视图模式：主要用于选择当前画面的显示方式。在这里提供了多种可以选择的显示模式，方便
　查看选区的调整结果。

★ 智能半径：自动调整边界区域中发现的硬边缘和柔化边缘的半径。

★ 半径：确定发生边缘调整的选区边界的大小。对于锐边，可以使用较小的半径；对于较柔和的
　边缘，可以使用较大的半径。

★ 平滑：减少选区边界中的不规则区域，以创建较平滑的轮廓。

★ 羽化：模糊选区与周围的像素之间过渡效果。

★ 对比度：锐化选区边缘并消除模糊的不协调感。通常，配合"智能半径"选项调整出来的选区
　效果会更好。

★ 移动边缘：当设置负值时，表示向内收缩选区边界；当设置正值时，表示向外扩展选区边界。

★ 净化颜色：将彩色杂边替换为附近完全选中的像素颜色。颜色替换的强度与选区边缘的羽化程
　度是成正比的。

★ 数量：更改净化彩色杂边的替换程度。

★ 输出到：设置选区的输出方式。

4.3.10　修改选区

　　"选择"菜单中的"修改"命令包括
修改边界选区、平滑选区、扩展选区、收
缩选区、羽化选区。在这里羽化选区是非
常重要的编辑操作，例如要制作一个边界
柔和的图形，就需要进行选区的羽化。当
画面中包括选区时，如图 4-85 所示。执行
菜单"选择 > 修改"命令，在子菜单中可
以看到多个选区编辑命令，如图 4-86 所示。

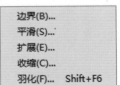

图 4-85　　　　　　　　图 4-86

STEP 01 执行"边界"命令将选区的边界进行扩展。扩展后的选区边界将与原来的选区边界形成新的选区。执行菜单"选择＞修改＞边界"命令，在弹出的"边界选区"对话框中通过"宽度"选项设置边界的宽度，设置完成后单击"确定"按钮，如图 4-87 所示。此时得到边界部分的选区，效果如图 4-88 所示。

图 4-87

图 4-88

STEP 02 执行菜单"选择＞修改＞平滑"命令，在弹出的"平滑选区"对话框中设置"取样半径"，半径数值越大平滑的程度越大，设置完毕后单击"确定"按钮，如图 4-89 所示。此时得到边缘更加平滑的选区，如图 4-90 所示。

图 4-89

图 4-90

STEP 03 执行菜单"选择＞修改＞扩展"命令，弹出"扩展选区"对话框，通过"扩展量"设置选区向外进行扩展的宽度，"扩展量"越大，选区增大的尺寸越大。设置完成后，单击"确定"按钮，如图 4-91 所示。选区效果如图 4-92 所示。

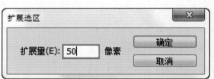

图 4-91

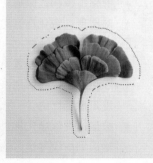

图 4-92

STEP 04 执行菜单"选择＞修改＞收缩"命令，在弹出的"收缩选区"对话框中通过"收缩量"选项控制选区缩小的宽度，设置完成后单击"确定"按钮，如图 4-93 所示。选区收缩效果如图 4-94 所示。

图 4-93

图 4-94

STEP 05 “羽化”命令主要用来设置选区边缘的虚化程度。执行菜单“选择 > 修改 > 羽化”命令，在弹出的“羽化选区”对话框中定义选区的“羽化半径”，羽化值越大，虚化范围越宽；羽化值越小，虚化范围越窄。设置完成后，单击“确定”按钮，如图 4-95 所示。图 4-96 所示为羽化选区填充颜色后的效果。

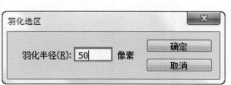

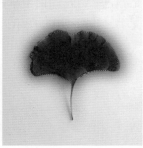

羽化选区
羽化半径(R): 50
像素
确定
取消
图 4-95

图 4-96

技巧提示　羽化半径过大时遇到的状况

当“羽化半径”大于选区尺寸时，会弹出警告对话框，如图 4-97 所示。单击“确定”按钮，此时画面中看不到选区，但是此时选区依然存在，只是由于选区变模糊了，以至选区边界无法显示。如果对选区进行填充操作，那么就会看到相应的效果。

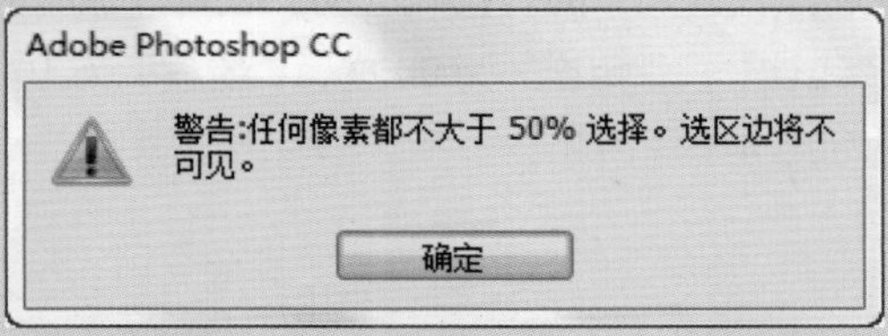

Adobe Photoshop CC
警告:任何像素都不大于 50% 选择。选区边将不可见。
确定
图 4-97

操作练习：扩展选区制作水果标志

案例文件	扩展选区制作水果标志.psd
视频教学	扩展选区制作水果标志.flv

难易指数	★★★★★
技术要点	图层样式、扩展

案例效果（如图 4-98 所示）

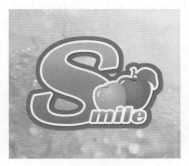

Smile
图 4-98

操作步骤

STEP 01 执行菜单“文件 > 打开”命令，或按 Ctrl+O 组合键，在弹出的“打开”对话框中单击选择素材“1.jpg”，单击“打开”按钮，如图 4-99 所示。选择工具箱中的横排文字工具，在选项

栏中设置"字体""字号"和"填充颜色"，在画面中单击输入文字，如图4-100所示。

图 4-99   图 4-100

STEP 02 为文字添加图层样式。选中文字图层，执行菜单"图层 > 图层样式 > 描边"命令，在"图层样式"对话框中设置"大小"为18像素，"位置"为"外部"，"混合模式"为"正常"，"不透明度"为100%，"填充类型"为"颜色"，"颜色"为白色，如图4-101所示。继续勾选"渐变叠加"复选框，设置"混合模式"为"正常"，"不透明度"为100%，"渐变"为黄色系渐变，"样式"为"线性"，"角度"为90度，"缩放"为100%，单击"确定"按钮完成设置，如图4-102所示。效果如图4-103所示。

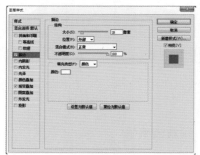

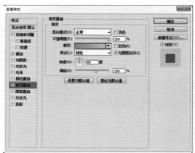

图 4-101   图 4-102   图 4-103

STEP 03 执行菜单"文件 > 置入"命令，在弹出的"置入"对话框中单击选择素材"2.png"，单击"置入"按钮，将素材放置在适当位置，按Enter键完成置入，接着执行菜单"图层 > 栅格化 > 智能对象"命令，将图层栅格化为普通图层，如图4-104所示。执行菜单"图层 > 图层样式 > 描边"命令，设置"大小"为18像素，"位置"为"外部"，"混合模式"为"正常"，"不透明度"为100%，"填充类型"为"颜色"，颜色为白色，单击"确定"按钮，如图4-105所示。效果如图4-106所示。

图 4-104   图 4-105   图 4-106

STEP 04 使用横排文字工具在画面中输入文字，如图 4-107 所示。在"图层"面板中选择 S 图层，执行菜单"图层 > 图层样式 > 拷贝图层样式"命令，选择当前输入文字图层，执行菜单"图层 > 图层样式 > 粘贴图层样式"命令，效果如图 4-108 所示。

图 4-107　　　　　　　　　　图 4-108

STEP 05 为文字标识制作底色。在"图层"面板中按住 Ctrl 键加选除"背景"图层外的所有图层，使用 Ctrl+J 组合键进行复制，使用 Ctrl+E 组合键合并，此时得到一个合并图层，如图 4-109 所示。按住 Ctrl 键单击这个合并图层的缩览图，载入选区，如图 4-110 所示。

图 4-109　　　　　　　　　　图 4-110

STEP 06 执行菜单"选择 > 修改 > 扩展"命令，在弹出的"扩展选区"对话框中设置"扩展量"为 30 像素，如图 4-111 所示。接着单击"确定"按钮，效果如图 4-112 所示。设置"前景色"为橙色，使用 Alt+Delete 组合键为选区填充颜色，如图 4-113 所示。

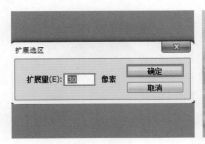  

图 4-111　　　　　　图 4-112　　　　　　图 4-113

STEP 07 在"图层"面板中将合并图层拖曳到"背景"图层上方，如图 4-114 所示。效果如图 4-115 所示。

图 4-114　　　　　　　　　　图 4-115

4.4 基于色彩的抠图技法

Photoshop 中有很多种可以创建和编辑选区的工具，除了前面讲解的多种选区工具外，Photoshop 还有 3 种工具是利用图像中颜色的差异创建选区：磁性套索、魔棒以及快速选择工具。这 3 种工具主要用于抠图。除此之外，使用背景橡皮擦工具以及魔术橡皮擦工具可以擦除特定部分的颜色。

4.4.1 磁性套索工具

要进行抠图操作，之前学习创建选区的方法可能不够精准。Photoshop 提供了多种给颜色差异创建选区的工具，例如磁性套索工具，它能自动检测画面中颜色的差异，并在两种颜色交界的区域创建选区。

单击工具箱中的"磁性套索工具"按钮 ，将光标移动到画面中颜色差异较大的边缘，单击鼠标左键确定起始锚点的位置。然后沿着对象边界拖动鼠标，随着光标的移动，磁性套索工具会自动在边缘处建立锚点，如图 4-116 所示。当光标移动到起始锚点处时光标变为 状，如图 4-117 所示。单击鼠标左键即可创建选区，如图 4-118 所示。

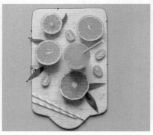

图 4-116　　　　　　　　　　　图 4-117　　　　　　　　图 4-118

技巧提示　磁性套索工具选项栏详解

◆ 宽度："宽度"值决定了以光标中心为基准，光标周围有多少像素能够被磁性套索工具检测到，如果对象的边缘比较清晰，那么就设置较大的值；如果对象的边缘比较模糊，那么就设置较小的值。

◆ 对比度：主要用来设置磁性套索工具感应图像边缘的灵敏度。如果对象的边缘比较清晰，那么就将该值设置得高一些；如果对象的边缘比较模糊，那么就将该值设置得低一些。

◆ 频率：在使用磁性套索工具勾画选区时，Photoshop 会生成很多锚点，"频率"选项就是用来设置锚点的数量。数值越高，生成的锚点越多，捕捉到的边缘越准确，但是可能会造成选区不够平滑。

◆ 钢笔压力：如果计算机配有数位板和压感笔，那么激活该按钮，Photoshop 就会根据压感笔的压力自动调节磁性套索工具的检测范围。

操作练习：使用磁性套索工具抠图

案例文件	使用磁性套索工具抠图.psd
视频教学	使用磁性套索工具抠图.flv

难易指数	
技术要点	磁性套索工具

案例效果（如图4-119所示）

图4-119

操作步骤

STEP 01 执行菜单"文件>打开"命令，打开背景素材"1.jpg"，如图4-120所示。继续执行菜单"文件>置入"命令，在弹出的"置入"对话框中单击选择素材"2.jpg"，单击"置入"按钮，将素材放置在适当位置，按Enter键完成置入。接着执行菜单"图层>栅格化>智能对象"命令，将图层栅格化为普通图层，如图4-121所示。

STEP 02 单击工具箱中的"磁性套索工具"按钮，在画面中话筒边缘单击以确定起点，如图4-122所示。接着沿着边沿处移动光标，此时Photoshop会自动生成很多锚点，如图4-123所示。继续移动光标，当勾画到起点处时单击，从而形成闭合选区，如图4-124所示。

图4-120

图4-121

图4-122

图4-123

图4-124

STEP 03 使用Ctrl+Shift+I组合键将选区反选，如图4-125所示。按Delete键删除选区中的像素，再按Ctrl+D组合键取消选区，效果如图4-126所示。

图1-125

图4-126

STEP 04 此时手臂和话筒下面的区域仍有白色背景。再次使用磁性套索工具绘制左侧手臂处的选区，如图 4-127 所示。直接按 Delete 键将其删除，如图 4-128 所示。使用同样的方法删除其他部分的背景，效果如图 4-129 所示。

STEP 05 对画面置入素材进行修饰。执行菜单"文件＞置入"命令，置入素材"3.png"，将素材放置在适当位置，按 Enter 键完成置入，最终效果如图 4-130 所示。

图 4-127

图 4-128

图 4-129

图 4-130

4.4.2 魔棒工具

"魔棒工具" 能够自动检测鼠标单击区域的颜色，并得到与之颜色相似区域的选区。

单击工具箱中的"魔棒工具"按钮，在选项栏中设置合适的"容差"值，接着在某个颜色区域上单击，如图 4-131 所示。随即将自动获取附近区域相同的颜色，使它们处于选择状态，如图 4-132 所示。

图 4-131

图 4-132

技巧提示 魔棒工具的工具选项栏详解

◆ 容差：决定所选像素之间的相似性或差异性，其取值范围为 0~255。数值越低，对像素的相似程度的要求越高，所选的颜色范围就越小；数值越高，对像素的相似程度的要求越低，所选的颜色范围就越广。

◆ 连续：当勾选该复选框时，表示只选择颜色连接的区域；当取消勾选该复选框时，表示选择与所选像素颜色接近的所有区域，当然也包含没有连接的区域。

◆ 对所有图层取样：如果文档中包含多个图层，勾选该复选框时，就表示选择所有可见图层上颜色相近的区域；不勾选该复选框就仅表示选择当前图层上颜色相近的区域。

操作练习：使用魔棒工具与调整边缘抠图

案例文件	使用魔棒工具与调整边缘抠图.psd
视频教学	使用魔棒工具与调整边缘抠图.flv

难易指数	★★★★★
技术要点	魔棒工具、调整边缘

 案例效果 (如图 4-133 所示)

图 4-133

所示。按 Delete 键删除选区中的像素，再使用 Ctrl+D 组合键取消选区，效果如图 4-138 所示。

STEP 03 执行菜单"文件 > 置入"命令，置入素材"3.png"，将素材放置在适当位置，按 Enter 键完成置入操作，效果如图 4-139 所示。

 操作步骤

STEP 01 执行菜单"文件 > 打开"命令，或按 Ctrl+O 组合键，在弹出的"打开"对话框中单击选择素材"1.jpg"，单击"打开"按钮，如图 4-134 所示。继续执行菜单"文件 > 置入"命令，在弹出的"置入"对话框中单击选择素材"2.jpg"，单击"置入"按钮，将素材放置在适当位置，按 Enter 键完成置入。接着执行菜单"图层 > 栅格化 > 智能对象"命令，将图层栅格化为普通图层，如图 4-135 所示。

STEP 02 将人物的背景去除。单击工具箱中的"魔棒工具"按钮，在选项栏中设置"容差"为 20，移动光标在画面白色背景处单击，得到选区，效果如图 4-136 所示。接着单击选项栏中的"调整边缘"按钮，在弹出的"调整边缘"对话框中设置"半径"为 20 像素，单击"确定"按钮完成设置，如图 4-137

图 4-134

图 4-135

图 4-136

图 4-137

图 4-138

图 4-139

4.4.3 快速选择工具

对颜色差异较大，或者包含颜色比较复杂的图像进行抠图时，可以使用快速选择工具先得到颜色相近区域的选区，然后进行抠图操作。快速选择工具通过涂抹的形式迅速地自动搜寻，绘制出与光标所在区域颜色接近的选区。

单击工具箱中的"快速选择工具"按钮，在画面中按住鼠标左键拖曳，如图4-140所示。拖动光标时，选取范围不但会向外扩张，而且还可以自动寻找并沿着图像的边缘来描绘边界，如图4-141所示。

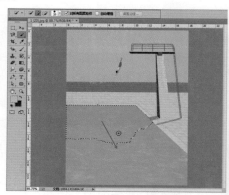

图 4-140

图 4-141

技巧提示 快速选择工具选项栏详解

单击"快速选择工具"按钮，在选项栏中可以进行以下参数的设置。

◆ 选区运算按钮：激活"新选区"按钮，用于创建一个新的选区；激活"添加到选区"按钮，用于在原有选区的基础上添加新创建的选区；激活"从选区减去"按钮，用于在原有选区的基础上减去当前绘制的选区。

◆ "画笔"选择器：设置画笔的大小、硬度、间距、角度以及圆度。

◆ 对所有图层取样：勾选该复选框，Photoshop会根据所有的图层建立选取范围，而不仅是只针对当前图层。

◆ 自动增强：降低选取范围边界的粗糙度与区块感。

操作练习：使用快速选择工具制作清凉夏日广告

案例文件	使用快速选择工具制作清凉夏日广告.psd	难易指数	★★★★★
视频教学	使用快速选择工具制作清凉夏日广告.flv	技术要点	快速选择工具

 案例效果（如图4-142所示）

图 4-142

操作步骤

STEP 01 执行菜单"文件>打开"命令，或按Ctrl+O组合键，在弹出的"打开"对话框中单击选择素材"1.jpg"，单击"打开"按钮，如图4-143所示。继续执行菜单"文件>置入"命令，在弹出的"置入"对话框中单击选择素材"2.jpg"，单击"置入"按钮，将素材放置在适当位置，按Enter键完成置入，接着执行菜单"图层 > 栅格化 > 智能对象"命令，将图层栅格化为普通图层，如图 4-144 所示。

图 4-143　　　　　　　　　　图 4-144

STEP 02 单击工具箱中的"快速选择工具"按钮 ，在选项栏中单击"添加到选区"按钮，在"画笔预设"面板中设置"大小"为 50 像素，接着将光标移动至人物背景处，如图 4-145 所示。按住鼠标左键拖曳得到背景的选区，如图 4-146 所示。继续在画面中人物上方和右侧位置按住鼠标左键拖曳得到背景的选区，如图 4-147 所示。

图 4-145　　　　　　　　图 4-146　　　　　　　　图 4-147

STEP 03 使用快速选择工具在人物腿部位置按住鼠标左键拖曳得到背景的选区，如图 4-148 所示。继续对其他位置进行选取，如图 4-149 所示。

图 4-148　　　　　　　　图 4-149

STEP 04 此时画面中人物身体部位选择过多，需要将多选择的选区取消。在选项栏中单击"从选区减去"按钮，接着在人物边缘按住鼠标左键拖曳减去选区，效果如图 4-150 所示。得到背景选区后，按 Delete 键删除选区中的像素，再使用 Ctrl+D 组合键取消选区，如图 4-151 所示。

图 4-150　　　　　　　　图 4-151

STEP 05 添加文字。选择工具箱中的横排文字工具，在选项栏中设置"字体""字号"，设置"填充"为白色，接着在画面中间位置单击输入文字，如图 4-152 所示。继续在画面中单击并输入文字，如图 4-153 所示。

STEP 06 按住 Ctrl 键加选两个文字图层，使用 Ctrl+Alt+E 组合键进行盖印。然后按住 Ctrl 键单击该图层的缩览图，得到文字选区。接着将选区填充淡蓝色，如图 4-154 所示。在"图层"面板中将"合并"图层移动至文字图层的下方，如图 4-155 所示。

STEP 07 使用移动工具将蓝色文字向下移动，制作出投影效果，如图 4-156 所示。

STEP 08 选择蓝色文字图层，执行菜单"图层 > 图层样式 > 描边"命令，在"图层样式"对话框中设置"大小"为4像素，"位置"为"外部"，"混合模式"为"正常"，"不透明度"为100%，"填充类型"为"颜色"，"颜色"为白色，单击"确定"按钮完成设置，如图 4-157 所示。效果如图 4-158 所示。

STEP 09 继续使用横排文字工具在画面中输入文字，如图 4-159 所示。

图 4-152

图 4-153

图 4-154

图 4-155

图 4-156

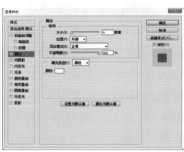
图 4-157

图 4-158

图 4-159

4.4.4 背景橡皮擦工具

"背景橡皮擦工具" 是一种基于色彩差异的智能化擦除工具。它自动采集画笔中心的色样，同时删除在画笔内出现的这种颜色，使擦除区域成为透明区域。

单击工具箱中的"背景橡皮擦工具"按钮，将光标移动到画面中，光标会呈现出中心带有十字的圆形效果，表示当前工具的作用范围，而圆形中心的十字则表示在擦除过程中自动采集颜色的位置。在涂抹过程中会自动擦除圆形画笔范围内出现的相近颜色的区域，如图 4-160 所示。擦除效果如图 4-161 所示。

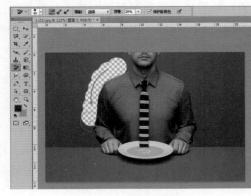 

图 4-160   图 4-161

★ 取样：用来设置取样的方式。激活"取样：连续"按钮，将擦除鼠标移动的所有区域；激活"取样：一次"按钮，只擦除包含鼠标第 1 次单击处颜色的图像；激活"取样：背景色板"按钮，只擦除包含背景色的图像。

★ 限制：设置擦除图像时的限制模式。"不连续"抹除出现在画笔下面任何位置的样本颜色。"连续"抹除包含样本颜色并且相互连接的区域。"查找边缘"抹除包含样本颜色的连接区域，同时更好地保留形状边缘的锐化程度。

★ 保护前景色：勾选该复选框以后，将防止擦除与前景色匹配的区域。

4.4.5 魔术橡皮擦工具

使用"魔术橡皮擦工具"将使颜色相近的区域直接擦除掉。使用该工具在图像中单击时，与光标单击的位置颜色接近的像素都会被更改为透明。如果在已锁定透明度的图层中工作，这些像素将更改为背景色。单击工具箱中的"橡皮擦工具"按钮，在画面中背景处单击鼠标左键，如图 4-162 所示。此时背景部分全部变为了透明，如图 4-163 所示。勾选"连续"复选框时，只擦除与单击点像素邻近的像素。取消勾选该复选框时，可以擦除图像中所有相似的像素。

图 4-162   图 4-163

4.5 钢笔工具精确抠图

钢笔工具不仅能绘制出复杂的图形，它还有一个非常重要的功能就是进行抠图。对于抠取一些形状复杂的图形，钢笔工具是首选，因为它操作灵活，能够精准地得到对象的选区。若要使用钢笔工具进行抠图，首先需要沿着图形边缘绘制路径，然后将路径转换为选区，接着就可以继续进行抠图操作了。

4.5.1 钢笔工具

钢笔工具用于绘制出"路径"对象和"形状"对象。"路径"是一种随时可以调整的"轮廓"。绘制路径不但用于形状的绘制，而且更多的是用于选区的创建与抠图。"路径"是由一些锚点连接而成的线段或者曲线。当调整"锚点"时，路径也会随之发生变化。"锚点"是用来决定路径方向的起点、终点和转折。在曲线路径上，每个选中的锚点上会显示一条或两条方向线，方向线以方向点结束，方向线和方向点的位置共同决定了曲线段的大小和形状，如图 4-164 所示。"形状"对象将在后面的小节进行讲解。

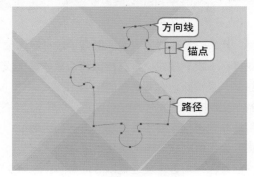

图 4-164

"钢笔工具" 用来绘制复杂的路径和形状对象。例如绘制人物形态的路径，将其转换为选区并进行抠图，或者在版面中绘制复杂的矢量形状对象等。

STEP 01 选择工具箱中的"钢笔工具" ，接着单击选项栏中的"选择工具模式"按钮，在下拉列表中选择"路径"，如图 4-165 所示。选择该模式后，使用钢笔工具就会以路径绘制模式进行绘制。在画面中单击，创建起始锚点，如图 4-166 所示。

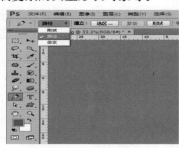

图 4-165

图 4-166

STEP 02 在下一个位置单击，两个锚点直接创建一段直线路径，如图 4-167 所示。继续以单击的方式绘制出折线，如图 4-168 所示。

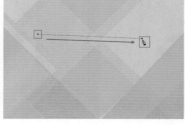

图 4-167

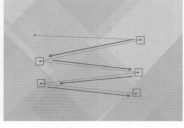

图 4-168

STEP 03 绘制曲线。单击创建起始锚点，然后将光标移动至下一个位置按住鼠标左键并拖曳。此时按住鼠标左键的位置生成了一个锚点，而拖曳的位置显示了方向线（此时按住鼠标左键不松手，然后上、下、左、右拖曳方向线，感受一下调整方向线的位置时，路径的走向），如图 4-169 所示。调整完成后，松开鼠标，然后在下一个位置单击并拖曳调整曲线路径的形态，如图 4-170 所示。继续进行绘制，如图 4-171 所示。

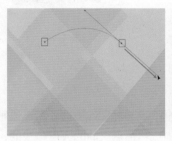 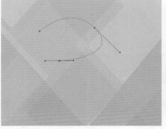 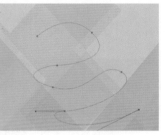

图 4-169　　　　　　　　　　图 4-170　　　　　　　　　　图 4-171

4.5.2 自由钢笔工具

　　"自由钢笔工具" 🖋 用来在画面中随意地徒手绘制路径。

STEP 01 单击工具箱中的"自由钢笔工具"按钮 🖋 ，在文档中按住鼠标左键并拖动光标即可像使用画笔工具绘图一样自动地沿着光标路径创建出相应的矢量路径，如图 4-172 所示。当绘制到起始锚点位置后，单击并释放鼠标得到一个闭合路径，如图 4-173 所示。

图 4-172　　　　　　　　　　图 4-173

STEP 02 在选项栏中勾选"磁性的"复选框，此时自由钢笔工具变为"磁性钢笔工具" 🖋 。根据颜色差异磁性钢笔工具会自动寻找对象边缘并建立路径。在对象边缘处单击，然后沿对象的边缘移动光标，Photoshop 会自动查找颜色差异较大的边缘，添加锚点建立路径，如图 4-174 所示。磁性钢笔工具与磁性套索工具非常相似，但是磁性钢笔工具绘制出来的是路径，可以进行形状的编辑，而磁性套索工具绘制出来的是选区。

STEP 03 在使用自由钢笔工具或磁性钢笔工具时，都可以通过设置"曲线拟合"控制绘制路径的精度。单击选项栏中的 按钮，在下拉面板中可以看到"曲线拟合"选项。数值越高路径越精确，如图 4-175 所示。数值越小路径越平滑，如图 4-176 所示。

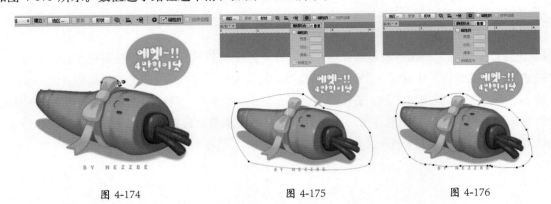

图 4-174　　　　　　　　　图 4-175　　　　　　　　　图 4-176

4.5.3 调整路径形态

当使用钢笔工具绘制路径或者形状时，很难一次性绘制出完全准确而美观的图形，所以通常都会在路径绘制完成后对路径的形态进行调整。由于路径是由大量的锚点和锚点之间的线段构成的，调整锚点的位置或者形态都会影响到路径的形态，所以对路径形态的调整往往就变成了对锚点的调整。

STEP 01 当路径上的锚点不够用，无法对路径进行细节编辑的时候，自然就需要添加锚点。使用钢笔工具组中的"添加锚点工具" ，在路径没有锚点的位置上单击即可添加新的锚点，如图 4-177 和图 4-178 所示。

图 4-177　　　　　　　　　　图 4-178

STEP 02 锚点会影响路径，如果有多余的锚点，就使用"删除锚点工具" 将其删除。选择工具箱中的删除锚点工具，将光标放在要删除的锚点上，单击鼠标左键即可删除锚点，如图 4-179 和图 4-180 所示。

图 4-179　　　　　　　　　　图 4-180

STEP 03 路径的锚点分为角点和平滑点。角点位置的路径是尖角的，而平滑点位置的路径是圆滑的，如图 4-181 所示。单击工具箱中的"转换点工具"按钮 ，在角点上单击并拖曳即可将角点转换为平滑点，此时路径发生了变化，如图 4-182 所示。使用转换点工具在平滑点上单击，可以将平滑点转换为角点，如图 4-183 所示。

图 4-181　　　　　　　　　　　　图 4-182　　　　　　　　　　　　图 4-183

STEP 04 对于矢量对象的选择，使用工具箱中的"路径选择工具" ，在路径上单击即可选中路径，如图 4-184 所示。如果想选中多个路径，就按住 Shift 键单击各路径即可加选。在选项栏中设置移动、组合、对齐和分布路径，如图 4-185 所示。

图 4-184　　　　　　　　　　　　　　　　　　　图 4-185

STEP 05 使用"直接选择工具" 选中路径上的锚点。选择工具箱中的直接选择工具，然后在锚点上单击，当锚点变为黑色后既表示被选中，如图 4-186 所示。选中了锚点之后移动锚点、调整方向线，实现了调整路径形态的目的，如图 4-187 所示。

图 4-186　　　　　　　　　　　图 4-187

4.5.4 将路径转换为选区

绘制路径的目的往往是用于抠图或填充颜色。当路径绘制完成后，使用 Ctrl+Enter 组合键即可得到选区。在路径上方单击鼠标右键，执行"建立选区"命令，如图 4-188 所示。然后在弹出的"建立选区"对话框中进行选区羽化的设置。如果想得到精确的选区，那么"羽化半径"设置为 0 即可。如果想得到边缘模糊的选区，那么设置一定的羽化数值，如图 4-189 所示。设置完毕后单击"确定"按钮，得到的选区如图 4-190 所示。

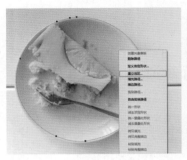

图 4-188　　　　　　　　　　图 4-189　　　　　　　　　　图 4-190

技巧提示 如何将路径转换为选区

使用 Ctrl+Enter 组合键可直接将路径转换为选区。

操作练习：使用钢笔工具抠出精细人像

案例文件	使用钢笔工具抠出精细人像 .psd	难易指数	★★★★★
视频教学	使用钢笔工具抠出精细人像 .flv	技术要点	钢笔工具

 案例效果 (如图 4-191 所示)

图 4-191

 操作步骤

STEP 01 执行菜单"文件＞打开"命令，或按 Ctrl+O 组合键，在弹出的"打开"对话框中单击选择素材"1.jpg"，单击"打开"按钮，如图 4-192 所示。执行菜单"文件＞置入"命令，在弹

出的"置入"对话框中单击选择素材"2.jpg",单击"置入"按钮,然后按 Enter 键完成置入。
接着执行菜单"图层 > 栅格化 > 普通图层"命令,将图层栅格化为普通图层,如图 4-193 所示。

STEP 02 选择工具箱中的钢笔工具,接着在人物边缘绘制大致的路径,如图 4-194 所示。继续在
人物边缘处单击并拖曳绘制,如图 4-195 所示。

图 4-192

图 4-193

图 4-194

图 4-195

STEP 03 对制作的路径中的锚点进行精确的调整。选择工具箱中的直接选择工具,单击选择锚点,
如图 4-196 所示。选择工具箱中的转换点工具,在框选过的点上按住鼠标左键拖曳,进而转换,
如图 4-197 所示。切换到直接
选择工具,按住鼠标左键将锚
点拖曳到人物边缘,如图 4-198
所示。

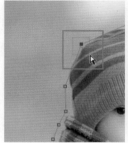
图 4-196

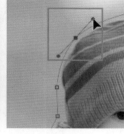
图 4-197

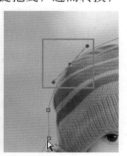
图 4-198

STEP 04 使用同样的方法
对其他锚点进行操作,效果
如图 4-199 所示。接着使用
Ctrl+Enter 组合键将路径转化
为选区,如图 4-200 所示。

图 4-199

图 4-200

STEP 05 执行菜单"选择 > 反向"命令,此时得到背景部分的选区,如图 4-201 所示。按 Delete
键删除选区中的像素,接着使用 Ctrl+D 组合键取消选区的选择,如图 4-202 所示。

STEP 06 对画面置入素材进行修饰。执行菜单"文件 > 置入"命令,置入素材"3.png",单击"置
入"按钮,将素材放置在适当位置,按 Enter 键完成置入,效果如图 4-203 所示。

图 4-201

图 4-202

图 4-203

4.6 抠图与合成

"抠图"常称"去背"，就是将需要的对象从原来的图像中提取出来。抠图的思路无非是两种，一种是将不需要的删除，只保留需要的内容；另一种就是把需要的内容从原来图像中单独提取出来。抠图的目的大多是为了合成，即将抠取出来的对象，融入其他画面中。

4.6.1 选区内容的剪切、复制、粘贴、清除

有一些计算机基础的用户都知道，在 Windows 系统中按 Ctrl+C 组合键是"复制"，按 Ctrl+V 组合键是"粘贴"，按 Ctrl+X 组合键是"剪切"，这些操作在 Photoshop 中同样适用。通常复制、剪切都会配合粘贴操作。

STEP 01 选择一个普通图层（非文字图层、智能对象、背景图层等特殊图层），创建一个选区，如图 4-204 所示。执行菜单"编辑 > 剪切"命令，或按 Ctrl+X 组合键，将选区中的内容剪切到剪贴板上，此时图像选区内的像素内容将被剪切掉，呈现透明效果，如图 4-205 所示。

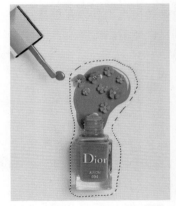
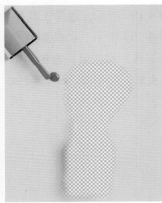

图 4-204　　　　　　　　　　图 4-205

STEP 02 执行菜单"编辑 > 粘贴"命令，或按 Ctrl+V 组合键，将剪切的图像粘贴到画布中。粘贴处的内容成为独立图层，如图 4-206 所示。

STEP 03 对选区中的内容执行菜单"编辑 > 拷贝"命令，将选区中的图像复制到剪贴板中。执行菜单"编辑 > 粘贴"命令，将刚刚复制的内容粘贴为独立图层，如图 4-207 所示。

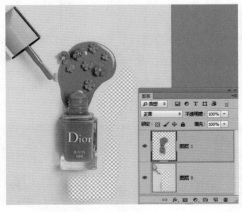
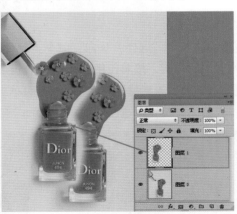

图 4-206　　　　　　　　　　图 4-207

在 Photoshop 中有一个"合并拷贝"的功能,"合并拷贝"的原理相当于复制所选的全部图层,然后将这些图层合并为一个独立的图层。当画面中包含选区时,执行菜单"编辑 > 合并拷贝"命令或按 Ctrl+Shift+C 组合键,将使所有可见图层拷贝并合并到剪贴板中。最后按 Ctrl+V 组合键将使合并拷贝的图像粘贴到当前文档或其他文档中。

STEP 04 执行菜单"编辑 > 清除"命令,或者按 Delete 键,将清除选区中的图像。如果被选中的图层为普通图层,那么清除的部分会显示为透明,如图 4-208 和图 4-209 所示。

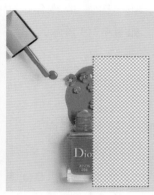

图 4-208　　　　　　　　图 4-209

当选中"背景"图层删除选区中的像素时,被清除的区域将填充背景色。

4.6.2 使用图层蒙版合成图像

在之前的抠图操作中,通常以删除像素的方法进行抠图,这种抠图方式具有破坏性。那么有没有一种方式,既能够显示抠图效果,又能够保证原图不被破坏呢?有。"图层蒙版"便是一种利用黑白控制图层显示和隐藏的工具。在图层蒙版中黑色的区域表示为透明,白色区域为不透明,灰色区域则为半透明。

STEP 01 准备两幅图像,如图 4-210 和图 4-211 所示。图 4-212 所示为"图层"面板中两幅图像所在的图层。

图 4-210　　　　　　　　图 4-211　　　　　　　　图 4-212

STEP 02 选择"图层1"图层，单击"图层"面板底部的"添加图层蒙版"按钮 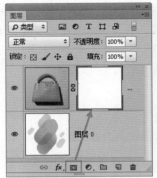，即可为该图层添加图层蒙版。此时的蒙版为白色画面，没有任何变化，如图4-213所示。接着选择工具箱中的画笔工具，将"前景色"设置为黑色，然后在画面中按住鼠标左键拖曳进行涂抹。随着涂抹可以看见光标经过的位置显示出"图层0"图层中的像素，如图4-214所示。

图 4-213　　　　　　　　图 4-214

技巧提示　蒙版的使用技巧

要使用图层蒙版，首先要选对图层，其次要选对蒙版。默认情况下添加图层蒙版后就是选中的状态。如果要重新选择图层蒙版，单击图层蒙版缩览图即可选择。

技巧提示　基于选区添加图层蒙版

如果当前图像中存在选区，选中某图层，单击"图层"面板底部的"添加图层蒙版"按钮 ，将基于当前选区为任何图层添加图层蒙版，选区以外的图像将被蒙版隐藏。

STEP 03 如果在涂抹的过程中有多擦除的像素，此时可以将"前景色"设置为白色，然后在多擦除的位置涂抹，像素就会被还原，如图4-215所示。调整完成后，此时图层要隐藏的部分会在图层蒙版中被涂成黑色，显示的部分为白色。此时原图的内容在不会被破坏的情况下就可以进行抠图合成的操作，如图4-216所示。

图 4-215

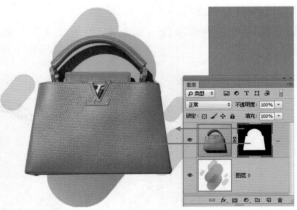

图 4-216

操作练习：使用图层蒙版制作女装广告

案例文件	使用图层蒙版制作女装广告.psd	难易指数	★★★★★
视频教学	使用图层蒙版制作女装广告.flv	技术要点	图层蒙版

 案例效果(如图4-217所示)

图 4-217

 操作步骤

STEP 01 新建一个空白文档。选择工具箱中的渐变工具，在选项栏中单击渐变条，在弹出的"渐变编辑器"对话框中编辑一个蓝色系渐变，单击"确定"按钮完成设置，如图4-218所示。接着将光标移动到画面顶部按住鼠标左键向下拖曳填充，如图4-219所示。

STEP 02 制作主体文字。选择工具箱中的横排文字工具，在选项栏中设置"字体"和"字号"，设置"填充"色为白色，接着在画面顶部单击输入文字，如图4-220所示。执行菜单"文件>置入"命令，在弹出的"置入"对话框中单击选择素材"1.jpg"，单击"置入"按钮，将素材放置在适当位置，按Enter键完成置入。接着执行菜单"图层>栅格化>智能对象"命令，将图层栅格化为普通图层，如图4-221所示。

图 4-218

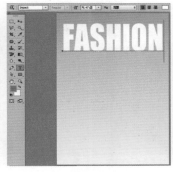

图 4-219　　　　图 4-220

图 4-221

STEP 03 使用钢笔工具进行抠图。选择工具箱中的钢笔工具，在选项栏中设置绘制模式为"路径"。然后沿着人像边缘绘制路径，如图4-222所示。继续进行绘制，如图4-223所示。

图 4-222　　　　　图 4-223

STEP 04 路径绘制完成后，使用 Ctrl+Enter 组合键将路径转化为选区，如图4-224所示。接着选择人物图层，单击"图层"面板底部的"添加图层蒙版"按钮 ，基于选区添加图层蒙版。如图4-225所示。使多余部分隐藏，如图4-226所示。

STEP 05 新建一个图层，选择工具箱中的多边形套索工具，在画面右侧绘制多边形选区，如图4-227所示。设置"前景色"为白色，使用Alt+Delete组合键为多边形填充颜色，如图4-228所示。继续使用多边形套索工具绘制四边形，并填充相应的颜色，如图4-229所示。

图 4-224　　　　　图 4-225

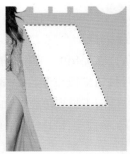

图 4-226　　　　图 4-227　　　　图 4-228　　　　图 4-229

STEP 06 选择人物图层，使用多边形套索工具在人像上绘制一个四边形选区，如图4-230所示。接着使用 Ctrl+Shift+C 组合键进行复制，使用 Ctrl+V 组合键进行粘贴，然后将其移动到右侧的白色多边形上，如图4-231所示。

图 4-230　　　　　图 4-231

STEP 07 使用同样的方式制作另外两个图案，如图 4-232 所示。使用文字工具输入其他的文字，如图 4-233 所示。

STEP 08 为说明版面添加文字导航线。新建一个图层，选择工具箱中的矩形选框工具，在画面底部按住鼠标左键并拖曳绘制矩形选框，如图 4-234 所示。设置"前景色"为蓝色，使用 Alt+Delete 组合键为多边形填充颜色，如图 4-235 所示。使用同样的方法制作下半部浅色分割线，如图 4-236 所示。

STEP 09 完成后的效果如图 4-237 所示。

图 4-232　　　　　　　　　　图 4-233

图 4-234　　　　　　图 4-235　　　　　　图 4-236　　　　　　图 4-237

4.6.3　剪贴蒙版

　　"剪贴蒙版"是一种使用底层图层形状限制顶层图层显示内容的蒙版。剪贴蒙版至少有两个图层，即位于底部用于控制显示范围的"基底图层"（基底图层只能有一个），位于上方用于控制显示内容的"内容图层"（内容图层可以有多个）。如果对基底图层进行移动、变换等操作，那么上面的图像也会随之受到影响。对内容图层的操作不会影响基底图层，但是对其进行移动、变换等操作时，其显示范围也会随之而改变，如图 4-238 所示。图 4-239 所示为剪贴蒙版的示意图；图 4-240 所示为剪贴蒙版效果。

图 4-238　　　　　　　　图 4-239　　　　　　　　图 4-240

STEP 01 新建一个图层，绘制一个形状作为基底图层，如图 4-241 所示。接着置入一个图片素材移动至图形上方，作为内容图层。如图 4-242 所示。

图 4-241

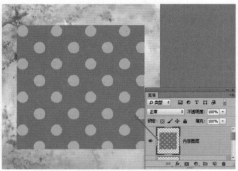

图 4-242

STEP 02 选择"内容图层"图层，然后右击，执行"创建剪贴蒙版"命令，如图 4-243 所示。画面效果如图 4-244 所示。如果想使内容图层不再受下面形状图层的限制，那么选择剪贴蒙版组中的图层，然后右击，执行"释放剪贴蒙版"命令。

图 4-243

图 4-244

操作练习：使用剪贴蒙版制作中式饭店招贴

案例文件	使用剪贴蒙版制作中式饭店招贴.psd
视频教学	使用剪贴蒙版制作中式饭店招贴.flv

难易指数	★★★★★
技术要点	创建剪贴蒙版

 案例效果 （如图 4-245 所示）

图 4-245

 操作步骤

STEP 01 执行菜单"文件 > 打开"命令，或按 Ctrl+O 组合键，打开素材"1.jpg"，如图 4-246 所示。继续执行菜单"文件 > 置入"命令，在弹出的"置入"对话框中单击选择素材"2.jpg"，单击"置入"按钮，将素材放置在画面的右下角，按 Enter 键完成置入。接着执行菜单"图层 > 栅格化 > 智能对象"命令，将图层栅格化为普通图层，如图 4-247 所示。

STEP 02 将素材中的背景去掉只显示食物。选择工具箱中的钢

笔工具，在画面中食物边缘绘制路径，如图 4-248 所示。接着使用 Ctrl+Enter 组合键将路径转换
为选区，如图 4-249 所示。

图 4-246　　　　　　　　　　图 4-247

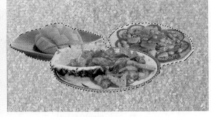

图 4-248　　　　　　　　　　图 4-249

STEP 03　使用 Ctrl+Shift+I 组合键将选区反选，如图 4-250 所示。按 Delete 键删除选区，效果如
图 4-251 所示。

图 4-250　　　　　　　　　　图 4-251

STEP 04　为了使画面更加立体，下面为盘子添加投影效果。选中盘子所在图层，执行菜单"图
层 > 图层样式 > 投影"命令，在弹出的"图层
样式"对话框中设置"混合模式"为"正片叠底"，
"投影颜色"为黑色，"不透明度"为 75%，"角度"
为 120 度，"距离"为 44 像素，"扩展"为 0%，
"大小"为 46 像素，单击"确定"按钮完成设
置，如图 4-252 所示。效果如图 4-253 所示。

STEP 05　创建文字。选择工具箱中的横排文字
工具，在选项栏中设置"字体""字号"和"填
充颜色"，在画面中间位置单击输入文字，如
图 4-254 所示。

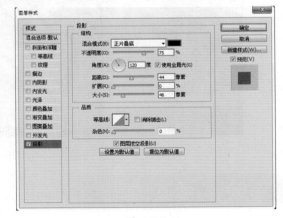

图 4-252

<table>
<tr><td>图 4-253</td><td>图 4-254</td></tr>
</table>

图 4-253　　　　　　　　　　　　　　　图 4-254

STEP 06 选中文字图层，执行菜单"图层＞图层样式＞描边"命令，在弹出的"图层样式"对话框中设置"描边"的"大小"为 13 像素，"位置"为"外部"，"混合模式"为"正常"，"不透明度"为 100%，"填充类型"为"渐变"，"渐变"为棕色系渐变，"样式"为"线性"，"角度"为 90 度，"缩放"为 100%，如图 4-255 所示。勾选"投影"复选框，设置"混合模式"为"正常"，"投影颜色"为黑色，"不透明度"为 70%，"角度"为 145 度，"距离"为 22 像素，"扩展"为 0%，"大小"为 27 像素，单击"确定"按钮完成设置，如图 4-256 所示。效果如图 4-257 所示。

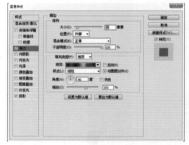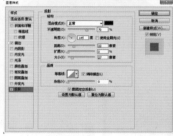

图 4-255　　　　　　　　　图 4-256　　　　　　　　　图 4-257

STEP 07 为使文字更具特色，需要对文字赋予图案。执行菜单"文件＞置入"命令，置入素材"3.jpg"，然后将其移动到文字的上方，按 Enter 键完成置入，如图 4-258 所示。选中该图层，执行菜单"图层＞创建剪贴蒙版"命令，效果如图 4-259 所示。

图 4-258　　　　　　　　　　　　　　　图 4-259

4.6.4　通道与抠图

前面介绍的几种选区创建方法可以借助颜色的差异创建选区，但是有一些特殊的对象往往很难借助这种方法进行抠图，例如，头发、玻璃、云朵、婚纱等这类边缘复杂、带有透明质感的对象。这时就要使用通道抠图法抠取这些对象。利用通道的灰度图像与选区相互转换的特性，能制作出精细的选区，从而实现抠头发等的目的。

 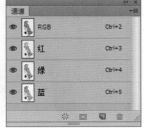

STEP 01 打开一幅需要进行通道抠图的图像，隐藏其他图层，如图 4-260。执行菜单"窗口 > 通道"命令，打开"通道"面板，如图 4-261 所示。

图 4-260　　　　　　　图 4-261

STEP 02 在"通道"面板中逐一观察并选择主体物与背景黑白对比最强烈的通道，将所选通道拖曳到"创建新通道"按钮 上，如图 4-262 所示。接着将需要保留位置的像素调整为白色，将需要去除位置的像素调整为黑色（调整的过程中可以使用调色命令，或者加深减淡工具，以及画笔工具等），如图 4-263 所示。

图 4-262　　　　　　　图 4-263

技巧提示　通道中的黑白关系

在通道中，白色为选区，黑色为非选区，灰色为半透明选区，这是一个很重要的知识点。在调整黑色关系的时候，可以使用画笔工具进行涂抹，也可以使用"曲线""色阶"这些能够增强颜色对比的调色命令调整通道中的颜色，还可以使用加深工具、减淡工具进行调整。

STEP 03 调整完毕后，单击"通道"面板底部的"将通道作为选区载入"按钮 ，随即可以得到白色位置的选区，返回到"图层"面板中，选区效果如图 4-264 所示。最后基于选区为图层添加图层蒙版，选区以外的内容被隐藏，抠图完成，如图 4-265 所示。

图 4-264　　　　　　　图 4-265

技巧提示 认识"通道"

　　执行菜单"窗口>通道"命令，打开"通道"面板。"通道"面板是通道的管理器，在该面板中可以对通道进行创建、存储、编辑和管理等操作。在该面板中列出了当前图像中的所有通道，位于最上面的是复合通道，通道名的左侧显示了通道的内容。颜色通道是构成画面的基本元素，每种通道代表一种颜色，而这种颜色的显示区域则由该通道的黑白关系控制。

　　除了颜色通道外，还存在 Alpha 通道。Alpha 通道是一种用于储存和编辑选区的通道。在画面中绘制选区，单击"通道"面板底部的"将选区存储为通道"按钮 ▣，即可将选区作为 Alpha 通道保存在"通道"面板中。选择 Alpha 通道，单击"将通道作为选区载入"按钮 ※，可以载入所选通道图像的选区。单击"创建新通道"按钮 ▣，即可新建一个 Alpha 通道。

操作练习：使用通道抠图为彩色鹦鹉换背景

案例文件	使用通道抠图为彩色鹦鹉换背景.psd	难易指数	★★★★★
视频教学	使用通道抠图为彩色鹦鹉换背景.flv	技术要点	通道抠图

 案例效果（如图 4-266 所示）

图 4-266

 操作步骤

STEP 01 执行菜单"文件>打开"命令，或按 Ctrl+O 组合键，在弹出的"打开"对话框中单击选择素材"1.jpg"，单击"打开"按钮，如图 4-267 所示。继续执行菜单"文件>置入"命令，在弹出的"置入"对话框中单击选择素材"2.jpg"，单击"置入"按钮，将素材放置在适当位置，按 Enter 键完成置入。接着执行菜单"图层>栅格化>智能对象"命令，将图层栅格化为普通图层，如图 4-268 所示。

STEP 02 使用通道进行抠图。选中鹦鹉所在图层，进入"通道"面板，可以看出"蓝"通道中鹦鹉明度与背景明度差异最大，如图 4-269 所示。"蓝"通道画面如图 4-270 所示。选择"蓝"通道，右击，执行"复制通道"命令，将该通道进行复制，如图 4-271 所示。

图 4-267　　　　　　　　　　图 4-268

图 4-269　　　　　　　图 4-270　　　　　　　图 4-271

STEP 03 对"蓝 拷贝"通道进行颜色调整。首先需要增加画面的黑白对比度。执行菜单"图像>调整>曲线"命令，弹出"曲线"对话框，接着在曲线上单击添加控制点并向下拖曳，单击"确定"按钮完成调整，如图 4-272 所示。效果如图 4-273 所示。然后单击"通道"面板底部的"将通道作为选区载入"按钮，效果如图 4-274 所示。

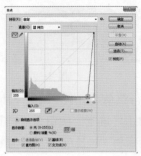  

图 4-272　　　　　　　　　图 4-273　　　　　　　　　图 4-274

STEP 04 进入"图层"面板，可以看到画面中的鹦鹉背景选区，如图 4-275 所示。选择鹦鹉素材图层，按 Delete 键删除选区中的像素，再使用 Ctrl+D 组合键取消选区，效果如图 4-276 所示。

图 4-275　　　　　　　　　图 4-276

操作练习：使用通道抠图制作长发美女海报

案例文件	使用通道抠图制作长发美女海报.psd	难易指数	★★★★★
视频教学	使用通道抠图制作长发美女海报.flv	技术要点	通道抠图

 案例效果 (如图 4-277 所示)

图 4-277

操作步骤

STEP 01 执行菜单"文件>打开"命令，或按 Ctrl+O 组合键，在弹出的"打开"对话框中单击选择素材"1.jpg"，单击"打开"按钮，如图 4-278 所示。继续执行菜单"文件>置入"命令，在弹出的"置入"对话框中单击选择素材"2.jpg"，单击"置入"按钮，将素材放置在适当位置，按 Enter 键完成置入，接着执行菜单"图层>栅格化>智能对象"命令，将图层栅格化为普通图层，如图 4-279 所示。

STEP 02 利用通道抠取人像。选择人物所在图层，进入"通道"面板，可以看出"蓝"通道中人物明度与背景明度差异最大，如图 4-280 所示。"蓝"通道画面如图 4-281 所示。单击"蓝"通道，右击，执行"复制通道"命令，此时会看见"通道"面板中出现新的"蓝 拷贝"通道，如图 4-282 所示。

图 4-278

图 4-279

图 4-280

图 4-281

图 4-282

STEP 03 增大"蓝 拷贝"通道中主体人物与背景之间的黑白反差。执行菜单"图像＞调整＞曲线"命令，弹出"曲线"对话框，接着在曲线上添加控制点并向下拖曳，单击"确定"按钮完成调整，如图 4-283 所示。此时头发部分基本变为黑色，效果如图 4-284 所示。然后将"前景色"设置为黑色，使用画笔工具将画面中皮肤、衣服等白色区域涂抹为黑色，如图 4-285 所示。

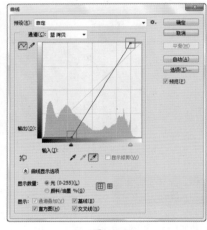
图 4-283

图 4-284

图 4-285

STEP 04 选择"蓝 拷贝"通道，单击"通道"面板底部的"将通道作为选区载入"按钮，效果如图 4-286 所示。进入"图层"面板，可以看到画面中的人物背景选区，如图 4-287 所示。选择人物图层，按 Delete 键删除选区中的像素，再使用 Ctrl+D 组合键取消选区，效果如图 4-288 所示。

STEP 05 置入素材"3.png"，将素材放置在适当位置，完成效果如图 4-289 所示。

图 4-286

图 4-287

图 4-288

图 4-289

第5章
CHAPTER FIVE
绘 图

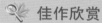 **本章概述**

　　Photoshop 的绘图功能很强大，使用画笔工具能够绘图，使用矢量工具也能够绘制。本章主要介绍绘制过程中颜色的设置方法、画笔工具的使用方法，以及文字的输入与编辑的方法。

本章要点

- 掌握颜色的设置方法
- 学会渐变的编辑与填充的方法
- 掌握画笔工具的使用方法
- 学会矢量绘图工具的使用
- 掌握文字工具的使用方法

扫一扫，下载
本章配备资源

佳作欣赏

5.1 颜色的设置

Photoshop 提供了多种颜色的设置方法，既可以在"拾色器"中选择适合的颜色，也可以从图像中选取一种颜色进行使用。当使用画笔工具、渐变工具、文字工具等，以及进行填充、描边选区、修改蒙版等操作时都需要设置颜色。

5.1.1 前景色与背景色

设置"前景色"与"背景色"的最常用方法就是通过"颜色控制组件"进行设置。颜色控制组件位于工具箱的底部，由"前景色/背景色"设置按钮、"切换前景色和背景色"按钮 ↰ （用于切换所设置的前景色和背景色，快捷键为 X 键）和"默认前景色和背景色"按钮 ▣ （用于恢复默认的前景色和背景色，快捷键为 D 键）组成，如图 5-1 所示。前景色与背景色的用途不同，前景色主要用于绘制，而背景色常用于辅助画笔的动态颜色设置、渐变以及滤镜等功能。

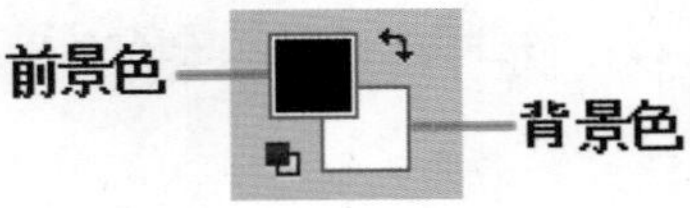

图 5-1

单击"前景色/背景色"按钮即可弹出"拾色器"对话框，首先滑动颜色滑块选择一个合适的色相，接着在色域中单击或拖曳选择合适的颜色。或者输入特定的颜色值数值来获取精确颜色，或者选择用 HSB、RGB、Lab 和 CMYK 这 4 种颜色模式来指定颜色，如图 5-2 所示。或者单击工具箱中的"吸管工具"按钮，将光标移动至画面中，光标变为吸管状，单击拾取画面中的颜色，即可设置"前景色/背景色"，如图 5-3 所示。

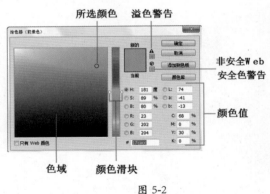

图 5-2

图 5-3

5.1.2 "色板"面板

执行菜单"窗口＞色板"命令，打开"色板"面板。单击"色板"上的色块即可将其设置为前景色，如图 5-4 所示。单击面板的菜单按钮，在下拉菜单中可以看到大量的色板类型，如图 5-5 所示。执行相应的命令，即可将色板库添加到"色板"面板中，如图 5-6 所示。

图 5-4

图 5-5

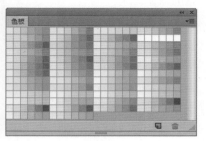
图 5-6

5.1.3 吸管工具

Photoshop 中的吸管工具用来拾取图像中任意位置的颜色。单击工具箱中的"吸管工具"按钮 ，在画面中单击，此时拾取的颜色将作为前景色，如图 5-7 所示。按住 Alt 键并单击鼠标左键，此时拾取颜色将作为背景色，如图 5-8 所示。

图 5-7

图 5-8

5.2 绘画工具

Photoshop 有非常强大的绘画工具，这类工具都是通过调整画笔笔尖的大小以及形态进行编辑的。本节主要讲解 3 个工具组中的工具，分别是画笔工具组、橡皮擦工具组和图章工具组，如图 5-9~ 图 5-11 所示。

图 5-9

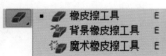
图 5-10

图 5-11

5.2.1 / 画笔工具

在 Photoshop 中画笔工具是常用的工具之一，使用前景色可以绘制出各种线条，使用不同形状的笔尖可以绘制出特殊效果。画笔工具的功能非常丰富，配合"画笔"面板能够绘制出更加丰富的效果。

单击工具箱中的"画笔工具"按钮 ，在选项栏中单击下三角按钮 ，打开"画笔预设"选取器，设置笔尖类型以及大小。在选项栏中设置不透明度以及模式。设置完毕后在画面中按住鼠标左键并拖动，即可使用前景色绘制出线条，如图 5-12 所示。

图 5-12

★ 画笔大小：单击下三角按钮 ，打开"画笔预设"选取器，在这里可以选择笔尖、设置画笔的大小和硬度。

★ 模式：设置绘画颜色与下面现有像素的混合方法。

★ 不透明度：设置画笔绘制出来的颜色的不透明度。数值越大，笔迹的不透明度越高。数值越小，笔迹的不透明度越低。

★ 流量：设置当将光标移到某个区域上方时应用颜色的速率。在某个区域上方进行绘画时，如果一直按住鼠标左键，颜色量将根据流动速率增大，直至达到"不透明度"设置。

★ 启用喷枪模式 ：激活该按钮以后，可以启用喷枪功能，Photoshop 会根据鼠标左键的单击程度来确定画笔笔迹的填充数量。例如，关闭喷枪功能时，每单击一次会绘制一个笔迹；而启用喷枪功能以后，按住鼠标左键不放，即可持续绘制笔迹。

★ 绘图板压力控制大小 ：使用压感笔压力可以覆盖"画笔"面板中设置的"不透明度"和"大小"。

5.2.2 / 铅笔工具

"铅笔工具" 用来绘制硬边的线条，适合绘制像素画。它与画笔工具的使用方法基本相同。

单击工具箱中的"铅笔工具"按钮 ，设置合适的前景色，接着在选项栏中的"画笔预设"选取器中设置合适的笔尖以及笔尖大小，然后在画面中拖曳即可绘制出较硬的线条，如图 5-13 所示。

图 5-13

5.2.3 颜色替换工具

"颜色替换工具" 是一款比较"初级"的调色工具。在图像编辑过程中，需要将画面局部更改为不同的配色方案时，使用"颜色替换工具"调整颜色最方便。

单击工具箱中的"颜色替换工具"按钮，在选项栏中设置合适的笔尖大小、"模式""限制"以及"容差"，然后设置合适的前景色。接着将光标移动到需要替换颜色的区域进行涂抹，被涂抹的区域颜色发生了变化，如图 5-14 所示。效果如图 5-15 所示。

图 5-14　　　　　　　　　　图 5-15

★ 模式：选择"替换颜色"模式，包括"色相""饱和度""颜色"和"明度"。当选择"颜色"模式时，将同时替换色相、饱和度和明度。

★ 取样：用来设置颜色的取样方式。激活"取样：连续"按钮后，在拖曳鼠标时，可以对颜色进行取样；激活"取样：一次"按钮后，只替换包含第 1 次单击的颜色区域中的目标颜色；激活"取样：背景色板"按钮后，只替换包含当前背景色的区域。

★ 限制：当选择"不连续"选项时，将替换出现在光标下任何位置的样本颜色；当选择"连续"选项时，只替换与光标下的颜色接近的颜色；当选择"查找边缘"选项时，将替换包含样本颜色的连接区域，同时保留形状边缘的锐化程度。

★ 容差：选取较低的百分比将替换与所单击像素非常相似的颜色，而增加该百分比可替换范围更广的颜色。

操作练习：使用颜色替换工具更改局部颜色

案例文件	使用颜色替换工具更改局部颜色 .psd	难易指数	★★★★★
视频教学	使用颜色替换工具更改局部颜色 .flv	技术要点	颜色替换工具

案例效果 (如图 5-16、图 5-17 所示)

图 5-16　　　　　　　　　　图 5-17

操作步骤

STEP 01 执行菜单"文件 > 打开"命令，或按 Ctrl+O 组合键，在弹出的"打开"对话框中单击
选择素材"1.jpg"，单击"打开"
按钮，如图 5-18 所示。先将"前
景色"设置为红色，然后单击
工具箱中的"颜色替换工具"
按钮，在选项栏中设置合
适的笔尖大小，设置"模式"
为"颜色"，激活"取样：连
续"按钮，"限制"为"连续"，
"容差"为 50%，移动光标，
在画面中按住鼠标左键并拖曳
绘制，如图 5-19 所示。

图 5-18　　　　　　　　图 5-19

STEP 02 涂抹过的区域变为
粉红色，继续在画面中绘制，
当绘制到文字标志时不要将画
笔中心位置触碰到标志，如
图 5-20 所示。将所要替换的
颜色区域全部涂抹，最终效果
如图 5-21 所示。

图 5-20　　　　　　　　图 5-21

5.2.4 混合器画笔

"混合器画笔工具"用于将特定颜色与图像像素进行混合，是一款模拟绘画效果的工具。
该工具可以让不懂绘画的人也能轻松画出漂亮的画，对具有绘画功底的人而言更是"如虎添翼"。

单击工具箱中的"混合器
画笔工具"按钮，在选项栏
中调节笔触的颜色、潮湿度、
混合颜色等，如图 5-22 所示。
设置完毕后在画面中进行涂
抹，即可使画面产生手绘感的
效果，如图 5-23 所示。

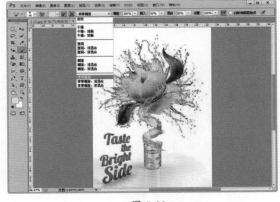

图 5-22　　　　　　　　图 5-23

★ "每次描边后载入画笔"和"每次描边后清理画笔"：控制了每一笔涂抹结束后对画笔是否更新和清理。类似于画家在绘画时一笔过后是否将画笔在水中清洗的选项。

★ 潮湿：控制画笔从画布拾取的油彩量。较高的设置会产生较长的绘画条痕。

★ 载入：设置画笔上的油彩量。载入速率较低时，绘画描边干燥的速度会更快。

★ 混合：控制画布油彩量与画笔上的油彩量的比例。当混合比例为 100% 时，所有油彩将从画布中拾取；当混合比例为 0% 时，所有油彩都来自储槽。

5.2.5　橡皮擦工具

"橡皮擦工具" 从名称上就能够看出，这是一种用于擦除图像的工具。橡皮擦工具能够以涂抹的方式将光标移动过的区域像素更改为背景色或透明。例如，在一幅图像中，画面中主体物是我们需要的，而背景不是我们需要的，这时就可以使用橡皮擦工具擦除背景，保留主体物。

使用橡皮擦工具时会遇到两种情况，一种是选择普通图层时；一种是选择"背景"图层时。当选择普通图层时，在选项栏中设置合适的笔尖大小，然后在画面中按住鼠标左键拖曳，光标经过的位置像素就会被擦除，变为透明，如图 5-24 所示。如果选择的是"背景"图层，被擦除的区域将更改为背景色，如图 5-25 所示。

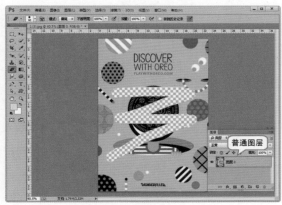

图 5-24

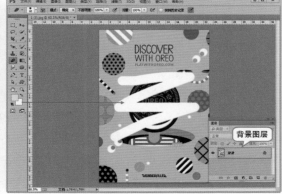

图 5-25

技巧提示　橡皮擦的类型

在橡皮擦工具选项栏中，从"模式"下拉列表中可以选择橡皮擦的种类。"画笔"和"铅笔"模式可将橡皮擦设置为像画笔和铅笔一样的工具。"块"是指具有硬边缘和固定大小的方形，这种方式的橡皮擦无法进行不透明度或流量的设置。

5.2.6　图案图章工具

"图案图章工具" 通过涂抹的方式绘制预先选择好的图案。单击工具箱中的"图案图章工具"按钮 ，在选项栏中设置合适的笔尖大小、"模式""不透明度"以及"流量"，然后选择图案列表中合适的图案。接着在画面中按住鼠标左键进行涂抹，如图 5-26 所示。继续进行涂抹效果如图 5-27 所示。

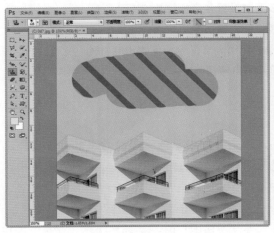

图 5-26

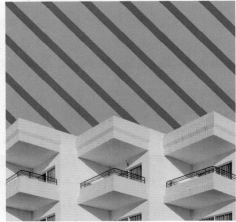

图 5-27

操作练习：使用图案图章工具制作带花纹的苹果

案例文件	使用图案图章工具制作带花纹的苹果.psd	难易指数	★★★★★
视频教学	使用图案图章工具制作带花纹的苹果.flv	技术要点	图案图章工具

 案例效果（如图 5-28 所示）

图 5-28

 操作步骤

STEP 01 执行菜单"文件＞打开"命令，或按 Ctrl+O 组合键，在弹出的"打开"对话框中单击选择素材"1.jpg"，单击"打开"按钮，如图 5-29 所示。我们要制作有花纹的苹果，首先就要载入花纹图案。执行菜单"编辑＞预设＞预设管理器"命令，在弹出的"预设管理器"对话框中，单击"预设类型"下三角按钮，在下拉列表中选择"图案"选项，单击"载入"按钮，如图 5-30 所示。

图 5-29

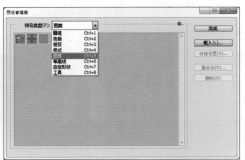

图 5-30

STEP 02 在弹出的"载入"对话框中单击选择素材"2.pat"，单击"载入"按钮完成载入，如图 5-31 所示。在"预设管理器"对话框中查看载入的图案，单击"完成"按钮，如图 5-32 所示。

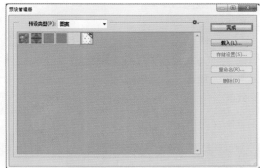

图 5-31 图 5-32

STEP 03 使用载入的图案制作有花纹的苹果。单击工具箱中的"图案图章工具"按钮，在选项栏中单击"画笔预设"下三角按钮，在"画笔预设"面板中设置"大小"为100像素，"硬度"为0%，设置"模式"为"正片叠底"，"不透明度"为100%，"流量"为100%，单击"图案拾色器"下三角按钮，在"图案"下拉面板中选择之前载入的图案，接着将光标移动到苹果上，按住鼠标左键拖曳绘制图案，如图5-33所示。继续使用图案图章工具在苹果上涂抹，当绘制带苹果边缘时要保持画笔与苹果边缘的距离，如图5-34所示。继续绘制，效果如图5-35所示。

图 5-33 图 5-34 图 5-35

5.3 "画笔"面板

在前面的讲解中提到画笔工具的功能十分强大，这是因为画笔工具可以配合"画笔"面板使用。不仅如此，工具箱中的很多工具都能配合"画笔"面板一起使用。

执行菜单"窗口>画笔"命令，打开"画笔"面板，如图5-36所示。在面板左侧列表框可以看到各种参数设置选项，单击选项名称即可切换到对应的设置面板。当画笔选项名称左侧图标为☑形状时，表示此选项为启用状态。若不需要启用该选项，单击即可取消勾选。

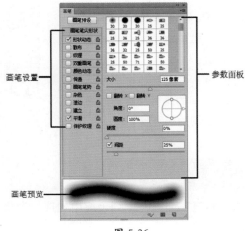

图 5-36

技巧提示 "画笔"面板的应用范围

"画笔"面板可以对画笔工具、铅笔工具、混合器画笔、橡皮擦工具、图章工具、加深工具、减淡工具、海绵工具、模糊工具、锐化工具、涂抹工具、历史记录画笔等多种画笔类工具的笔尖形状进行设置。

5.3.1 笔尖形状设置

在"画笔笔尖形状"选项面板中可以对画笔的大小、形状等基本属性进行设置。例如，在"画笔"面板中选择一个枫叶形状的画笔，设置画笔"大小"为 60 像素、"角度"为 0°、"圆度"为 100%、"间距"为 1%，在画面中按住鼠标左键并绘制，效果如图 5-37 所示。若更改"间距"数值为 93%，笔触之间距离将增大，效果如图 5-38 所示。

★ 大小：控制画笔的大小，直接输入像素值，也可以通过拖曳大小滑块来设置画笔大小。

★ 翻转 X/Y：将画笔笔尖在 X 轴或 Y 轴上进行翻转。

★ 角度：指定椭圆画笔或样本画笔的长轴在水平方向旋转的角度。

★ 圆度：设置画笔短轴和长轴之间的比率。当"圆度"值为 100% 时，表示画笔为圆形画笔；当"圆度"值为 0% 时，表示画笔为线性画笔；介于 0~100% 的"圆度"值，表示画笔为椭圆画笔（呈"压扁"状态）。

★ 硬度：控制画笔硬度中心的大小。数值越小，画笔的柔和度越高。

★ 间距：控制描边中两个画笔笔迹之间的距离。数值越高，笔迹之间的间距越大。

图 5-37

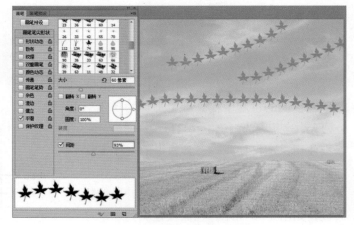

图 5-38

5.3.2 形状动态

在"画笔"面板左侧列表框中勾选"形状动态"复选框，进入"形状动态"参数设置面板，在这里可以进行大小、角度、圆度的"抖动"设置。所谓"抖动"就是指在一条连续绘制的笔触内包含不同大小、角度、圆度的笔触效果。

设置画笔"大小抖动"为30%、"角度抖动"为75%、"圆角抖动"为75%、"最小圆度"为25%，在画面中按住左键并绘制，可以得到大小不同、旋转角度不同的笔触，效果如图5-39所示。

图 5-39

★ 控制：在"控制"下拉列表中可以设置各类"抖动"的方式，其中"关"选项表示不控制画笔笔迹的大小、角度、圆度的变换；"渐隐"选项是按照指定数量的步长在初始数值和最小数值之间渐隐画笔笔迹的大小、角度、圆度。

5.3.3 散布

在左侧列表框中勾选"散布"复选框，通过设置散布数值调整笔触与绘制路径之间的距离以及笔触的数目，使绘制效果呈现出不规则的扩散分布。例如，设置"散布"数值为280%，然后在画面中按住左键并绘制，就可以绘制出分散效果的笔触效果，如图5-40所示。

图 5-40

★ 散布／两轴／控制：指定画笔笔迹在描边中的分散程度，该值越高，分散的范围越广。如果取消勾选"两轴"复选框，那么散布只局限于竖方向上的效果，看起来有高有低，但彼此在横方向上的间距还是固定的。当勾选"两轴"复选框时，画笔笔迹将以中心点为基准，向两侧分散。如果要设置画笔笔迹的分散方式，可以在下面的"控制"下拉列表中进行选择。

★ 数量：指定在每个间距间隔应用的画笔笔迹数量。数值越高，笔迹重复的数量越大。

★ 数量抖动／控制：设置数量的随机性。如果要设置"数量抖动"的方式，可以在下面的"控制"下拉列表中进行选择。

5.3.4 纹理

在左侧列表框中勾选"纹理"复选框，可以设置图案与笔触之间产生的叠加效果，使绘制的笔触带有纹理感。首先在"纹理"面板中设置合适的图案，然后设置"缩放"为30%，该选项用来调整纹理的大小。接着设置"模式"为"线性加深"，该选项用来设置图案和画笔的混合模式。设置完成后在画面中按住鼠标左键并绘制，此时笔触上叠加了图案，如图5-41所示。

图 5-41

★ 反相：单击图案缩览图右侧的倒三角图标，在弹出的"图案"拾色器中选择一个图案，并将其设置为纹理。如果勾选"反相"复选框，将基于图案中的色调来反转纹理中的亮点和暗点。

★ 缩放：设置图案的缩放比例。数值越小，纹理越多。

★ 为每个笔尖设置纹理：将选定的纹理单独应用于画笔描边中的每个画笔笔迹，而不是作为整体应用于画笔描边。如果取消勾选"为每个笔尖设置纹理"复选框，下面的"深度抖动"选项将不可用。

★ 模式：设置用于组合画笔和图案的混合模式。

★ 深度：设置油彩渗入纹理的深度。数值越大，渗入的深度越大。

★ 最小深度：当"深度抖动"下面的"控制"选项设置为"渐隐""钢笔压力""钢笔斜度"或"光笔轮"选项，并且勾选了"为每个笔尖设置纹理"复选框时，"最小深度"选项将用来设置油彩渗入纹理的最小深度。

★ 深度抖动/控制：当勾选"为每个笔尖设置纹理"复选框时，"深度抖动"选项用来设置深度的改变方式。然后要指定如何控制画笔笔迹的深度变化，可以从下面的"控制"下拉列表中进行选择。

5.3.5 双重画笔

在左侧列表框中勾选"双重画笔"复选框，启用"双重画笔"选项可以使绘制的线条呈现出两种画笔重叠的效果。在使用该功能之前首先设置"画笔笔尖形状"主画笔参数属性，然后勾选"双重画笔"复选框，并从"双重画笔"选项中选择另外一个笔尖（即双重画笔）。首先在"双重画笔"面板中设置合适的笔尖，然后设置笔尖的参数，接着在画面中按住鼠标左键并绘制，即可看到两种画笔效果结合的笔触效果，如图5-42所示。

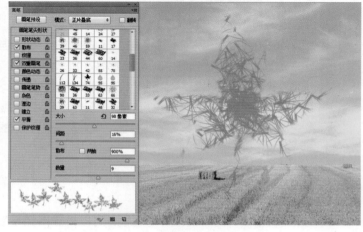

图 5-42

5.3.6 颜色动态

在左侧列表框中勾选"颜色动态"复选框，通过设置前景/背景、色相、饱和度、亮度的抖动，在使用画笔绘制时可以一次性绘制出多种色彩。

首先设置合适的前景色与背景色，然后在"画笔"面板中勾选"应用每笔尖"复选框，设置"前景/背景抖动""色相抖动"和"亮度抖动"，然后按住鼠标左键拖曳进行绘制，即可绘制出颜色变化丰富的笔触效果，如图5-43所示。

图 5-43

- ★ 前景/背景抖动/控制：用来指定前景色和背景色之间的油彩变化方式。数值越小，变化后的颜色越接近前景色；数值越大，变化后的颜色越接近背景色。如果要指定如何控制画笔笔迹的颜色变化，可以在下面的"控制"下拉列表中进行选择。
- ★ 色相抖动：设置颜色变化范围。数值越小，颜色越接近前景色；数值越大，色相变化越丰富。
- ★ 饱和度抖动：饱和度抖动会使颜色偏淡或偏浓，百分比越大变化范围越广，且为随机选项。
- ★ 亮度抖动：亮度抖动会使图像偏亮或偏暗，百分比越大变化范围越广，且为随机选项。数值越小，亮度越接近前景色；数值越高大，颜色的亮度值越大。
- ★ 纯度：该选项的效果类似于饱和度，用来整体地增加或降低色彩饱和度。数值越小，笔迹的颜色越接近于黑白色；数值越大，颜色饱和度越高。

5.3.7 传递

在左侧列表框中勾选"传递"复选框，可以使画笔笔触随机地产生半透明效果。设置"不透明度抖动"为79%，然后在画面中按住鼠标左键拖曳，即可绘制出带有半透明的笔触效果，如图5-44所示。

图 5-44

★ 不透明度抖动／控制：指定画笔描边中油彩不透明度的变化方式，最高值是选项栏中指定的不透明度值。如果要指定如何控制画笔笔迹的不透明度变化，可以从下面的"控制"下拉列表中进行选择。

★ 流量抖动／控制：用来设置画笔笔迹中油彩流量的变化程度。如果要指定如何控制画笔笔迹的流量变化，可以从下面的"控制"下拉列表中进行选择。

★ 湿度抖动／控制：用来控制画笔笔迹中油彩湿度的变化程度。如果要指定如何控制画笔笔迹的湿度变化，可以从下面的"控制"下拉列表中进行选择。

★ 混合抖动／控制：用来控制画笔笔迹中油彩混合的变化程度。如果要指定如何控制画笔笔迹的混合变化，可以从下面的"控制"下拉列表中进行选择。

5.3.8 画笔笔势

在左侧列表框中勾选"画笔笔势"复选框，对"毛刷画笔"的角度、压力的变化进行设置，如图 5-45 所示。在选择毛刷画笔时画面左上角的位置有个小缩览图，如图 5-46 所示。设置"倾斜 X"为 -53%，"倾斜 Y"为 -63%，接着按住鼠标左键拖曳进行绘制，笔触随着转折将发生变化，如图 5-47 所示。

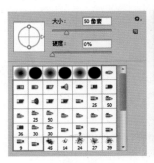

图 5-45

图 5-46

图 5-47

★ 倾斜 X／倾斜 Y：使笔尖沿 X 轴或 Y 轴倾斜。

★ 旋转：设置笔尖旋转效果。

★ 压力：压力数值越高绘制速度越快，线条效果越粗犷。

5.3.9 其他选项

在"画笔"面板左侧列表框中还有"杂色""湿边""建立""平滑"和"保护纹理"这几个不需要进行参数设置的选项。单击勾选即可启用该选项。

★ 杂色：为画笔增加随机的杂色效果。当使用柔边画笔时，该选项最能出效果。

★ 湿边：沿画笔描边的边缘增大油彩量，从而创建出水彩效果。

★ 建立：将渐变色调应用于图像，同时模拟传统的喷枪技术。"画笔"面板中的"喷枪"选项与选项栏中的"喷枪"选项相对应。

★ 平滑：在画笔描边中生成更平滑的曲线。当使用光笔进行快速绘画时，此选项最有效；但是它在描边渲染中可能会导致轻微的滞后。

★ 保护纹理：将相同图案和缩放比例应用于具有纹理的所有画笔预设。勾选该复选框后，在使用多个纹理画笔绘画时，将模拟出一致的画布纹理。

操作练习：制作多彩破碎效果艺术字

案例文件	制作多彩破碎效果艺术字.psd	难易指数	★★★★★
视频教学	制作多彩破碎效果艺术字.flv	技术要点	画笔工具、文字工具、混合模式、图层蒙版

 案例效果 (如图 5-48 所示)

图 5-48

 操作步骤

STEP 01 执行菜单"文件>打开"命令，或按 Ctrl+O 组合键，在弹出的"打开"对话框中单击选择素材"1.jpg"，单击"打开"按钮，如图 5-49 所示。

STEP 02 首先制作粉色图形。新建一个图层，设置"前景色"为粉色，单击工具箱中的"椭圆工具"按钮 ⬭ ，在选项栏中设置"绘制模式"为"像素"，在画面中间位置按住 Shift 键并按住鼠标左键拖曳绘制正圆，如图 5-50 所示。

图 5-49

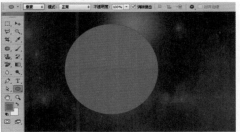

图 5-50

STEP 03 按住 Ctrl 键单击该图层缩览图得到正圆形的选区，如图 5-51 所示。接着单击"图层"面板底部的"添加图层蒙版"按钮，如图 5-52 所示。

图 5-51

图 5-52

STEP 04 制作圆形边缘破碎的效果。单击工具箱中的"画笔工具"按钮 ✏，在选项栏中单击"画笔预设"下三角按钮，在"画笔预设"面板中单击 ⚙ 按钮，执行"方头画笔"命令，如图 5-53 所示。在弹出的提示框中单击"追加"按钮，如图 5-54 所示。选择"画笔预设"面板中的"方形画笔"，如图 5-55 所示。

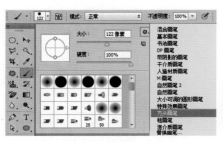  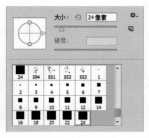

图 5-53　　　　　　　　　图 5-54　　　　　　　　　图 5-55

STEP 05 按 F5 键，打开"画笔"面板，选择"画笔笔尖形状"，设置"大小"为 42 像素、"圆度"为 100%，勾选"间距"复选框，设置其参数为 146%，如图 5-56 所示。接着在左侧列表框中勾选"形状动态"复选框，设置"大小抖动"为 100%、"最小直径"为 26%、"角度抖动"为 52%、"圆度抖动"为 63%、"最小圆度"为 25%，如图 5-57 所示。在左侧列表框中勾选"散布"复选框，设置"散布"参数为 1000%、"数量"为 1、"数量抖动"为 0%，如图 5-58 所示。

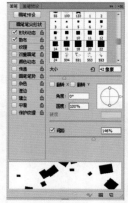  

图 5-56　　　　　　　　　图 5-57　　　　　　　　　图 5-58

STEP 06 设置"前景色"为黑色，接着在画面中粉色正圆左下角按住鼠标左键拖曳绘制，绘制的部分被隐藏，如图 5-59 所示。设置"前景色"为灰色，接着在粉色正圆左上角按住鼠标左键拖曳绘制，如图 5-60 所示。

图 5-59　　　　　　　　　　　　　图 5-60

STEP 07 为粉色正圆添加纹理。执行菜单"文件＞置入"命令，置入素材"2.png"，调整到合适位置后按 Enter 键完成置入。执行菜单"图层＞栅格化＞智能对象"命令，将图层栅格化为普通图层，如图 5-61 所示。在"图层"面板中设置图层混合模式为"颜色加深"，效果如图 5-62 所示。执行菜单"图层＞创建剪贴蒙版"命令，效果如图 5-63 所示。

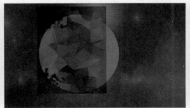

图 5-61　　　　　　　　图 5-62　　　　　　　　图 5-63

STEP 08 使用同样的方法制作一个黄色半圆，效果如图 5-64 所示。

STEP 09 单击工具箱中的"钢笔工具"按钮，在选项栏中设置"绘制模式"为"路径"，在画面中间位置绘制路径，如图 5-65 所示。使用 Ctrl+Enter 组合键将路径转化为选区，如图 5-66 所示。新建一个图层，设置"前景色"为黄色，使用 Alt+Delete 组合键为选区填充前景色，使用 Ctrl+D 组合键取消选区，如图 5-67 所示。

图 5-64　　　　　　　　图 5-65

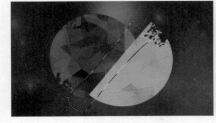

图 5-66　　　　　　　　图 5-67

STEP 10 绘制碎片效果。新建一个图层，将"前景色"设置为粉色，"背景色"设置为浅粉色。接着选择工具箱中的画笔工具，调出"画笔"面板。在保留之前设置的"形状动态""散布"等画笔参数的基础上勾选"颜色动态"复选框，设置"前景/背景抖动"为100%，如图 5-68 所示。在画面左侧按住鼠标左键并拖曳，绘制出大量的粉色碎片，效果如图 5-69 所示。继续在画面左侧绘制，效果如图 5-70 所示。

图 5-68　　　　　　　　图 5-69　　　　　　　　图 5-70

STEP 11 更改"前景色"为黄色，"背景色"为稍浅一些的黄色。使用同样的方法在画面右侧绘制，效果如图 5-71 所示。执行菜单"文件 > 置入"命令，置入素材"3.png"，将卡通素材移动到画面右下角，按 Enter 键完成置入，如图 5-72 所示。

图 5-71   图 5-72

STEP 12 制作艺术文字。单击工具箱中的"横排文字工具"按钮 **T**，在选项栏中设置合适的"字体"和"字号"，设置"填充"为白色，在画面中单击并输入文字，如图 5-73 所示。选中文字图层，执行菜单"图层 > 图层样式 > 描边"命令，在"图层样式"对话框中设置"大小"为 2 像素、"位置"为"外部"、"混合模式"为"正常"、"不透明度"为 100%，设置"填充类型"为颜色，设置"颜色"为白色，如图 5-74 所示。

图 5-73   图 5-74

STEP 13 在左侧列表框中勾选"投影"复选框，设置"混合模式"为"正常"、"投影颜色"为黑色、"不透明度"为 50%、"角度"为 150 度、"距离"为 14 像素、"扩展"为 0%、"大小"为 0 像素，如图 5-75 所示。单击"确定"按钮完成设置，效果如图 5-76 所示。

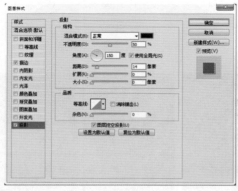

图 5-75   图 5-76

STEP 14 按住 Ctrl 键单击文字图层的缩览图得到文字选区，如图 5-77 所示。接着执行菜单"选择 > 修改 > 扩展"命令，在"扩展选区"对话框中设置"扩展量"为 50 像素，如图 5-78 所示。单击"确定"按钮完成设置，效果如图 5-79 所示。

图 5-77

图 5-78

图 5-79

STEP 15 新建一个图层，设置"前景色"为紫色，使用 Alt+Delete 组合键为选区填充颜色，使用 Ctrl+D 组合键取消选区，如图 5-80 所示。接着在"图层"面板中将紫色图形图层移动到文字图层下方，效果如图 5-81 所示。

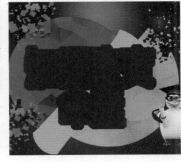

图 5-80

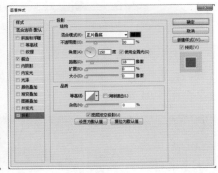

图 5-81

STEP 16 选择紫色图形的图层，执行菜单"图层 > 图层样式 > 描边"命令，在"图层样式"对话框中设置"大小"为 7 像素、"位置"为"外部"、"混合模式"为"正常"、"不透明度"为 100%、"填充类型"为"颜色"、"颜色"为白色，如图 5-82 所示。在左侧列表框中勾选"投影"复选框，设置"混合模式"为"正片叠底"、"投影颜色"为黑色、"不透明度"为 30%、"角度"为 150 度、"距离"为 18 像素、"扩展"为 0%、"大小"为 0 像素，如图 5-83 所示。单击"确定"按钮完成设置，效果如图 5-84 所示。

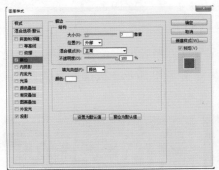

图 5-82

图 5-83

图 5-84

STEP 17 制作文字上的纹理。在白色文字图层上方新建一个图层，然后单击工具箱中的"画笔工具"按钮 ✐，设置合适的笔尖大小，选择柔角画笔，然后将前景色设置为粉色，通过单击的方式进行绘制，如图 5-85 所示。接着将"前景色"设置为黄色与紫色，继续进行绘制，如图 5-86 所示。

STEP 18 绘制完成后，选择该图层，执行菜单"图层 > 创建剪贴蒙版"命令，此时文字表面出现不同的颜色，效果如图 5-87 所示。

图 5-85 　　　　　　　　　　　　图 5-86 　　　　　　　　　　　　图 5-87

STEP 19 新建一个图层，单击工具箱中的"矩形选框工具"按钮 ▭，在画面中按住鼠标左键拖曳绘制矩形选区，如图 5-88 所示。单击工具箱中的"渐变工具"按钮 ▭，在选项栏中单击"渐变色条"图标，在弹出的"渐变编辑器"对话框中编辑一个白色到透明色渐变，单击"确定"按钮完成设置。接着将光标移动到矩形选区，按住鼠标左键拖曳填充渐变，如图 5-89 所示。

图 5-88 　　　　　　　　　　　　图 5-89

STEP 20 使用 Ctrl+T 组合键（自由变换）调出定界框，将光标定位在定界框一角处，按住鼠标左键拖曳进行旋转，并将其移动到合适位置，效果如图 5-90 所示。执行菜单"图层 > 创建剪贴蒙版"命令，效果如图 5-91 所示。

图 5-90 　　　　　　　　　　　　图 5-91

STEP 21 选择该图层，使用 Ctrl+J 快捷键进行复制。使用同样的方法为文字图层创建剪贴蒙版。接着将该图层进行移动位置，效果如图 5-92 所示。使用同样的方法再次复制另外两份，并移动到下方文字上，完成效果如图 5-93 所示。

图 5-92   图 5-93

5.4 填充

"填充"指的是给画面整体或者局部覆盖上特定的颜色、图案或者渐变。在 Photoshop 中不仅能够用快捷键进行填充，还可以用工具进行填充。不仅能够填充纯色，还可以填充渐变颜色与图案。

5.4.1 油漆桶工具

"油漆桶工具" ⬛ 可用于快速对选区中的部分、整个画布或者是颜色相近的色块内部进行填充。单击工具箱中的"油漆桶工具"按钮 ⬛ ，首先在选项栏中设置"填充内容""模式""不透明度"以及"容差"，如图 5-94 所示。接着在画面中单击即可进行填充，如图 5-95 所示。如果选择空白图层，那么就会对整个图层进行填充。

★ 填充内容：选择填充的模式，包含"前景"和"图案"两种模式。如果选择"前景"模式，将使用前景色进行填充；如果选择"图案"模式，那么需要在右侧图案列表中选择合适的图案。

★ 容差：用来定义必须填充的像素的颜色的相似程度。设置较低的"容差"值会填充颜色范围内与鼠标单击处非常相似的像素；设置较高的"容差"值会填充更大范围的像素。图 5-94 和图 5-95 所示为"容差"值为 50 和 120 的对比效果。

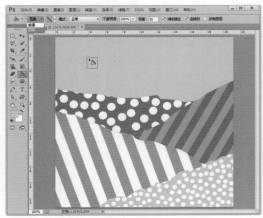

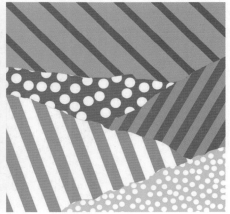

图 5-94   图 5-95

5.4.2 渐变工具

"渐变工具" 用于创建多种颜色间的过渡效果。在平面设计中，需要进行纯色填充时，不妨以同类渐变色替代纯色填充。因为渐变色变化丰富，能够使画面更具层次感。图 5-96～图 5-99 所示为使用渐变色设计的作品。

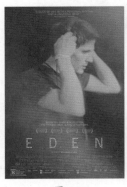

图 5-96　　　　　　　　图 5-97　　　　　　　　图 5-98　　　　　　　　图 5-99

渐变工具不仅可以填充图像，还可以对蒙版和通道进行填充。使用渐变工具有两个较为重要的知识点：一是渐变工具的选项栏；二是"渐变编辑器"对话框。

1. 渐变工具选项栏

单击工具箱中的"渐变工具"按钮，其选项栏如图 5-100 所示。

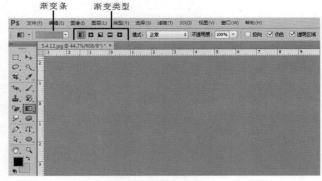

图 5-100

★ 渐变条：渐变条分为左右两个部分，单击颜色部分可以打开"渐变编辑器"对话框；单击倒三角按钮，可以选择预设的渐变颜色。

★ 渐变类型：激活"线性渐变"按钮，将以直线方式创建从起点到终点的渐变；激活"径向渐变"按钮，将以圆形方式创建从起点到终点的渐变；激活"角度渐变"按钮，将创建围绕起点以逆时针扫描方式的渐变；激活"对称渐变"按钮，将使用均衡的线性渐变在起点的任意一侧创建渐变；激活"菱形渐变"按钮，将以菱形方式从起点向外产生渐变，终点定义菱形的一个角，如图 5-101 所示。

线性渐变　　　　　径向渐变　　　　　角度渐变　　　　　对称渐变　　　　　菱形渐变

图 5-101

★ 反向：转换渐变中的颜
色顺序，得到反方向的
渐变结果。图 5-102 和
图 5-103 所示，分别为
正常渐变和反向渐变
效果。

图 5-102　　　　　　　　　　　图 5-103

★ 仿色：勾选该复选框时，
渐变效果将更加平滑。
该选项主要用于防止打印时出现条带化现象，但在计算机屏幕上并不能明显地体现出来。

2. "渐变编辑器"对话框

在选项栏中单击渐变条的颜色部分，将弹出"渐变编辑器"对话框。在"渐变编辑器"对话框中可以编辑渐变颜色。

STEP 01 单击选项栏中的"渐变条"图标，弹出"渐变编辑器"对话框。在"渐变编辑器"对话框的上半部分有很多"预设"，单击即可选中某一种渐变效果，如图 5-104 所示。若要更改渐变的颜色，那么双击颜色条下的色标🔽，在弹出的"拾色器（色标颜色）"对话框中选中一种合适的颜色即可，如图 5-105 所示。

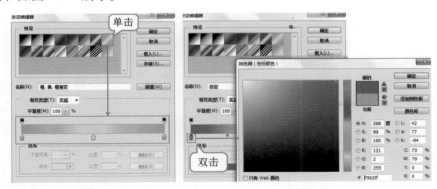

图 5-104　　　　　　　　　　　图 5-105

STEP 02 按住鼠标左键并拖曳色标🔽调整渐变颜色的变化，如图 5-106 所示。两个色标之间有一个滑块 ◆，拖曳滑块可以调整两种颜色之间过渡的效果，如图 5-107 所示。

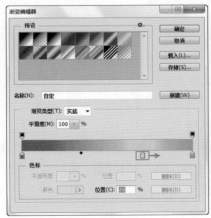 

图 5-106　　　　　　　　　　　图 5-107

STEP 03 将光标移动到颜色条的下方，待光标变为 形状后单击，即可添加色标，如图 5-108 所示。若要删除色标，单击需要删除的色标，然后按 Delete 键即可将其删除。若要制作半透明的渐变，单击颜色条上方的色标 ，然后在"不透明度"选项中调整不透明度，如图 5-109 所示。

图 5-108   图 5-109

STEP 04 设置完成后，在画面中按住鼠标左键并拖曳，如图 5-110 所示。释放鼠标后即可填充渐变颜色，如图 5-111 所示。

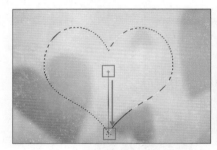

图 5-110   图 5-111

操作练习：使用渐变工具制作商务名片

案例文件	使用渐变工具制作商务名片 .psd	难易指数	★★★★★
视频教学	使用渐变工具制作商务名片 .flv	技术要点	渐变工具、图层蒙版

 案例效果 (如图 5-112 所示)

图 5-112

操作步骤

STEP 01 执行菜单"文件＞打开"命令，或按 Ctrl+O 组合键，在弹出的"打开"对话框中单击选择素材"1.jpg"，单击"打开"按钮，如图 5-113 所示。

STEP 02 首先制作蓝色系渐变的底面。新建一个图层，单击工具箱中的"矩形选框工具"按钮 ，在画面中间位置按住鼠标左键并拖曳绘制一个矩形选区，如图 5-114 所示。

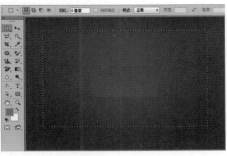

图 5-113　　　　　　　　　　　图 5-114

STEP 03 单击工具箱中的"渐变工具"按钮，在选项栏中单击"渐变条"图标，在弹出的"渐变编辑器"对话框中编辑一个蓝色系渐变，单击"确定"按钮完成编辑。在选项栏中设置"渐变类型"为"线性渐变"、"模式"为"正常"、"不透明度"为100%，如图 5-115 所示。将光标移动到矩形选区的左侧按住鼠标左键向右拖曳填充渐变色，如图 5-116 所示。

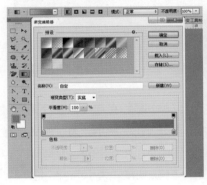

图 5-115　　　　　　　　　　　图 5-116

STEP 04 为蓝色矩形添加投影效果。选中蓝色矩形图层，执行菜单"图层>图层样式>投影"命令，在弹出的"图层样式"对话框中设置"混合模式"为"正片叠底"、"投影颜色"为深蓝色、"不透明度"为51%、"角度"为120度、"距离"为11像素、"扩展"为0%、"大小"为8像素，如图 5-117 所示。单击"确定"按钮完成设置，效果如图 5-118 所示。

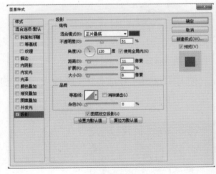
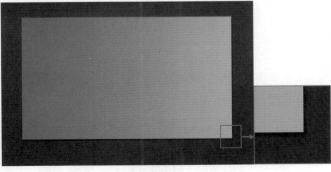

图 5-117　　　　　　　　　　　图 5-118

STEP 05 新建一个图层，单击工具箱中的"钢笔工具"按钮，在选项栏中设置"绘制模式"为"路径"，在画面中绘制一个闭合路径，如图 5-119 所示。使用 Ctrl+Enter 组合键将路径转化为选区，如图 5-120 所示。

图 5-119　　　　　　　　　　　　　　　图 5-120

STEP 06 使用渐变工具为选区填充一个蓝色系的渐变颜色，如图 5-121 所示。使用同样的方法制作其他渐变图形，如图 5-122 所示。

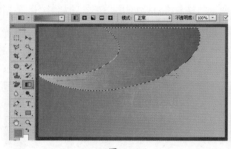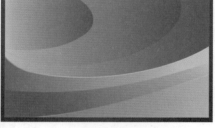

图 5-121　　　　　　　　　　　　　　　图 5-122

STEP 07 为名片添加文字。单击工具箱中的"横排文字工具"按钮 **T**，在选项栏中设置"字体"和"字号"，设置"填充类型"为白色，在画面中单击输入文字，如图 5-123 所示。为了使文字有立体感，为文字制作投影效果。执行菜单"图层＞图层样式＞投影"命令，在弹出的"图层样式"对话框中设置"混合模式"为"正片叠底"、"投影颜色"为黑色、"不透明度"为 16%、"角度"为 120 度、"距离"为 5 像素、"扩展"为 0%、"大小"为 5 像素，如图 5-124 所示。

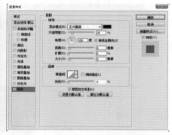

图 5-123　　　　　　　　　　　　　　　图 5-124

STEP 08 单击"确定"按钮完成设置，效果如图 5-125 所示。使用同样的方法制作其他文字的渐变效果，如图 5-126 所示。

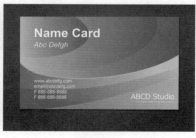

图 5-125　　　　　　　　　　　　　　　图 5-126

STEP 09 为名片制作倒影效果。在"图层"面板中按住 Ctrl 键选中除"背景"图层外的所有图层,接着使用 Ctrl+Alt+E 组合键进行盖印。然后在"图层"面板中将盖印得到的图层移动到"背景"图层的上方,如图 5-127 所示。选中该图层,执行菜单"编辑 > 变换 > 垂直翻转"命令,将翻转后的名片移动到画面的下方,如图 5-128 所示。

图 5-127

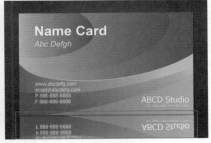

图 5-128

STEP 10 单击"图层"面板底部的"添加图层蒙版"按钮,为图层添加图层蒙版,如图 5-129 所示。接着选择工具箱中的渐变工具,并在"渐变编辑器"对话框中编辑一个从白色到黑色的渐变,如图 5-130 所示。然后在选项栏中设置渐变类型为"线性"。

图 5-129

图 5-130

STEP 11 在画面中从上到下按住鼠标左键拖曳,如图 5-131 所示。释放鼠标左键,使倒影变为半透明效果,画面效果如图 5-132 所示。

图 5-131

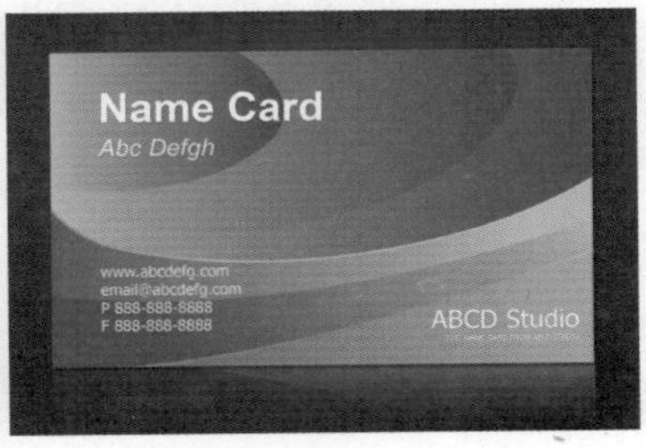

图 5-132

5.4.3 "填充"命令

"填充"命令用于对整个画面或者选区内进行纯色、图案、历史记录等的填充。执行菜单"编辑 > 填充"命令,或按 Shift+F5 组合键,弹出"填充"对话框,如图 5-133 所示。首先需要设置填充的内容,在填充颜色或图案的同时用户还可以设置填充的不透明度和混合模式。

图 5-133

- ★ 内容：在下拉列表中选择填充的内容，包含前景色、背景色、颜色、内容识别、图案、历史记录、黑色、50% 灰色和白色。
- ★ 模式：用来设置填充内容的混合模式。
- ★ 不透明度：用来设置填充内容的不透明度。
- ★ 保留透明区域：勾选该复选框后，只填充图层中包含像素的区域，而透明区域不会被填充。

操作练习：制作创意水果文字海报

案例文件	制作创意水果文字海报 .psd	难易指数	
视频教学	制作创意水果文字海报 .flv	技术要点	图层样式、横排文字工具

案例效果（如图 5-134 所示）

图 5-134

操作步骤

STEP 01 新建一个 A4 大小的空白文档。单击工具箱中的"渐变工具"按钮，在选项栏中单击"渐变条"图标，在弹出的"渐变编辑器"对话框中编辑一个黑色系渐变，单击"确定"按钮完成编辑，如图 5-135 所示。在选项栏中设置渐变类型为"径向渐变"，将光标移动到画面中间按住鼠标左键向外拖曳，渐变填充，如图 5-136 所示。

STEP 02 制作画面中的底纹。执行菜单"文件 > 置入"命令，置入素材"1.png"，将其调整到合适位置后按 Enter 键完成置入。执行菜单"图层 > 栅格化 > 智能对象"命令，将图层栅格化为普通图层，效果如图 5-137 所示。在"图层"面板中设置"不透明度"为 3%，如图 5-138 所示。

图 5-135

图 5-136

图 5-137

图 5-138

STEP 03 制作彩色底纹。置入素材"2.png"并将其栅格化，效果如图 5-139 所示。选择该图层，执行菜单"图层 > 图层样式 > 渐变叠加"命令，在弹出的"图层样式"对话框中设置"混合模式"为"正常"、"不透明度"为 100%、"渐变"为从黄到橙再到绿三色渐变、"样式"为"线性"、"角度"为 180 度、"缩放"为 100%，如图 5-140 所示。单击"确定"按钮完成设置，效果如图 5-141 所示。

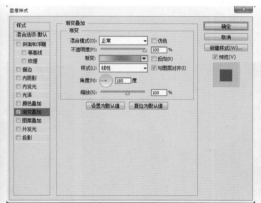

图 5-139 图 5-140 图 5-141

STEP 04 制作水果装饰。置入素材"3.png",调整位置及大小后按 Enter 键完成置入,接着将其栅格化,如图 5-142 所示。选中该图层,执行菜单"图层 > 图层样式 > 投影"命令,设置投影的"混合模式"为"正常"、颜色为黑色、"不透明度"为 100%、"角度"为 120 度、"大小"为 100 像素,如图 5-143 所示。设置完成后单击"确定"按钮,效果如图 5-144 所示。

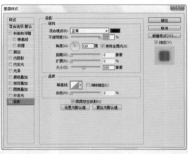

图 5-142 图 5-143 图 5-144

STEP 05 选中橘子图层,使用 Ctrl+J 组合键进行复制,再使用 Ctrl+T 组合键调出定界框,接着按住 Alt+Shift 组合键进行等比缩放,然后按 Enter 键确定操作并向右移动,如图 5-145 所示。调整图层顺序,效果如图 5-146 所示。

图 5-145 图 5-146

STEP 06 选中小橘子图层,执行菜单"图层 > 新建调整图层 > 色相/饱和度"命令,在打开的"属性"面板中设置"色相"为 +26、"饱和度"为 0、"明度"为 0,单击"此调整剪贴到此图层"按钮,如图 5-147 所示。效果如图 5-148 所示。使用同样的方法制作左侧的绿色橘子,效果如图 5-149 所示。

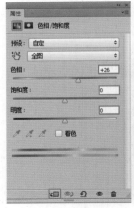

图 5-147 图 5-148 图 5-149

STEP 07 在画面中制作文字。单击工具箱中的"横排文字工具"按钮 **T**，在选项栏中设置适合的"字体"，设置"字号"为 130 点，"填充"为橙色，将光标移动到画面中间位置单击，此时画面中出现一个闪烁的光标线，如图 5-150 所示。输入文字，如图 5-151 所示。使用同样的方法输入其他文字，如图 5-152 所示。

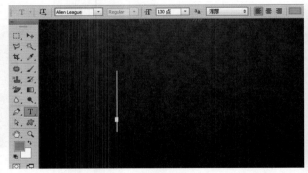

图 5-150 图 5-151 图 5-152

STEP 08 制作文字飞溅装饰。首先需要载入外挂笔刷。执行菜单"编辑 > 预设 > 预设管理器"命令，在弹出的"预设管理器"对话框中设置"预设类型"为"画笔"，单击"载入"按钮，如图 5-153 所示。在弹出的"载入"对话框中单击选择素材"4.abr"，单击"载入"按钮完成载入操作，如图 5-154 所示。在"预设管理器"对话框中可以看到载入的画笔笔刷样式，单击"完成"按钮完成载入，如图 5-155 所示。

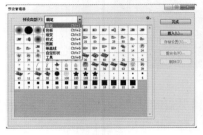

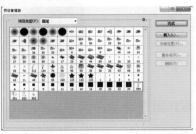

图 5-153 图 5-154 图 5-155

STEP 09 单击工具箱中的"画笔工具"按钮 ✎，在选项栏中单击"画笔预设"下三角按钮，在下拉面板中设置"大小"为 551 像素，在画笔笔刷样式中选择之前置入的笔刷样式，然后设置"前景色"为橙色,接着在画面中将光标移动到文字左边单击,如图 5-156 所示。使用同样的方法在右侧单击,如图 5-157 所示。

图 5-156 图 5-157

STEP 10 设置"前景色"为绿色,使用同样的方法制作下一行文字旁边的装饰,如图 5-158 所示。最终整体效果如图 5-159 所示。

图 5-158 图 5-159

5.5 矢量绘图

在了解绘图工具之前,需要先了解一个概念——矢量图。矢量图是由线条和轮廓组成,不会因为放大或缩小而使像素受损,影响清晰度。钢笔工具与形状工具都是矢量绘图工具。在平面设计制作过程中,应尽量使用矢量绘图工具进行绘制,这样可以保证图像缩放不会因不同尺寸的打印机而使画面元素变模糊。除此之外,矢量绘图因其明快的色彩、动感的线条也常被用于插画或者时装画的绘制。图 5-160~ 图 5-163 所示为优秀的矢量绘图作品。

图 5-160 图 5-161 图 5-162 图 5-163

5.5.1 绘制形状图形

形状图形是一种带有填充、描边的实体对象。在形状图层中可以对描边进行颜色、宽度等参数的设置。

STEP 01 在使用钢笔工具或者形状工具时，设置绘制模式为"形状"。在选项栏中设置"填充"颜色、"描边"颜色、"描边粗细"以及"描边类型"的参数，如图 5-164 所示。单击"填充"按钮，即可看见下拉面板，如图 5-165 所示。

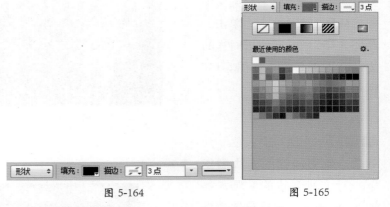

图 5-164

图 5-165

STEP 02 在"填充"下拉面板中，不仅能用纯色进行填充，还能用渐变的图案填充。在该面板中的上方有"无颜色" ⬚、"纯色" ◼、"渐变" ▣、"图案" ▨ 4 个按钮。单击"无颜色" ⬚ 按钮，将取消填充。单击"纯色"按钮，将从颜色列表中选择预设颜色。单击"拾色器"按钮 ▦，在弹出的拾色器中可以选择所需颜色。单击"渐变"按钮，即可设置渐变效果的填充。单击"图案"按钮，可以选择某种图案，并设置图案的缩放数值，如图 5-166 所示。图 5-167 所示为 3 种形式填充的效果。

图 5-166

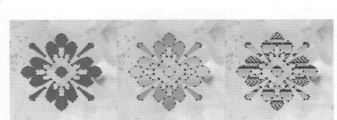

图 5-167

STEP 03 单击"描边"按钮，打开下拉面板，可以设置描边的颜色及描边的宽度、描边的类型，如图 5-168 所示。例如，制作出虚线描边效果，如图 5-169 所示。

图 5-168

图 5-169

"像素"绘制模式

在此之前我们学习了两个绘制模式,除此之外,在绘制模式列表中还有一个"像素"绘制模式。"像素"模式只在使用"形状工具"时才能够使用,而且这种模式绘制出的对象不是矢量对象,而是完全由像素组成的位图对象。所以在使用这种模式时需要先选中一个图层,然后才能进行绘制。在使用"像素"模式进行绘制时,在选项栏中可以设置绘制内容与背景的混合模式及图像的不透明度数值,如图 5-170 所示。

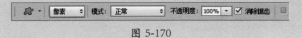

图 5-170

5.5.2 使用形状工具绘制基本图形

使用形状工具组中的工具能够绘制一些基本图形,例如,圆形、矩形以及一些 Photoshop 中预设的图形,如图 5-171 所示。

图 5-171

"矩形工具" ▢ 用于绘制正方形和矩形。单击工具箱中的"矩形工具"按钮,在画面中按住鼠标左键拖动,然后松开鼠标,即可绘制出矩形,如图 5-172 所示。绘制时按住 Shift 键即可绘制出正方形,如图 5-173 所示。选择"矩形工具"在画面中单击,弹出"创建矩形"对话框,在该对话框中设置矩形的"宽度"和"高度",如图 5-174 所示。

图 5-172

图 5-173

图 5-174

矩形工具选项栏

在选项栏中单击 ⚙ 图标,打开矩形工具的下拉面板,在这里可以对矩形的尺寸以及比例进行精确设置,如图 5-175 所示。

图 5-175

◆ 不受约束:选中该单选按钮可以绘制出任意尺寸的矩形。

◆ 方形:选中该单选按钮可以绘制出正方形。

◆ 固定大小:选中该单选按钮后,可以在其后面的数值输入框中输入宽度(W)和高度(H),然后在图像上单击即可创建出固定矩形。

◆ 比例:选中该单选按钮后,可以在其后面的数值输入框中输入宽度(W)和高度(H)比例,此后创建的矩形始终保持这个比例。

◆ 从中心:勾选该复选框,以任何方式创建矩形时,鼠标单击处即为矩形的中心。

　　"圆角矩形工具" ◉用于创建四角圆滑的矩形。单击工具箱中的"圆角矩形工具"按钮 ◉，在选项栏中对圆角矩形的4个圆角的"半径"进行设置，数值越大圆角越大。设置完成后在画面中按住鼠标左键并拖动鼠标，即可绘制出圆角矩形，如图5-176所示。或者选择圆角矩形工具，在画面中单击，在弹出的"创建圆角矩形"对话框中对每一个圆角半径进行设置，如图5-177所示。设置完成后，单击"确定"按钮，效果如图5-178所示。

图 5-176

图 5-177

图 5-178

　　使用"椭圆工具" ◉创建椭圆和正圆形状。单击工具箱中的"椭圆工具"按钮 ◉，在画面中按住鼠标左键然后拖动鼠标，释放鼠标左键后即可创建出椭圆形，如图5-179所示。按住 Shift 键，同时拖曳鼠标即可创建正圆形，如图5-180所示。

图 5-179

图 5-180

　　"多边形工具" ◉主要用于绘制各种边数的多边形。除此之外，使用该工具还可以绘制星形。单击工具箱中的"多边形工具"按钮 ◉，在选项栏中设置多边形的"边"数，接着在画面中按住鼠标左键并拖曳，释放鼠标左键后即可得到多边形，如图5-181所示。单击选项栏中的 ⚙ 图标，弹出多边形工具的下拉面板，勾选"星形"复选框，设置一定的缩进边依据，即可绘制出星形，如图5-182所示。

图 5-181

图 5-182

多边形工具选项栏参数详解

单击选项栏中的 ⚙ 图标，弹出多边形工具的下拉面板，在这里可以进行半径、平滑拐角以及星形的设置，如图 5-183 所示。

◆ 半径：用于设置多边形或星形的半径长度（单位为 cm），设置好半径以后，在画面中拖动鼠标即可创建出相应半径的多边形或星形。

◆ 平滑拐角：勾选该复选框后，可以创建出具有平滑拐角效果的多边形或星形，如图 5-184 所示。

◆ 星形：勾选该复选框后，可以创建星形，其下的"缩进边依据"选项主要用来设置星形边缘向中心缩进的百分比，数值越高，缩进量越大。图 5-185 所示为不同缩进数值产生的效果。

◆ 平滑缩进：勾选该复选框后，星形的每条边将向中心平滑缩进，如图 5-186 所示。

图 5-183

图 5-184

图 5-185

图 5-186

"直线工具" ╱ 用于绘制带有宽度的直线线条，如图 5-187 所示。除此之外，在选项栏中单击 ⚙ 图标，在弹出的下拉面板中设置箭头，将绘制出带有箭头的形状。单击工具箱中的"直线工具"按钮 ╱，在选项栏中通过设置"粗细"参数，可调整直线的宽度，如图 5-188 所示。

图 5-187

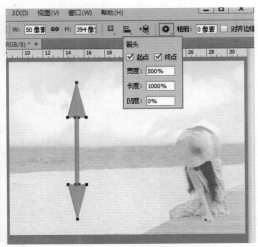

图 5-188

技巧提示 **直线工具参数详解**

◆ 粗细：设置直线或箭头线的粗细。

◆ 起点 / 终点：勾选"起点"复选框，将在直线的起点处添加箭头；勾选"终点"复选框，将在直线的终点处添加箭头；勾选"起点"和"终点"复选框，将在直线的两头添加箭头。

◆ 宽度：用来设置箭头宽度与直线宽度的百分比，范围为 10%~1000%。

◆ 长度：用来设置箭头长度与直线宽度的百分比，范围为 10%~5000%。

◆ 凹度：用来设置箭头的凹陷程度，范围为 -50%~50%。当值为 0% 时，箭头尾部平齐；当值大于 0% 时，箭头尾部向内凹陷；当值小于 0% 时，箭头尾部向外凸出。

"自定形状工具" 用于绘制 Photoshop 内置的形状。单击工具箱中的"自定形状工具"按钮 ，在选项栏中"形状"下拉列表中可以选择合适形状，如图 5-189 所示。在画面中按住鼠标左键拖曳即可绘制形状，如图 5-190 所示。

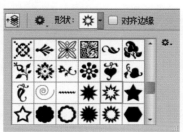

图 5-189

图 5-190

操作练习：使用钢笔工具制作创意招贴

案例文件	使用钢笔工具制作创意招贴 .psd	难易指数	★★★★★
视频教学	使用钢笔工具制作创意招贴 .flv	技术要点	画笔工具、钢笔工具

案例效果（如图 5-191 所示）

图 5-191

操作步骤

STEP 01 执行菜单"文件 > 新建"命令，创建一个新文档。单击工具箱中的"渐变工具"按钮 ，在选项栏中单击"渐变条"图标，在弹出的"渐变编辑器"对话框中编辑一个灰色系渐变，如图 5-192 所示。接着在选项栏中设置渐变类型为"径向渐变"，然后将光标移动到画面左上角位置按住鼠标左键向外拖曳，填充渐变，效果如图 5-193 所示。

STEP 02 执行菜单"文件 > 置入"命令，在弹出的"置入"对话框中单击选择素材"1.png"，单击"置入"按钮，按 Enter 键完成置入。执行菜单"图层 > 栅格化 > 智能对象"命令，将图层栅格化为普通图层，如图 5-194 所示。使用同样的方法置入信封素材"2.png"，如图 5-195 所示。

图 5-192

图 5-193

图 5-194

图 5-195

STEP 03 为了使画面更立体我们要为信封添加阴影。在手素材图层上新建一个图层，然后将"前景色"设置成灰色，选择工具箱中的画笔工具，设置合适的笔尖大小，在信封的边缘进行绘制，如图 5-196 所示。选择"阴影"图层，设置图层混合模式为"正片叠底"，如图 5-197 所示。阴影效果如图 5-198 所示。

图 5-196

图 5-197

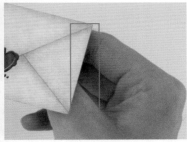

图 5-198

STEP 04 执行菜单"文件 > 置入"命令，置入素材"3.png"，按 Enter 键完成置入，效果如图 5-199 所示。

STEP 05 制作信封飞溅出的部分。首先选择信封图层，使用 Ctrl+J 组合键进行复制。然后向右上方移动，如图 5-200 所示。接着使用仿制图章工具去掉信封上的细节纹理，如图 5-201 所示。

图 5-199

图 5-200

图 5-201

技巧提示　仿制图章工具的使用方法

　　单击工具箱中的"仿制图章工具"按钮，在正常的纹理处按住 Alt 键单击即可实现取样，然后将鼠标指针移动到需要去除的部分，按住鼠标左键开始涂抹，即可将其去除。

STEP 06 选择工具箱中的钢笔工具，在选项栏中设置绘制模式为"路径"，然后绘制一个闭合路径作为信封飞溅部分的形状，如图 5-202 所示。接着使用 Ctrl+Enter 组合键将路径转换为选区，如图 5-203 所示。

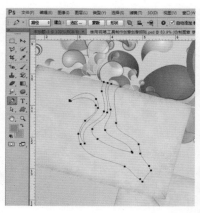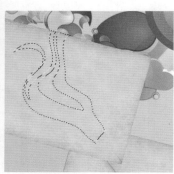

图 5-202　　　　　　　图 5-203

STEP 07 单击"图层"面板底部的"添加图层蒙版"按钮，基于选区添加图层蒙版，如图 5-204 所示。此时画面效果如图 5-205 所示。

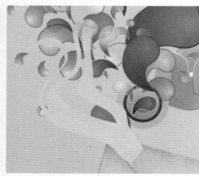

图 5-204　　　　　　　图 5-205

STEP 08 执行菜单"图层 > 新建调整图层 > 曲线"命令，在曲线上添加控制点，向下拖曳压暗颜色，然后单击"此调整剪贴到此图层"按钮，如图 5-206 所示。此时这两部分颜色差异很小，画面效果如图 5-207 所示。

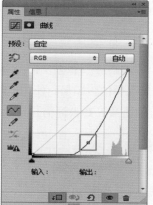

图 5-206　　　　　　　图 5-207

STEP 09 由于信封遮挡住了手指，下面需要对手部进行处理。先将信封图层隐藏。接着使用钢笔工具沿着手部绘制路径，如图 5-208 所示。然后使用 Ctrl+Enter 组合键将路径转换为选区，如图 5-209 所示。

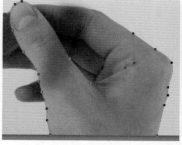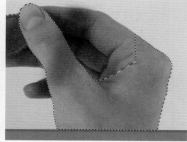

图 5-208　　　　　　　图 5-209

STEP 10 使用 Ctrl+J 组合键将选区中的像素复制到独立图层。然后在"图层"面板中将该图层移动到信封图层的上方，显示信封图层，效果如图 5-210 所示。接着在手指图层下方新建一个图层，使用画笔工具在拇指边缘的位置绘制阴影，效果如图 5-211 所示。

图 5-210　　　　　图 5-211

STEP 11 执行菜单"文件 > 置入"命令，置入素材"4.jpg"，并将其栅格化，如图 5-212 所示。在"图层"面板中设置图层混合模式为"滤色"，如图 5-213 所示。效果如图 5-214 所示。

STEP 12 制作中间的主体图形。单击工具箱中的"钢笔工具"按钮，在选项栏中设置"绘制模式"为"形状"，先将"填充"设置为无（若先设置了填充颜色，就会影响绘制时观察图形的效果）。设置完成后进行绘制，如图 5-215 所示。接着在选项栏中单击"填充"按钮，在下拉面板中编辑一个绿色系的渐变，如图 5-216 所示。

图 5-212　　　　图 5-213　　　　图 5-214

STEP 13 选中该图层，执行菜单"图层 > 图层样式 > 投影"命令，在弹出的"图层样式"对话框中设置投影的"混合模式"为"正片叠底"、颜色为黑色、"不透明度"为 60%、"角度"为 120 度、"距离"为 5 像素、"扩展"为 0%、"大小"为 5 像素，如图 5-217 所示。设置完成后单击"确定"按钮，效果如图 5-218 所示。

图 5-215　　　　　图 5-216

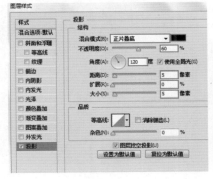 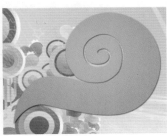

图 5-217　　　　　图 5-218

STEP 14 选中绿色图形图层，使用 Ctrl+J 组合键将其进行复制。然后使用 Ctrl+T 组合键调出定界框缩放图形，向下移动图形，如图 5-219 所示。接着选中该图层，在矢量工具的状态下，设置填充颜色为黄绿色的渐变，效果如图 5-220 所示。

图 5-219　　　　　　　　　　　　　　　图 5-220

STEP 15 使用同样的方法绘制其他相似的图形，效果如图 5-221 所示。最后使用文字工具在相应的位置添加彩色文字，完成效果如图 5-222 所示。

图 5-221　　　　　　　　　图 5-222

5.5.3　路径的变换

　　路径也可以自由变换，变换之前，首先使用路径选择工具选中需要变换的路径，然后执行菜单"编辑 > 自由变换路径"命令，或使用 Ctrl+T 组合键，调出定界框，接着进行变换操作。变换完成后按 Enter 键即可，如图 5-223 和图 5-224 所示。

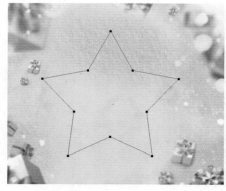 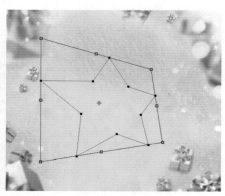

图 5-223　　　　　　　　　图 5-224

5.5.4　路径运算

　　选区能进行运算，路径同样能进行运算。首先绘制一个形状，如图 5-225 所示。默认状态下，选项栏中的路径操作按钮为"新建图层"　。单击该按钮，在下拉列表中选择一种运算方式，如图 5-226 所示。图 5-227 所示为不同运算方式产生的运算效果。

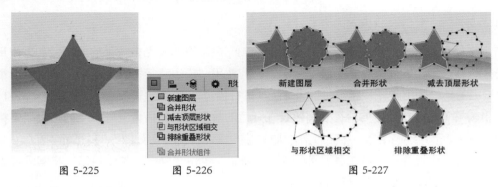

图 5-225　　　　　　　图 5-226　　　　　　　　　　　　图 5-227

5.5.5　填充路径

　　路径也能够进行填充，但是如果重新对路径的形态进行修改时，填充的位置不会随着路径而改变。

STEP 01 绘制路径。在使用矢量工具的状态下右击，执行"填充路径"命令，如图 5-228 所示。弹出"填充子路径"对话框，选择合适的填充内容，设置混合以及渲染的参数，如图 5-229 所示。

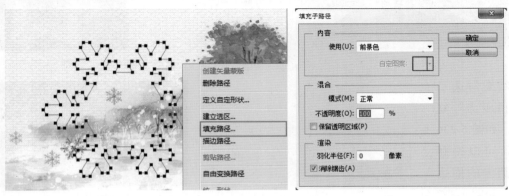

图 5-228　　　　　　　　　　　　　　　　图 5-229

STEP 02 在"填充路径"对话框中对填充内容进行设置。这里包含多种类型的填充内容，例如"模式"以及"不透明度"等，如图 5-230 所示。或者尝试使用"颜色"与"图案"填充路径，效果分别如图 5-231 和图 5-232 所示。

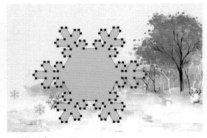

图 5-230　　　　　　　　　　图 5-231　　　　　　　　　　图 5-232

5.5.6 描边路径

描边路径也是常用的编辑功能之一。例如绘制一条平滑的有光带效果的曲线，如果使用画笔工具进行绘制，手动的效果肯定不会令人满意。若使用"描边路径"命令绘制，效果就会很好。先使用钢笔工具绘制出路径，然后使用画笔工具进行描边，这样制作出的光带效果就比较自然。

使用画笔工具进行描边的前提是需要设置合适的前景色，然后设置好画笔的笔尖以及粗细等参数。使用钢笔工具绘制路径，然后右击，执行"描边路径"命令，如图 5-233 所示。在弹出的"描边路径"对话框中选择合适的工具，如图 5-234 所示。单击"确定"按钮后即可将刚刚设置好的工具对路径进行描边，如图 5-235 所示。

图 5-233　　　　　　　　　　图 5-234　　　　　　　　　　图 5-235

如果勾选了"模拟压力"复选框，如图 5-236 所示，可以得到逐渐消去的描边效果，如图 5-237 所示。

图 5-236　　　　　　　　　　图 5-237

5.5.7 创建与使用矢量蒙版

"矢量蒙版"通过矢量路径来控制图层的显示与隐藏，矢量路径内的图像是显示的，路径以外的图像是隐藏的。

STEP 01 选中图层，使用矢量工具绘制一个闭合路径，如图 5-238 所示。执行菜单"图层 > 矢量蒙版 > 当前路径"命令，即可为该图层添加矢量蒙版，画面显示了路径以内的部分，隐藏了路径以外的部分，如图 5-239 所示。此时矢量蒙版如图 5-240 所示。

图 5-238   图 5-239   图 5-240

STEP 02 进一步编辑矢量蒙版。选中已有的矢量蒙版，使用钢笔、形状等矢量工具对矢量蒙版中路径的形状进行调整或者添加，如图 5-241 所示。图像效果如图 5-242 所示。

图 5-241   图 5-242

操作练习：使用矢量工具制作电影宣传页面

案例文件	使用矢量工具制作电影宣传页面.psd		难易指数	★★★★★
视频教学	使用矢量工具制作电影宣传页面.flv		技术要点	钢笔工具、矩形工具

案例效果（如图 5-243 所示）

图 5-243

操作步骤

STEP 01 执行菜单"文件＞新建"命令，创建一个新文档，如图 5-244 所示。单击工具箱中的"钢笔工具"按钮 ，在选项栏中设置"绘制模式"为"形状"、"填充"为黄色，在画面左侧绘制一个黄色的梯形作为背景，如图 5-245 所示。

STEP 02 新建一个图层，单击工具箱中的"矩形工具"按钮 ，在选项栏中设置"绘制模式"为"像素"，设置"前景色"为绿色，接着按住 Shift 键并拖曳鼠标左键绘制出正方形，如图 5-246 所示。使用 Ctrl+T 组合键调出定界框，然后按住 Shift 键拖曳旋转 45°，按 Enter 键完成变换，如图 5-247 所示。

图 5-244

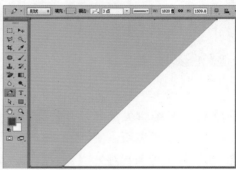

图 5-245

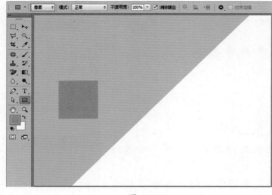

图 5-246

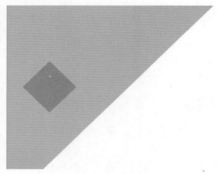

图 5-247

STEP 03 选中旋转后的图层，按住 Alt 键向右移动并复制，如图 5-248 所示。继续进行移动并复制，效果如图 5-249 所示。

图 5-248   图 5-249

STEP 04 单击工具箱中的"钢笔工具"按钮 ✐，在选项栏中设置"绘制模式"为"形状"、"填充"

为灰色，在画面左上角绘制形状，如图 5-250 所示。接着在选项栏中设置"填充"为白色，在灰色图形上绘制箭头图形，如图 5-251 所示。

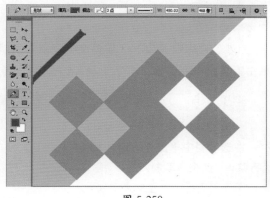

图 5-250   图 5-251

STEP 05 向画面中添加文字。单击工具箱中的"横排文字工具"按钮 T，在选项栏中设置合适的"字体"和"字号"，设置"填充"为灰色并单击"左对齐文本"按钮，接着在画面中单击，输入文字，

如图 5-252 所示。使用 Ctrl+T 组合键调出定界框，然后将其进行旋转，按 Enter 键完成变换，如图 5-253 所示。

图 5-252   图 5-253

STEP 06 使用同样的方法制作其他文字，如图 5-254 所示。最后，执行菜单"文件＞置入"命令，在弹出的"置入"对话框中单击选择素材"1.png"，单击"置入"按钮，按 Enter 键完成置入，如图 5-255 所示。

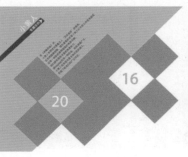

图 5-254   图 5-255

5.6 文字的创建与编辑

在平面设计中，文字是必不可少的设计元素。Photoshop 能够创建多种文字类型，例如创建点文字、段落文字、区域文字、路径文字等。想要创建这些文字就要使用文字工具组中的"横排文字工具"和"直排文字工具"。如图 5-256 所示。

图 5-256

5.6.1 认识文字工具

文字工具选项栏用于设置文字的基础参数。"横排文字工具"与"直排文字工具"选项栏中的参数基本相同。单击工具箱中的"横排文字工具"按钮，其选项栏如图 5-257 所示。

图 5-257

★ （切换文本取向）：在选项栏中单击"切换文本取向"按钮，横向排列的文字将更改为直向排列的文字，或者执行菜单"类型＞取向＞水平／垂直"命令，也可以达到这样的效果。图 5-258 所示为横排文字效果，图 5-259 所示为直排文字效果。

图 5-258　　　　　　　　　　　图 5-259

★ 宋体　设置字体系列：在选项栏中单击"设置字体系列"下拉箭头，在下拉列表中选择合适的字体。图 5-260 和图 5-261 所示为不同字体的效果。

图 5-260　　　　　　　　　　　图 5-261

★ ⊤ 12点 ▾ 设置字体大小：输入文字以后，如果要更改字体的大小，可以直接在选项栏中输入数值，也可以在下拉列表中选择预设的字体大小。若要改变部分字符的大小就需要选中要更改的字符，然后对其进行设置。图 5-262 所示为文字大小设置为 15 点的效果；图 5-263 所示为文字大小设置为 40 点的效果。

图 5-262 图 5-263

★ 消除锯齿：输入文字以后，可以在选项栏中为文字指定一种消除锯齿的方式。选择"无"方式时，Photoshop 不会应用消除锯齿；选择"锐利"方式时，文字的边缘最为锐利；选择"犀利"方式时，文字的边缘就比较锐利；选择"浑厚"方式时，文字会变粗一些；选择"平滑"方式时，文字的边缘会非常平滑。

★ ▤▤▤ 设置文本对齐：文本对齐方式是根据输入字符时光标的位置来设置文本对齐方式的。图 5-264 为"左对齐文本"效果；图 5-265 所示为"居中对齐文本"效果；图 5-266 所示为"右对齐文本"效果。

图 5-264 图 5-265 图 5-266

★ 设置文本颜色：输入文本时，文本颜色默认为前景色。首先选中文字，然后单击属性栏中的"设置文本颜色"按钮，在打开的"拾色器（文本颜色）"对话框中设置合适的颜色，如图 5-267 所示。设置完成后单击"确定"按钮，即可使文本更改颜色，如图 5-268 所示。

图 5-267 图 5-268

★ ⊥ （创建文字变形）：选中文本，单击该按钮即可在弹出的对话框中为文本设置变形效果。输入文字以后，在文字工具的选项栏中单击"创建文字变形"按钮，即可弹出"变形文字"对话框，如图 5-269 所示。图 5-270 所示为不同的变形文字效果。

图 5-269

图 5-270

★ ▤（切换字符和段落面板）：单击该按钮即可打开"字符"和"段落"面板。

★ ⊘（取消所有当前编辑）：在创建或编辑文字时，单击该按钮可以取消文字操作状态。

★ ✓（提交所有当前编辑）：文字输入或编辑完成后，单击该按钮表示操作完成，且自动退出文字编辑状态。

5.6.2 创建点文字

当输入的文字较少时，可以选用点文字功能输入。点文字的换行键是 Enter 键。

STEP 01 单击工具箱中的"横排文字工具"按钮 T，在选项栏中设置合适的字体、字号、颜色，然后在画面中单击，如图 5-271 所示。输入文字，如图 5-272 所示。输入到行尾时按 Enter 键换行，如图 5-273 所示。

图 5-271

图 5-272

图 5-273

STEP 02 直排文字工具与横排文字工具的使用方法一致。选择直排文字工具，在选项栏中设置合适的字体、字号、颜色，然后在画面中单击，接着输入文字，此时文字呈纵向排列，如图 5-274 所示。按 Enter 键换行，如图 5-275 所示。

图 5-274

图 5-275

STEP 03 输入完的文字还可以进行编辑。使用横排文字工具在文字上方单击，插入光标，如图 5-276 所示。接着按住鼠标左键拖曳，光标经过的位置文字将会被选中，并呈高亮显示，如图 5-277 所示。选中文字后在选项栏中设置字体、字号、颜色等参数，如图 5-278 所示。

图 5-276

图 5-277

图 5-278

STEP 04 文字调整完成后，单击选项栏中的"提交所有当前编辑"按钮✔，完成文字的编辑。

操作练习：使用文字工具与矢量工具制作创意图形海报

案例文件	使用文字工具与矢量工具制作创意图形海报.psd
视频教学	使用文字工具与矢量工具制作创意图形海报.flv

难易指数	★★★★★
技术要点	钢笔工具、自定形状工具、横排文字工具

 案例效果（如图 5-279 所示）

图 5-279

 操作步骤

STEP 01 新建一个 A4 大小的空白文档。单击工具箱中的"渐变工具"按钮▇，在选项栏中单击渐变条，在弹出的"渐变编辑器"对话框中编辑一个灰色到白色的渐变，如图 5-280 所示。在选项栏中设置渐变方式为"径向渐变"，接着在画面中按住鼠标左键拖曳进行填充，如图 5-281 所示。

图 5-280

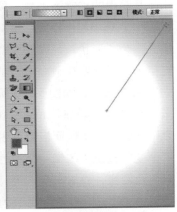

图 5-281

STEP 02 制作装饰形状。单击工具箱中的"钢笔工具"按钮 ✎，在选项栏中设置"绘制模式"为"路径"，在画面中单击并拖曳添加锚点，如图 5-282 所示。继续进行路径的绘制，如图 5-283 所示。

STEP 03 使用 Ctrl+Enter 组合键将路径转化为选区，如图 5-284 所示。单击工具箱中的"渐变工具"按钮 ▥，在选项栏中单击渐变条，在弹出的"渐变编辑器"对话框中编辑一个蓝灰色系渐变，如图 5-285 所示。在选项栏中设置渐变方式为"线性渐变"，将光标移动到画面中选区左侧，按住鼠标左键向选区右侧拖曳，填充渐变，如图 5-286 所示。

STEP 04 使用同样的方法绘制另一个细长的选区，设置渐变为蓝绿色系渐变，为该选区填充渐变，如图 5-287 所示。使用同样的方法制作装饰形状，如图 5-288 所示。再使用同样的方法制作另一组装饰形状，如图 5-289 所示。

STEP 05 绘制粉色图形。单击工具箱中的"钢笔工具"按钮 ✎，在选项栏中设置"绘制模式"为"形状"，设置"填充"为无。接着在画面中绘制一个闭合路径，如图 5-290 所示。然后选择该图形，单击"填充"按钮，在下拉面板中单击"渐变"按钮，编辑一个粉色到黑色渐变，设置渐变方式为线性渐变、"渐变角度"为151°，效果如图 5-291 所示。

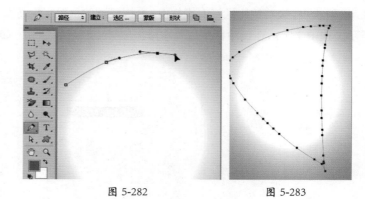

图 5-282　　　　　　　图 5-283

图 5-284　　　　图 5-285　　　　图 5-286

图 5-287　　　　图 5-288　　　　图 5-289

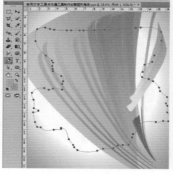

图 5-290　　　　　　　　图 5-291

STEP 06 制作文字。单击工具箱中的"横排文字工具"按钮 **T**，在选项栏中设置合适的"字体"，设置"字号"为60点，设置"填充"为白色，接着在画面中单击，输入文字，如图5-292所示。然后使用Ctrl+T组合键调出定界框，将光标定位在定界框一边，旋转并将其拖动到适当位置，按Enter键完成变换，如图5-293所示。使用同样的方法制作其他文字，如图5-294所示。

图 5-292

图 5-293

图 5-294

STEP 07 制作装饰文字的形状。单击工具箱中的"自定形状工具"按钮，在选项栏中设置"绘制模式"为"形状"，设置"填充"为黑色，单击形状选取器按钮，在下拉面板中选择"鸟"形状，接着将光标移动到画面中，按住鼠标左键拖曳绘制形状，如图5-295所示。使用同样的方法绘制自定形状，如图5-296所示。

图 5-295

图 5-296

5.6.3　创建段落文字

在输入大量文字的过程中，如果使用"段落文字"功能，那么在输入段落时就无须换行，当文字输入到文本框边界时会自动换行，非常便捷。

STEP 01 单击工具箱中的"横排文字工具"按钮 **T**，在选项栏中设置文字属性，然后在操作界面按住鼠标左键并拖曳创建文本框，如图5-297所示。文本框绘制完成后，在文本框中输入文字，效果如图5-298所示。

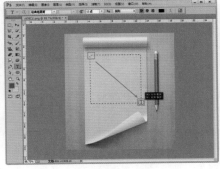

图 5-297

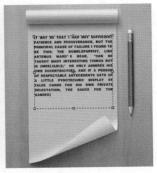
图 5-298

技巧提示 **文字溢出**

当文本框内有无法被完全显示的文字时，这部分隐藏的字符被称为"溢出"。此时文本框右下角的控制点会变为 ⊞ 形状，拖曳控制点调整文本框大小，即可显示"溢出"的文字。

STEP 02 文字输入完成后单击选项栏中的"提交所有当前编辑"按钮 ✓。如果想对段落文本的显示形态进行调整，可以在使用文字工具状态下，单击段落文本，使段落文本框显示出来。按住鼠标左键并拖动，即可调整文本框的大小，如图 5-299 所示。

图 5-299

技巧提示 **点文字和段落文字的相互转换**

选择点文本，执行菜单"类型＞转换为段落文本"命令，将使点文本转换为段落文本。选择段落文本，执行菜单"类型＞转换为点文本"命令，将使段落文本转换为点文本。

5.6.4 创建路径文字

路径文字是一种按照路径形态排列的文字对象。所以路径文字常常用于制作不规则排列的文字效果。

STEP 01 绘制一段路径，然后将文字工具移到路径上，待光标变为 𝟙 形状，如图 5-300 所示。在路径上单击，插入光标后输入文字。输入的文字会沿着路径的形态排列，如图 5-301 所示。

图 5-300

图 5-301

STEP 02 如果改变路径的形态，那么文字的排列走向将会发生更改。文字输入完成后按住 Ctrl 键，待光标变为 ▶ 形状，如图 5-302 所示。然后按住鼠标左键拖曳即可调整路径的位置，如图 5-303 所示。

图 5-302　　　　　　　　　　　　　图 5-303

5.6.5　创建区域文字

段落文本的文本框只能是矩形，若要在一个特定形状中输入文字，需先使用钢笔工具绘制闭合路径，然后在路径内输入文字，这种文字类型为区域文字。

首先绘制一个闭合路径，这个路径的形状就是文字的外轮廓。单击工具箱中的"横排文字工具"按钮 T，在选项栏中设置合适的字体、字号，接着将光标移动至路径内部，光标会变为 ⓘ 形状，如图 5-304 所示。单击鼠标左键，在路径内会出现闪烁的光标，接着继续输入文字，文字就会出现在路径的内部，如图 5-305 所示。

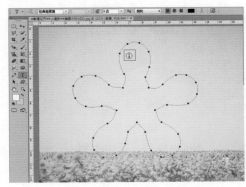
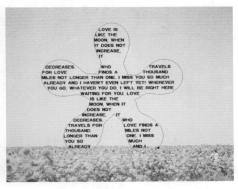

图 5-304　　　　　　　　　　　　　图 5-305

5.6.6　使用"字符"面板编辑文字属性

执行菜单"窗口 > 字符"命令，或者在文字工具处于选中状态的情况下，单击选项栏中的 圖 按钮，即可打开"字符"面板，如图 5-306 所示。

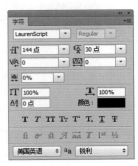

图 5-306

★ 🄻（设置行距）：行距就是上一行文字基线与下一行文字基线之间的距离。选择需要调整的文字图层，然后在"设置行距"数值框中输入行距数值或在其下拉列表中选择预设的行距值即可。图 5-307 所示为行距为 50 点的设置效果；图 5-308 所示为行距为 100 点的设置效果。

图 5-307 图 5-308

★ 🆅🅰（字距微调）：用于设置两个字符之间的距离。在设置时先要将光标插到需要进行字距微调的两个字符之间，然后在数值框中输入字距。输入正值时，字距会扩大，如图 5-309 所示；输入负值时，字距会缩小，如图 5-310 所示。

图 5-309 图 5-310

★ 🄰🄰（字距调整）：字距用于设置文字的字符间距。输入负值时，字距会缩小，如图 5-311 所示。输入正值时，字距会扩大，如图 5-312 所示。

图 5-311 图 5-312

★ 🄱（比例间距）：是按指定的百分比减少字符周围的空间。因此，字符本身并不会被伸展或挤压，而是字符之间的距离被伸展或挤压了。图 5-313 所示为比例间距为 0% 时的文字效果；图 5-314 所示为比例间距为 100% 时的文字效果。

图 5-313　　　　　　　　　　图 5-314

★ （垂直缩放）/（水平缩放）：用于设置文字的垂直或水平缩放比例，以调整文字的高度或宽度。图 5-315 是"垂直缩放"和"水平缩放"为 100% 时的文字效果；图 5-316 所示为"垂直缩放"为 150%，"水平缩放"为 100% 时的文字效果；图 5-317 所示为"垂直缩放"为 100%，"水平缩放"为 150% 时的文字效果。

图 5-315　　　　　　　图 5-316　　　　　　　图 5-317

★ （基线偏移）：用来设置文字与文字基线之间的距离。输入正值时文字会上移，如图 5-318 所示。输入负值时文字会下移，如图 5-319 所示。

图 5-318　　　　　　　　　　图 5-319

★ （文字样式）：用于设置文字的效果，共有仿粗体、仿斜体、全部大写字母、小型大写字母、上标、下标、下划线和删除线 8 种样式。

★ fi ⦆ st 𝒜 aa T 1ˢᵗ ½（Open Type 功能）：fi（标准连字）、⦆（上下文替代字）、st（自由连字）、𝒜（花饰字）、aa（文体替代字）、T（标题替代字）、1ˢᵗ（序数字）、½（分数字）。

5.6.7　使用"段落"面板编辑段落属性

对于段落文字通过"段落"面板可以进行编辑。执行菜单"窗口 > 段落"命令，打开"段落"面板，如图 5-320 所示。其中各选项的含义如下。

图 5-320

★ ▤（左对齐文本）：文字左对齐，段落右端参差不齐，如图 5-321 所示。

★ ▤（居中对齐文本）：文字居中对齐，段落两端参差不齐，如图 5-322 所示。

★ ▤（右对齐文本）：文字右对齐，段落左端参差不齐，如图 5-323 所示。

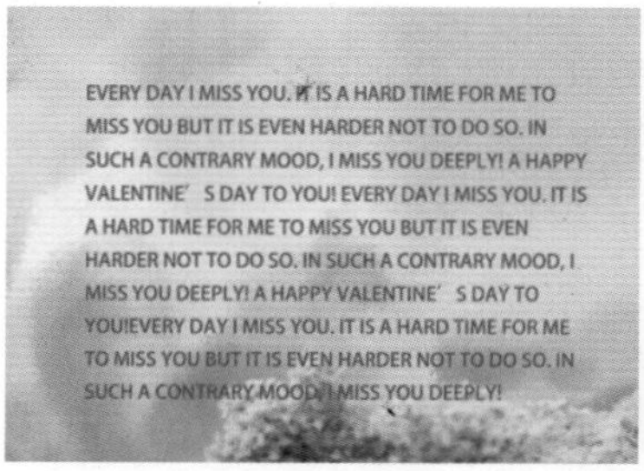

图 5-321

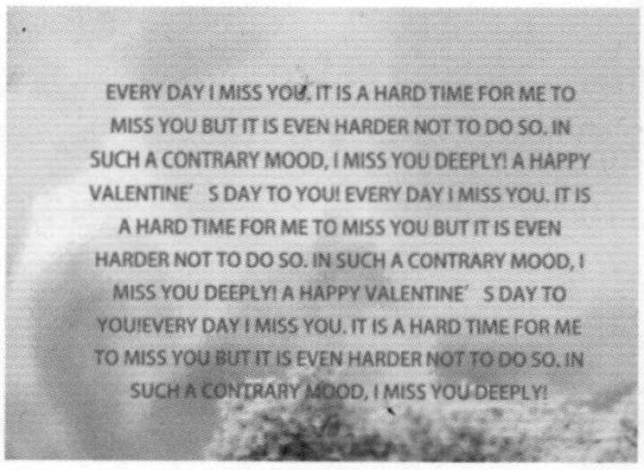

图 5-322

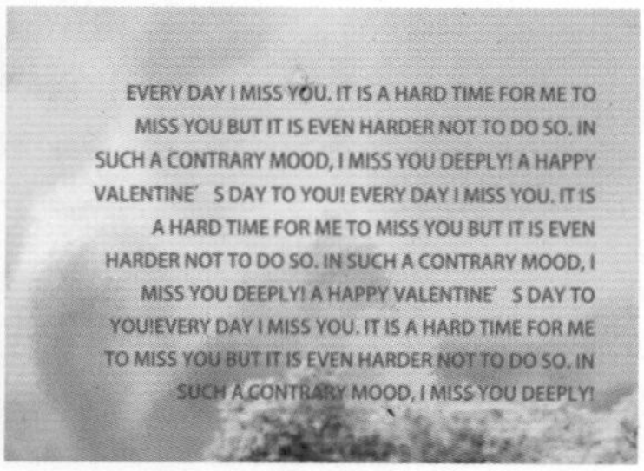

图 5-323

★ ▤（最后一行左对齐）：最后一行左对齐，其他行左右两端强制对齐，如图 5-324 所示。

★ ▤（最后一行居中对齐）：最后一行居中对齐，其他行左右两端强制对齐，如图 5-325 所示。

★ ▤（最后一行右对齐）：最后一行右对齐，其他行左右两端强制对齐，如图 5-326 所示。

★ ▤（全部对齐）：在字符间添加额外的间距，使文本左右两端强制对齐，如图 5-327 所示。

图 5-324

图 5-325

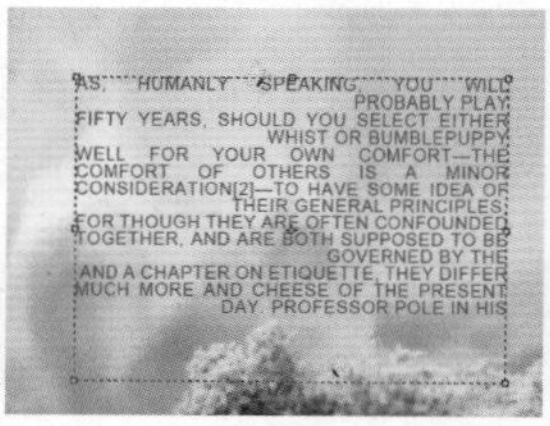

图 5-326

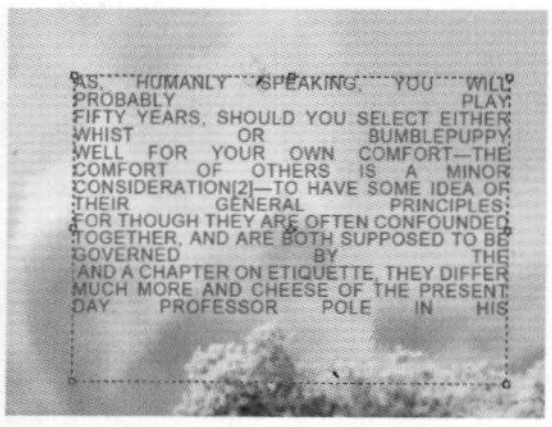

图 5-327

技巧提示 直排文字的对齐方式

使用直排文字工具创建出的文字对象，其对齐方式的按钮有所不同，▥为顶对齐文本，▥为居中对齐文本，▥为底对齐文本。

★ ▤（左缩进）：用于设置段落文本向右（横排文字）或向下（直排文字）的缩进量，如图 5-328 所示是设置"左缩进"为 20 点时的段落效果。

★ ▤（右缩进）：用于设置段落文本向左（横排文字）或向上（直排文字）的缩进量，如图 5-329 所示是设置"右缩进"为 50 点时的段落效果。

★ ▤（首行缩进）：用于设置段落文本中每个段落的第一行向右（横排文字）或第一列文字向下（直排文字）的缩进量。图 5-330 所示为设置"首行缩进"为 100 点时的段落效果。

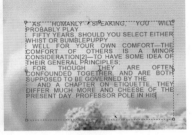

图 5-328　　　　　　　　　图 5-329　　　　　　　　　图 5-330

★ 📄（段前添加空格）：设置光标所在段落与前一个段落之间的间隔距离。图 5-331 是设置"段前添加空格"为 100 点时的段落效果。

★ 📄（段后添加空格）：
设置当前段落与另外一
个段落之间的间隔距
离。图 5-332 所示为设
置"段后添加空格"为
100 点时的段落效果。

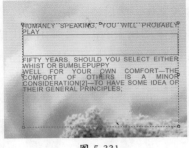
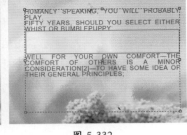

图 5-331　　　　　　　　　　　　图 5-332

★ 避头尾法则设置：不能出现在一行的开头或结尾的字符称为避头尾字符，Photoshop 提供了基于标准 JIS 的宽松和严格的避头尾集，宽松的避头尾设置忽略长元音字符和小平假名字符。选择"JIS 宽松"或"JIS 严格"选项时，可以防止在一行的开头或结尾出现不能使用的字母。

★ 间距组合设置：间距组合用于设置日语字符、罗马字符、标点和特殊字符在行开头、行结尾和数字的间距文本编排方式。选择"间距组合 1"选项，将对标点使用半角间距；选择"间距组合 2"选项，将对行中除最后一个字符外的大多数字符使用全角间距；选择"间距组合 3"选项，将对行中的大多数字符和最后一个字符使用全角间距；选择"间距组合 4"选项，将对所有字符使用全角间距。

★ 连字：勾选"连字"复选框以后，在输入英文单词时，如果段落文本框的宽度不够，英文单词将自动换行，并在单词之间用连字符连接起来。

5.6.8　将文字栅格化为普通图层

在创建文字后会自动生成文字图层，基于文字图层可以对文字属性进行更改。例如，更改文字的字号、字体等。但是文字图层属于一种特殊图层，无法进行形态的编辑。若将文字图层栅格化，文字图层将会转换为普通图层。变为普通图层后，文字部分就变为了像素，不再具备文字属性。在文字图层上右击，在弹出的快捷菜单中选择"栅格化文字"命令，如图 5-333 所示。接着就可以将文字图层转换为普通图层，如图 5-334 所示。

图 5-333   图 5-334

5.6.9 将文字图层转化为形状图层

在制作创意文字时，需先输入文字，然后将文字图层转换为形状图层，在此基础上对文字进行编辑、变形。选中文字图层，在文字图层上右击，在弹出的快捷菜单中选择"转换为形状"命令，如图 5-335 所示。此时文字图层变为了矢量的形状图层，如图 5-336 所示。接着就可以使用钢笔工具组、选择工具组中的工具对文字的形态进行编辑。

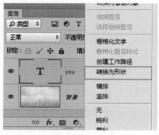

图 5-335   图 5-336

5.6.10 创建文字的工作路径

创建文字的工作路径对文字进行修改编辑。选中文字图层，如图 5-337 所示。在文字图层上右击，执行"创建工作路径"命令，即可得到文字的路径，如图 5-338 所示。

图 5-337   图 5-338

操作练习：创意文字设计

案例文件	创意文字设计.psd
视频教学	创意文字设计.flv

难易指数	★★★★★
技术要点	钢笔工具、图层样式、图层蒙版

📖 案例效果（如图 5-339 所示）

图 5-339

📖 操作步骤

STEP 01 执行菜单"文件 > 打开"命令，在弹出的"打开"对话框中单击选择素材"1.jpg"，单击"打开"按钮，如图 5-340 所示。效果如图 5-341 所示。

图 5-340

图 5-341

STEP 02 制作单个字母 A 的文字设计。在"图层"面板的底部单击"创建新组"按钮，双击创建的新组，将其命名为 A 组，如图 5-342 所示。单击工具箱中的"横排文字工具"按钮 T.，在选项栏中设置"字体"和"字号"，设置"消除锯齿方法"为"锐利"，"填充"为深红色，在画面中单击并输入文字，如图 5-343 所示。

STEP 03 单击工具箱中的"椭圆工具"按钮 ⬭，在选项栏中设置"绘制模式"为"形状"，设置"填充"为深绿色，在"A"字母下方按住鼠标左键并拖曳绘制椭圆形状，如图 5-344 所示。接着执行菜单"图层 > 创建剪贴蒙版"命令，效果如图 5-345 所示。

图 5-342

图 5-343

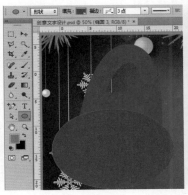

图 5-344

图 5-345

STEP 04 执行菜单"新建 > 置入"命令，在弹出的"置入"对话框中单击选择素材"2.jpg"，单击"置入"按钮，如图 5-346 所示。完成置入后，将置入的素材放置到适当位置，按 Enter 键确定，如图 5-347 所示。

图 5-346

图 5-347

STEP 05 单击工具箱中的"钢笔工具"按钮，在选项栏中设置"绘制模式"为"形状"，设置"填充"为白色，在"A"字母上方拖曳绘制出积雪形状，如图 5-348 所示。

STEP 06 因为以上制作的图层全部在"A组"内，所以在"图层"面板中选中"A组"，执行菜单"图层 > 图层样式 > 描边"命令，在弹出的"图层样式"对话框中设置"大小"为 13

图 5-348

像素、"位置"为"外部"、"混合模式"为"正常"、"不透明度"为 100%、"颜色"为白色，如图 5-349 所示。接着勾选"内发光"复选框，设置"混合模式"为"滤色"、"不透明度"为 63%、"发光颜色"为白色、"方法"为"柔和"、"大小"为 7 像素，"范围"为 50%，如图 5-350 所示。单击"确定"按钮，完成图层样式设置，效果如图 5-351 所示。

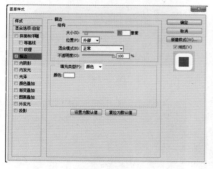

图 5-349

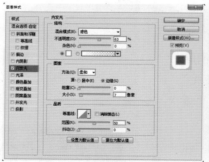

图 5-350

图 5-351

STEP 07 根据制作 A 字母的方法制作字母 R 和 T，如图 5-352 所示。

STEP 08 制作文字的阴影。在"图层"面板中选中"A组"，按住 Ctrl 键加选"R组"和"T组"，接着按 Ctrl+J 组合键进行全部复制，再按 Ctrl+E 组合键合并图层，如图 5-353 所示。将合并后的图层拖曳到原有文字图层的下方，如图 5-354 所示。使用 Ctrl+T 组合键调出定界框，将其纵向缩小并移动到适当位置，如图 5-355 所示。

图 5-352　　　　图 5-353　　　　图 5-354　　　　图 5-355

STEP 09 按住 Ctrl 键单击该图层缩览图，在工具箱中设置"前景色"为黑色，使用 Alt+Delete 组合键填充前景色，将阴影填充为黑色，如图 5-356 所示。接着执行菜单"滤镜 > 模糊 > 高斯模糊"命令，在"高斯模糊"对话框中设置"半径"为 10 像素，如图 5-357 所示。单击"确定"按钮，完成设置，效果如图 5-358 所示。

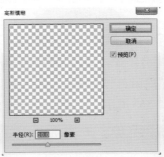

图 5-356　　　　　　图 5-357　　　　　　图 5-358

STEP 10 单击"图层"面板底部的"添加图层蒙版"按钮，选中图层蒙版缩览图。在工具箱中单击"画笔工具"按钮，设置"前景色"为黑色，在选项栏中单击"画笔预设"下三角按钮，在"画笔预设"面板中设置"大小"为 200 像素、"硬度"为 0%，在画面中按住鼠标左键横向拖曳涂抹，如图 5-359 所示。擦除部分阴影，使阴影效果更真实，如图 5-360 所示。

图 5-359　　　　　　图 5-360

操作练习：制作喜庆风格创意广告

案例文件	制作喜庆风格创意广告 .psd	难易指数	★★★★★
视频教学	制作喜庆风格创意广告 .flv	技术要点	钢笔工具、椭圆工具、图层样式

 案例效果（如图 5-361 所示）

图 5-361

操作步骤

STEP 01 执行菜单"文件＞打开"命令，或按 Ctrl+O 组合键，在弹出的"打开"对话框中单击选择素材"1.jpg"，单击"打开"按钮，效果如图 5-362 所示。

图 5-362

STEP 02 制作基础背景。单击工具箱中的"钢笔工具"按钮 ✐，在选项栏中设置"绘制模式"为"路径"，接着在画面的下方绘制一个闭合路径，如图 5-363 所示。使用 Ctrl+Enter 组合键将路径转化为选区，如图 5-364 所示。设置"前景色"为黄色，使用 Alt+Delete 组合键为选区填充颜色，使用 Ctrl+D 组合键取消选区，如图 5-365 所示。

图 5-363

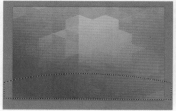

图 5-364

图 5-365

STEP 03 执行菜单"文件＞置入"命令，置入素材"2.png"，调整到合适位置后按 Enter键完成置入，如图 5-366 所示。使用同样的方法置入素材"3.png"，如图 5-367 所示。

图 5-366

图 5-367

STEP 04 为了使彩旗具有立体效果，下面为彩旗制作投影效果。选中彩旗图层，执行菜单"图层＞图层样式＞投影"命令，在"图层样式"对话框中设置"混合模式"为"正片叠底"，设置"投影颜色"为深棕色、"不透明度"为75%、"角度"为130度、"距离"为30像素、"扩展"为0%、"大小"为40像素，如图 5-368 所示。单击"确定"按钮完成设置，效果如图 5-369 所示。

STEP 05 制作主体图形。单击工具箱中的"椭圆工具"按钮 ⬭，在选项栏中设置"绘制模式"为"形状"，设置"填充"为深红色，在画面中间位置按住 Shift+Alt 组合键并按住鼠标左键拖曳绘制正圆，如图 5-370 所示。接着选中彩旗图层，执行菜单"图层＞图层样式＞拷贝图层样式"命令，然后选择红色正圆图层，执行菜单"图层 > 图层样式 > 粘贴图层样式"命令，使之具有相同的图层样式，效果如图 5-371 所示。

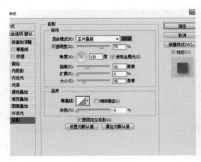

图 5-368

图 5-369

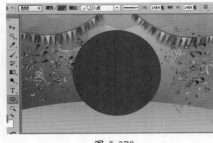

图 5-370

图 5-371

STEP 06 单击工具箱中的"椭圆工具"按钮，在选项栏中设置"绘制模式"为"形状"，设置"填充"为黄色、"描边"为棕色、"描边大小"为 16 点，在画面中间位置按住 Shift+Alt 组合键并按住鼠标左键拖曳绘制正圆，如图 5-372 所示。使用同样的方法为其粘贴投影效果，效果如图 5-373 所示。

图 5-372

图 5-373

STEP 07 单击工具箱中的"钢笔工具"按钮，在选项栏中设置"绘制模式"为"形状"，设置"填充"为紫色，在画面中正圆右侧按住鼠标左键拖曳绘制形状，如图 5-374 所示。使用同样的方法在正圆的左侧绘制形状，如图 5-375 所示。

图 5-374

图 5-375

STEP 08 单击工具箱中的"钢笔工具"按钮 ✐，在选项栏中设置"填充"为深紫色。使用同样的方法再绘制一组形状，如图 5-376 所示。使用同样的方法制作形状，如图 5-377 所示。接着为该图形添加投影图层样式，使用粘贴的方法即可，效果如图 5-378 所示。

图 5-376

图 5-377

图 5-378

STEP 09 添加文字。单击工具箱中的"横排文字工具"按钮 **T**，在选项栏中设置合适的"字体"和"字号"，设置"填充"为紫色，在画面中单击，输入文字，如图 5-379 所示。接着使用 Ctrl+T 组合键调出定界框，将光标定位在定界框外，按住鼠标左键拖曳进行旋转，并将其移动到适当位置，按 Enter 键完成变换，如图 5-380 所示。

图 5-379

图 5-380

STEP 10 将投影图层样式粘贴给文字图层，文字效果如图 5-381 所示。使用同样的方法制作其他文字，如图 5-382 所示。

图 5-381

图 5-382

STEP 11 置入前景卡通素材，调整到合适位置后按 Enter 键，完成置入，效果如图 5-383 所示。

图 5-383

第6章
CHAPTER SIX

图 层 特 效

本章概述

　　本章介绍了几种制作特殊效果的常用功能，例如，图层混合模式可以制作多个图层重叠混合的效果；图层样式则可以为图层中的内容模拟阴影、发光、描边、浮雕等特殊效果；除此之外，Photoshop 还可以制作 3D 立体效果。

本章要点

- 设置图层不透明度与混合模式
- 图层样式的综合使用
- 使用 3D 功能制作立体效果

扫一扫，下载
本章配备资源

佳作欣赏

6.1 图层不透明度与混合效果

在"图层"面板中对图层的不透明度与混合模式进行设置。不透明度用来设置图层的半透明效果。混合模式是一个图层与其下方图层的色彩叠加方式。图层的不透明度与混合模式被广泛应用在 Photoshop 中，在很多工具的选项栏、"图层样式"对话框中都能够看到它们。

6.1.1 图层不透明度

在 Photoshop 中包含两种透明度设置——"不透明度"与"填充"。"不透明度"的概念非常好理解，就是制作图层的半透明效果，数值越小图层越透明。通常，制作光泽感、半透明质感需要调整不透明度。"填充"的概念就有点抽象了，当降低"填充"数值时只影响图层中绘制的像素和形状，而图层中的图层样式不会改变。通常，制作边缘发光效果会使用到该功能。

STEP 01 在 Photoshop 中，"背景"图层是无法设置不透明度的。选中一个除"背景"图层外的其他图层，随意添加几个图层样式，如图 6-1 所示。在"图层"面板中，将"不透明度"数值设置为 50%，如图 6-2 所示。该图层以及图层上的样式均变为半透明的效果，如图 6-3 所示。

图 6-1   图 6-2   图 6-3

STEP 02 如果将此图层的"填充"数值设置为 0%，如图 6-4 所示，那么图层主体部分就变透明了，而样式效果却没有发生任何变化，如图 6-5 所示。

图 6-4   图 6-5

操作练习：设置不透明度制作图形招贴

案例文件	设置不透明度制作图形招贴 .psd	难易指数	★★★★★
视频教学	设置不透明度制作图形招贴 .flv	技术要点	多边形套索工具、不透明度设置

🌿 案例效果 (如图 6-6 所示)

图 6-6

🌿 操作步骤

STEP 01 执行菜单"文件 > 打开"命令，或按 Ctrl+O 组合键，在弹出的"打开"对话框中单击选择素材"1.jpg"，单击"打开"按钮，如图 6-7 所示。效果如图 6-8 所示。

图 6-7

图 6-8

STEP 02 单击工具箱中的"多边形套索工具"按钮 ☑，在画面中多次单击绘制出选区，如图 6-9 所示。新建一个图层，设置"前景色"为红色，使用 Alt+Delete 组合键为其填充红色，如图 6-10 所示。接着在"图层"面板中设置"不透明度"为 60%，如图 6-11 所示。效果如图 6-12 所示。按 Ctrl+D 组合键，取消选区。

图 6-9

图 6-10

图 6-11

图 6-12

STEP 03 使用多边形套索工具在红色图形下方绘制另外一个选区，如图 6-13 所示。设置"前景色"为绿色，使用 Alt+Delete 组合键为其填充绿色，如图 6-14 所示。

图 6-13

图 6-14

STEP 04 在"图层"面板中设置"不透明度"为 60%，如图 6-15 所示。效果如图 6-16 所示。按 Ctrl+D 组合键，取消选区。

STEP 05 使用同样的方法制作蓝色形状，并在"图层"面板中降低图层的不透明度，如图 6-17 所示。效果如图 6-18 所示。

图 6-15　　　　　　图 6-16　　　　　　图 6-17　　　　　　图 6-18

STEP 06 单击工具箱中的"横排文字工具"按钮，在选项栏中设置"字体"和"字号"，设置"填充"为白色，在画面中单击，输入文字，如图 6-19 所示。使用同样的方法输入其他文字，如图 6-20 所示。

图 6-19　　　　　　　　　图 6-20

6.1.2 图层混合模式

所谓图层"混合模式"就是指一个图层与其下方图层的色彩叠加方式。默认情况下图层的混合模式为"正常"，当更改图层混合模式后会产生类似半透明或者色彩改变的效果。虽然改变了图像的显示效果，但是不会对图层本身内容造成实质性的破坏。

STEP 01 执行菜单"文件 > 打开"命令，打开一幅图像，如图 6-21 所示。然后执行菜单"文件 > 置入"命令，置入一幅图像，如图 6-22 所示。

图 6-21　　　　　　　　　图 6-22

STEP 02 在"图层"面板中选中"图层 1"图层，然后单击"图层混合模式"按钮，在弹出的下拉列表中有很多种混合模式，如图 6-23 所示。将光标移至任意一个图层混合模式上单击即可进行设置。图 6-24 所示为"正片叠底"混合模式的显示效果。

图 6-23　　　　　　　　　　　　　　图 6-24

接下来可以设置为其他图层混合模式，查看效果。

★　正常：默认的图层混合模式，当前图层不与下方图层产生任何混合效果，图层"不透明度"为
　　100% 完全遮盖下面的图像，如图 6-25 所示。
★　溶解：当图层为半透明时，选择该选项将创建像素点状效果，如图 6-26 所示。
★　变暗：两个图层中较暗的颜色将作为混合的颜色保留，比混合色亮的像素将被替换，而比混合
　　色暗的像素将保持不变，如图 6-27 所示。
★　正片叠底：任何颜色与黑色混合都产生黑色，任何颜色与白色混合将保持不变，如图 6-28 所示。

 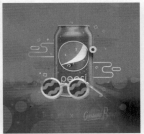 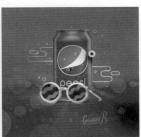

图 6-25　　　　　　　图 6-26　　　　　　　图 6-27　　　　　　　图 6-28

★　颜色加深：通过增加上下层图像之间的对比度使像素变暗，与白色混合后不产生变化，如图 6-29
　　所示。
★　线性加深：通过减小亮度使像素变暗，与白色混合不产生变化，如图 6-30 所示。
★　深色：通过比较两个图像所有通道数值的总和，然后显示数值较小的颜色，如图 6-31 所示。
★　变亮：使上方图层的暗调区域变为透明，通过下方的较亮区域使图像更亮，如图 6-32 所示。

 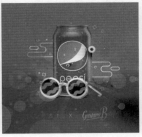 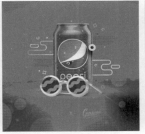 

图 6-29　　　　　　　图 6-30　　　　　　　图 6-31　　　　　　　图 6-32

★ 滤色：与黑色混合时颜色保持不变，与白色混合时产生白色，如图 6-33 所示。

★ 颜色减淡：通过减小上下层图像之间的对比度来提亮底层图像的像素，如图 6-34 所示。

★ 线性减淡（添加）：根据每一个颜色通道的颜色信息，加亮所有通道的基色，并通过降低其他颜色的亮度来反映混合颜色，此模式对黑色无效，如图 6-35 所示。

★ 浅色：该选项与"深色"的效果相反，可根据图像的饱和度，用上方图层中的颜色直接覆盖下方图层中高光区域的颜色，如图 6-36 所示。

图 6-33   图 6-34   图 6-35   图 6-36

★ 叠加：此选项的图像最终效果取决于下方图层，上方图层的高光区域和暗调将不变，只是混合了中间调，如图 6-37 所示。

★ 柔光：使图像颜色变亮或变暗，具有非常柔和的效果，亮于中性灰底的区域将更亮，暗于中性灰底的区域将更暗，如图 6-38 所示。

★ 强光：此选项和"柔光"的效果类似，但其程度远远大于"柔光"效果，适用于图像增加强光照射效果。如果上层图像比 50% 灰色亮，则图像变亮；如果上层图像比 50% 灰色暗，则图像变暗，如图 6-39 所示。

★ 亮光：通过增加或减小对比度来加深或减淡颜色，具体取决于上层图像的颜色。如果上层图像比 50% 灰色亮，则图像变亮；如果上层图像比 50% 灰色暗，则图像变暗，如图 6-40 所示。

图 6-37   图 6-38   图 6-39   图 6-40

★ 线性光：通过减小或增加亮度来加深或减淡颜色，具体取决于上层图像的颜色。如果上层图像比 50% 灰色亮，则图像变亮；如果上层图像比 50% 灰色暗，则图像变暗，如图 6-41 所示。

★ 点光：根据上层图像的颜色来替换颜色。如果上层图像比 50% 灰色亮，则替换比较暗的像素；如果上层图像比 50% 灰色暗，则替换较亮的像素，如图 6-42 所示。

★ 实色混合：将上层图像的 RGB 通道值添加到底层图像的 RGB 值。如果上层图像比 50% 灰色亮，则使底层图像变亮；如果上层图像比 50% 灰色暗，则使底层图像变暗，如图 6-43 所示。

★ 差值：上方图层的亮区将下方图层的颜色进行反相，暗区则将颜色正常显示出来，效果与原图像是完全相反的颜色，如图 6-44 所示。

图 6-41　　　　　　　图 6-42　　　　　　　图 6-43　　　　　　　图 6-44

★ 排除：创建一种与"差值"模式相似，但对比度更低的混合效果，如图 6-45 所示。
★ 减去：从目标通道中相应的像素上减去源通道中的像素值，如图 6-46 所示。
★ 划分：比较每个通道中的颜色信息，然后从底层图像中划分上层图像，如图 6-47 所示。
★ 色相：用底层图像的明亮度和饱和度以及上层图像的色相来创建结果色，如图 6-48 所示。

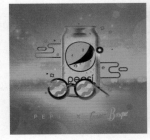

图 6-45　　　　　　　图 6-46　　　　　　　图 6-47　　　　　　　图 6-48

★ 饱和度：用底层图像的明亮度和色相以及上层图像的饱和度来创建结果色，在饱和度为 0 的灰度区域应用该模式不会产生任何变化，如图 6-49 所示。
★ 颜色：用底层图像的明亮度以及上层图像的色相和饱和度来创建结果色，这样可以保留图像中的灰阶，对于为单色图像上色或给彩色图像着色非常有用，如图 6-50 所示。
★ 明度：用底层图像的色相和饱和度以及上层图像的明亮度来创建结果色，如图 6-51 所示。

图 6-49　　　　　　　图 6-50　　　　　　　图 6-51

技巧提示　如何选择图层混合模式选项？

　　设置混合模式时通常不会一次成功，需要多次尝试。此时可以先选择一种混合模式，然后滚动鼠标中键即可快速更改混合模式，这样就非常方便查看每种混合模式的显示效果了。

操作练习：使用图层混合模式制作旧照片

案例文件	使用图层混合模式制作旧照片.psd
视频教学	使用图层混合模式制作旧照片.flv

难易指数	★★★★★
技术要点	图层混合模式

案例效果 （如图 6-52 所示）

图 6-52

操作步骤

STEP 01 执行菜单"文件 > 打开"命令，或按 Ctrl+O 组合键，在弹出的"打开"对话框中单击选择素材"1.jpg"，单击"打开"按钮，效果如图 6-53 所示。执行菜单"文件 > 置入"命令，在弹出的"置入"对话框中单击选择素材"2.jpg"，单击"置入"按钮，按 Enter 键完成置入。执行菜单"图层 > 栅格化 > 智能对象"命令，将图层栅格化为普通图层，如图 6-54 所示。

图 6-53

图 6-54

STEP 02 在"图层"面板中设置图层混合模式为"正片叠底"，如图 6-55 所示。效果如图 6-56 所示。

图 6-55

图 6-56

STEP 03 执行菜单"图层 > 新建调整图层 > 黑白"命令，在打开的"属性"面板中设置"红色"为 32、"黄色"为 67、"绿色"为 22、"青色"为 219、"蓝色"为 116、"洋红"为 56，并且单击"此调整剪贴到此图层"按钮 ，如图 6-57 所示。效果如图 6-58 所示。

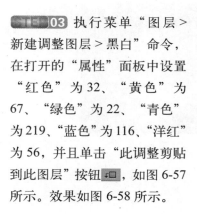

图 6-57

图 6-58

操作练习：使用图层混合模式制作梦幻色调

案例文件	使用图层混合模式制作梦幻色调.psd
视频教学	使用图层混合模式制作梦幻色调.flv

难易指数	★★★★★
技术要点	渐变工具、图层混合模式

案例效果（如图 6-59 所示）

图 6-59

操作步骤

STEP 01 执行菜单"文件 > 打开"命令，或按 Ctrl+O 组合键，在弹出的"打开"对话框中单击选择素材"1.jpg"，单击"打开"按钮，效果如图 6-60 所示。

STEP 02 单击工具箱中的"渐变工具"按钮▇，在选项栏中单击渐变条，在弹出的"渐变编辑器"对话框中编辑一个黄色、红色、洋红、蓝色的彩色渐变，单击"确定"按钮完成渐变编辑，并在选项栏中设置渐变方式为"线性渐变"，效果如图 6-61 所示。在画面中按住鼠标左键并拖曳填充渐变颜色，效果如图 6-62 所示。

图 6-60　　　　　　　　　　　图 6-61　　　　　　　　　　　图 6-62

STEP 03 在"图层"面板中设置图层混合模式为"滤色"，如图 6-63 所示。效果如图 6-64 所示。

图 6-63　　　　　　　　　　　图 6-64

STEP 04 单击工具箱中的"渐变工具"按钮▇，在选项栏中单击渐变条，在弹出的"渐变编辑器"对话框中编辑一个白色到透明渐变，并将渐变编辑条上的"不透明度色标"向左拖曳到中间位置，单击"确定"按钮完成渐变编辑。在选项栏中设置渐变方式为"径向渐变"，勾选"反向"复选框，如图 6-65 所示。在画面中间位置按住鼠标左键向外拖曳，填充渐变，效果如图 6-66 所示。

图 6-65 图 6-66

操作练习：使用图层混合模式制作二次曝光效果

案例文件	使用图层混合模式制作二次曝光效果.psd	难易指数	★★★★★
视频教学	使用图层混合模式制作二次曝光效果.flv	技术要点	图层混合模式

 案例效果（如图 6-67 所示）

 操作步骤

图 6-67

STEP 01 执行菜单"文件＞打开"命令，或按 Ctrl+O 组合键，在弹出的"打开"对话框中单击选择素材"1.jpg"，单击"打开"按钮，效果如图 6-68 所示。执行菜单"文件＞置入"命令，在弹出的"置入"对话框中单击选择素材"2.jpg"，单击"置入"按钮，按 Enter 键完成置入。执行菜单"图层＞栅格化＞智能对象"命令，将图层栅格化为普通图层，如图 6-69 所示。

STEP 02 在"图层"面板中选择置入的素材图层，设置图层混合模式为"强光"，如图 6-70 所示。效果如图 6-71 所示。

图 6-68 图 6-69

图 6-70 图 6-71

操作练习：设置图层混合模式将光效元素混合到画面中

案例文件	设置图层混合模式将光效元素混合到画面中.psd	难易指数	⭐⭐⭐⭐⭐
视频教学	设置图层混合模式将光效元素混合到画面中.flv	技术要点	图层混合模式

 案例效果（如图 6-72 所示）

图 6-72

操作步骤

STEP 01 执行菜单"文件>打开"命令，或按Ctrl+O组合键，在弹出的"打开"对话框中单击选择素材"1.jpg"，单击"打开"按钮，如图 6-73 所示。效果如图 6-74 所示。

STEP 02 执行菜单"文件>置入"命令，在打开的"置入"对话框中单击选择光效素材"2.jpg"，单击"置入"按钮，如图 6-75 所示。按 Enter 键完成置入，选择光效素材图层，执行菜单"图层>栅格化>智能对象"命令，将图层栅格化为普通图层，如图 6-76 所示。

STEP 03 在"图层"面板中选择置入的"光效素材"图层，设置图层混合模式为"滤色"，如图 6-77 所示。此时光效素材中的黑色部分将被滤除掉，最终效果如图 6-78 所示。

图 6-73

图 6-74

图 6-75

图 6-76

图 6-77

图 6-78

操作练习：设置图层混合模式改变头发颜色

案例文件	设置图层混合模式改变头发颜色.psd	难易指数	⭐⭐⭐⭐⭐
视频教学	设置图层混合模式改变头发颜色.flv	技术要点	图层混合模式、画笔工具

📖 **案例效果**（如图 6-79 所示）

图 6-79

📖 **操作步骤**

STEP 01 执行菜单"文件＞打开"命令，或按 Ctrl+O 组合键，在弹出的"打开"对话框中单击选择素材"1.jpg"，单击"打开"按钮，如图 6-80 所示。新建一个图层，单击工具箱中的"画笔工具"按钮 🖌，在选项栏中单击"画笔预设"下拉按钮，在"画笔预设"面板中设置"大小"为 50 像素、"硬度"为 0%、"不透明度"为 74%，并设置"前景色"为红色，接着在画面人物头发上进行涂抹，如图 6-81 所示。

STEP 02 在"图层"面板中设置图层混合模式为"叠加"，设置"不透明度"为 60%，如图 6-82 所示。效果如图 6-83 所示。

图 6-80

图 6-81

图 6-82

图 6-83

STEP 03 单击工具箱中的"画笔工具"按钮 🖌，设置"前景色"为黄色。新建一个图层，在人物头发上绘制，如图 6-84 所示。在"图层"面板中设置图层混合模式为"柔光"，如图 6-85 所示。此时头发呈现出挑染的效果，如图 6-86 所示。

图 6-84

图 6-85

图 6-86

操作练习：制作炫彩海报

案例文件	制作炫彩海报 .psd
视频教学	制作炫彩海报 .flv

难易指数	⭐⭐⭐⭐⭐
技术要点	图层混合模式、曲线、阈值、渐变映射

案例效果（如图 6-87 所示）

图 6-87

操作步骤

STEP 01 执行菜单"文件 > 新建"命令，在"新建"对话框中设置文件"宽度"为 2480 像素、"高度"为 3508 像素，设置"分辨率"为 72 像素 / 英寸，设置"颜色模式"为"RGB 颜色"，设置"背景内容"为"白色"，如图 6-88 所示。单击工具箱中的"渐变工具"按钮，在选项栏中单击渐变条，在弹出的"渐变编辑器"对话框中编辑一个紫色系渐变，单击"确定"按钮完成设置。在选项栏中设置渐变方式为"线性渐变"，在画面中按住鼠标左键并拖曳填充渐变，如图 6-89 所示。

图 6-88

图 6-89

STEP 02 新建一个图层，制作浅蓝色光效。设置"前景色"为浅蓝色，单击工具箱中的"画笔工具"按钮 ✐。执行菜单"窗口 > 画笔"命令，打开"画笔"面板。在"画笔"面板中增大"间距"数值，如图 6-90 所示。在左侧列表框中勾选"形状动态"复选框，增大"大小抖动"数值，如图 6-91 所示。勾选"散布"复选框，增大"散布"数值，如图 6-92 所示。勾选"传递"复选框，增大"不透明度抖动"数值，如图 6-93 所示。在画面中按住鼠标左键并拖曳，绘制斑点，如图 6-94 所示。

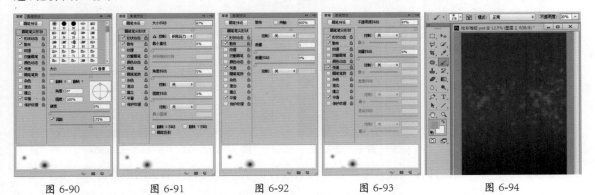

图 6-90   图 6-91   图 6-92   图 6-93   图 6-94

STEP 03 增大画笔大小，取消勾选"形状动态""散布""传递"复选框，然后在画面中按住鼠标左键绘制，效果如图 6-95 所示。设置图层混合模式为"颜色减淡"，设置"不透明度"为 60%，如图 6-96 所示。效果如图 6-97 所示。

图 6-95　　　　　　　　图 6-96　　　　　　　　图 6-97

STEP 04 新建一个图层，继续使用画笔工具在画面中央部分涂抹绘制，如图 6-98 所示。接着设置"光效 1"图层混合模式为"柔光"，如图 6-99 所示。效果如图 6-100 所示。

图 6-98　　　　　　　　图 6-99　　　　　　　　图 6-100

STEP 05 制作海报背景。为了便于管理，将制作海报背景的图层放在一图层组内，即"背景"组，如图 6-101 所示。执行菜单"文件 > 置入"命令，在弹出的"置入"对话框中单击选择素材"1.jpg"，单击"置入"按钮，将素材拖曳到适当位置，按 Enter 键完成置入。执行菜单"图层 > 栅格化 > 智能对象"命令，将图层栅格化为普通图层，如图 6-102 所示。

STEP 06 为了使素材融入海报对素材边缘进行调整。选中该图层，单击"图层"面板底部的"添加图层蒙版"按钮，如图 6-103 所示。接着单击工具箱中的"画笔工具"按钮，在选项栏中单击"画笔预设"下三角按钮，在"画笔预设"面板中设置"大小"为 500 像素、"硬度"为 0%，设置"前景色"为黑色，在画面中素材下部位置进行涂抹，此时图层蒙版缩览图被涂抹的部分变为透明，如图 6-104 所示。

图 6-101　　　　　图 6-102　　　　　图 6-103　　　　　图 6-104

STEP 07 为了使背景更具有气氛，下面要对背景进行调整。首先制作纸质泼墨的感觉。执行菜单"图层 > 新建调整图层 > 阈值"命令，在打开的"属性"面板中设置"阈值色阶"为 128，如图 6-105 所示。在"属性"面板底部单击"此调整剪贴到此图层"按钮，完成设置，效果如图 6-106 所示。接着在"图层"面板中设置混合模式为"正片叠底"，设置"不透明度"为 41%，如图 6-107 所示。效果如图 6-108 所示。

| 图 6-105 | 图 6-106 | 图 6-107 | 图 6-108 |

STEP 08 调整背景颜色，使其与底部画面的颜色对比度加强。执行菜单"图层 > 新建调整图层 > 渐变映射"命令，在打开的"属性"面板中单击渐变条，在"渐变编辑器"对话框中编辑一个红色渐变，单击"确定"按钮完成渐变编辑，如图 6-109 所示。在"属性"面板底部单击"此调整剪贴到此图层"按钮，完成设置，效果如图 6-110 所示。

STEP 09 调整背景画面的对比度。执行菜单"图层 > 新建调整图层 > 曲线"命令，在打开的"属性"面板中的曲线上单击，添加控制点后向上拖曳，接着再单击，添加控制点后向下拖曳，使曲线形成 S 形状，如图 6-111 所示。在"属性"面板底部单击"此调整剪贴到此图层"按钮，完成设置，效果如图 6-112 所示。

| 图 6-109 | 图 6-110 | 图 6-111 | 图 6-112 |

STEP 10 对画面添加纸张纹理效果。执行菜单"文件 > 置入"命令，在弹出的"置入"对话框中单击选择素材"2.jpg"，单击"置入"按钮，按 Enter 键完成置入。执行菜单"图层 > 栅格化 > 智能对象"命令，将图层栅格化为普通图层，如图 6-113 所示。纹理素材主要将其应用在画面上半部分，选择纹理图层，单击"图层"面板底部的"添加图层蒙版"按钮，如图 6-114 所示。

| 图 6-113 | 图 6-114 |

STEP 11 单击工具箱中的"画笔工具"按钮 ，在选项栏中单击"画笔预设"下三角按钮，在"画笔预设"面板中设置"大小"为 500 像素、"硬度"为 0%，设置"前景色"为黑色，如图 6-115 所示。在图像中的下部位置进行涂抹隐藏画面显示，在图层蒙版缩览图中可以看到被涂抹的部分变为透明效果，效果如图 6-116 所示。继续在"图层"面板中设置图层混合模式为"颜色加深"，如图 6-117 所示。效果如图 6-118 所示。

图 6-115　　　　　　图 6-116　　　　　　图 6-117　　　　　　图 6-118

STEP 12 执行菜单"文件＞置入"命令，在弹出的"置入"对话框中单击选择素材"2.jpg"，单击"置入"按钮，按 Enter 键完成置入，如图 6-119 所示。执行菜单"图层＞栅格化＞智能对象"命令，接着在"图层"面板中设置图层混合模式为"滤色"，效果如图 6-120 所示。

STEP 13 从画面中我们可以看到画面顶部左右两个角颜色不均匀，这就需要对画面左上角添补颜色。接着单击工具箱中的"画笔工具"按钮 ，在选项栏中单击"画笔预设"下三角按钮，在"画笔预设"面板中设置"大小"为 500 像素、"硬度"为 0%、"不透明度"为 74%，设置"前景色"为红色，在画面左上角进行涂抹，如图 6-121 所示。

图 6-119　　　　　　图 6-120　　　　　　图 6-121

STEP 14 为画面中添加文字。单击工具箱中的"横排文字工具"按钮 ，在选项栏中设置"字体""字号"和"填充"，在画面中间位置单击并输入文字，如图 6-122 所示。

图 6-122

STEP 15 执行菜单"图层 > 图层样式 > 斜面和浮雕"命令，在"图层样式"对话框中设置"样式"为"内斜面"，设置"方法"为"平滑"，设置"深度"为 52%，设置"方向"为"下"，设置"大小"为 0 像素，设置"软化"为 1 像素，设置阴影"角度"为 120 度，设置阴影"高度"为 30 度，设置"高光模式"为"滤色"，设置"高光颜色"为白色，设置"不透明度"为 60%，设置"阴影模式"为"正片叠底"，设置"阴影颜色"为黑色，设置"不透明度"为 75%，如图 6-123 所示。在左侧列表框中勾选"渐变叠加"复选框，设置"混合模式"为"正常"，"不透明度"为90%，"渐变"为灰白渐变，"样式"为"线性"，"角度"为 90 度，"缩放"为 91%，如图 6-124 所示。

STEP 16 在左侧列表框中勾选"投影"复选框，设置"混合模式"为"正片叠底"，设置"投影颜色"为黑色，设置"不透明度"为 75%，设置"角度"为 120 度，设置"距离"为 17 像素，设置"扩展"为 0%，设置"大小"为 17 像素，单击"确定"按钮完成设置，如图 6-125 所示。效果如图 6-126 所示。

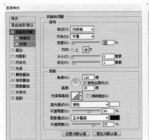

图 6-123

图 6-124

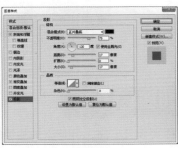

图 6-125

图 6-126

STEP 17 使用同样的方法制作其他文字，如图 6-127 所示。

STEP 18 制作文字的修饰。单击工具箱中的"矩形工具"按钮，在选项栏中设置"绘制模式"为"像素"，设置"前景色"为白色，如图 6-128 所示。在画面中绘制两个矩形作为文字修饰，最终效果如图 6-129 所示。

图 6-127

图 6-128

图 6-129

6.2 图层样式

图层样式是一种为图层内容模拟特殊效果的功能。图层样式的使用方法十分简单，可以为普通图层、文本图层和形状图层应用图层样式。为图层添加图层样式具有快速、精准和可编辑的优势，所以在设计中图层样式是非常常用的功能之一。例如制作带有描边的文字、水晶按钮、凸起效果等，都会使用到图层样式。图 6-130 所示为原图和不同图层样式的展示效果。

图 6-130

6.2.1 使用图层样式

虽然不同图层样式效果不同，但是添加与编辑图层样式的方法却是相同的。操作方法如下。

STEP 01 选中一个图层，如图 6-131 所示。执行菜单"图层 > 图层样式"命令，在子菜单中可以看到多种图层样式命令，如图 6-132 所示。选择某项命令即可弹出"图层样式"对话框，并打开与之相对应的面板，如图 6-133 所示。在"图层"面板的底部单击"添加图层样式"按钮 *fx.*，在弹出的下拉菜单中选择一种样式，也可以为图层添加图层样式。

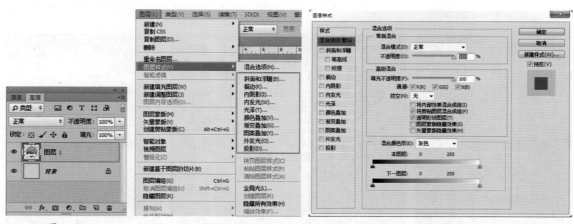

图 6-131   图 6-132   图 6-133

STEP 02 在"图层样式"对话框左侧列表框中可以看到所有图层样式的名称，当还需要添加其他图层样式时，单击相应的图层样式名称即可显示相对应的面板，如图 6-134 所示。启用的样式名称前面的复选框内有✔标记。参数设置完成后单击"确定"按钮，即可为图层添加图层样式，效果如图 6-135 所示。

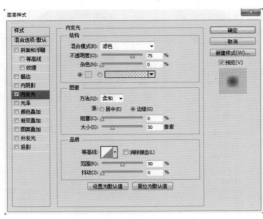

图 6-134　　　　　　　　　　　图 6-135

STEP 03 如果想对已有的图层样式进行编辑，就在"图层"面板中双击该样式的名称，如图 6-136 所示。弹出"图层样式"对话框，然后对图层样式进行编辑，如图 6-137 所示。

STEP 04 如果要删除某个图层中的所有样式，就在"图层"面板中选中图层，然后执行菜单"图层 > 图层样式 > 清除图层样式"命令，或者将图层右侧的 fx 图标拖曳到"删除"按钮 🗑 上，即可删除图层样式，如图 6-138 所示。

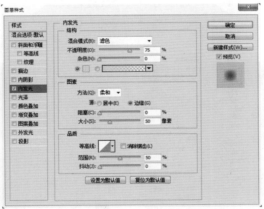

图 6-136　　　　　　　　图 6-137　　　　　　　　图 6-138

STEP 05 "栅格化图层样式"可以将图层样式的效果应用到该图层的原始内容中，栅格化后的图层样式就不能再次编辑更改图层样式。在想要栅格化的图层名称上右击，在弹出的快捷菜单中选择"栅格化图层样式"命令，如图 6-139 所示。接着该图层就会变为普通图层，如图 6-140 所示。

图 6-139　　　　　　　　图 6-140

231

STEP 06 当文档中包括多个带有相同图层样式的对象时，则可以通过复制并粘贴图层样式的方法进行制作。在想要复制图层样式的图层名称上右击，在弹出的快捷菜单中选择"拷贝图层样式"命令，如图 6-141 所示。

接着右击目标图层，执行"粘贴图层样式"命令，如图 6-142 所示，即可将图层样式复制到另一个图层上。

图 6-141　　　　　　　　　　　　　　　　图 6-142

6.2.2 "斜面和浮雕"样式

"斜面和浮雕"是 Photoshop 图层样式中最复杂的一个，使用该样式将使图层模拟出由于受光而产生的高光和阴影感，从而营造出立体感的浮雕效果。图 6-143 所示为未添加图层样式的效果。选中图层，执行菜单"图层 > 图层样式 > 斜面和浮雕"命令，在弹出的"图层样式"对话框中对"斜面和浮雕"的"结构"和"阴影"选项组中的属性进行设置，设置完毕后单击"确定"按钮，完成图层样式的添加，如图 6-144 所示。"斜面和浮雕"样式效果如图 6-145 所示。

图 6-143　　　　　　　　　　　　　图 6-144　　　　　　　　　　　　　图 6-145

- ★ 样式：在下拉列表中选择斜面和浮雕的样式。选择"外斜面"将在图层内容的外侧边缘创建斜面；选择"内斜面"将在图层内容的内侧边缘创建斜面；选择"浮雕效果"将使图层内容相对于下层图层产生浮雕状的效果；选择"枕状浮雕"将模拟图层内容的边缘嵌入到下层图层中产生的效果；选择"描边浮雕"将使浮雕应用于图层的"描边"样式的边界，如果图层没有"描边"样式，就不会产生效果，如图 6-146 所示。
- ★ 方法：用来选择创建浮雕的方法。选择"平滑"，将得到比较柔和的边缘；选择"雕刻清晰"将得到最精确的浮雕边缘；选择"雕刻柔和"将得到中等水平的浮雕效果，如图 6-147 所示。
- ★ 深度：用来设置浮雕斜面的应用深度，该值越高，浮雕的立体感越强，如图 6-148 和图 6-149 所示。

| 外斜面 | 内斜面 | 浮雕效果 | 枕状浮雕 | 描边浮雕 |

图 6-146

| 平滑 | 雕刻清晰 | 雕刻柔和 |

图 6-147　　　　　　　　　图 6-148　　　　　　　图 6-149

★　方向：用来设置高光和阴影的位置，该选项与光源的角度有关，如图 6-150 和图 6-151 所示。

★　大小：该选项表示斜面和浮雕的阴影面积的大小，如图 6-152 和图 6-153 所示。

图 6-150　　　　　图 6-151　　　　　图 6-152　　　　　图 6-153

★　软化：用来设置斜面和浮雕的平滑程度。

★　角度：用来设置光源的发光角度。

★　高度：用来设置光源的高度。

★　使用全局光：如果勾选该复选框，那么所有浮雕样式的光照角度都将保持在同一个方向。

★　光泽等高线：选择不同的等高线样式，可以为斜面和浮雕的表面添加不同的光泽质感，也可以自己编辑等高线样式，如图 6-154 所示。

图 6-154

★　消除锯齿：当设置了光泽等高线时，斜面边缘可能会产生锯齿，勾选该复选框可以消除锯齿。

★　高光模式 / 不透明度：这两个选项用来设置高光的混合模式和不透明度，后面的色块用于设置高光的颜色。

★ 阴影模式 / 不透明度：这两个选项用来设置阴影的混合模式和不透明度，后面的色块用于设置阴影的颜色。

在"图层样式"对话框左侧列表框中的"斜面和浮雕"样式下还包含"等高线"与"纹理"样式的设置。单击选择"等高线"选项，切换到"等高线"面板，如图 6-155 所示。在"等高线"下拉面板中设置了许多预设的等高线样式，这些样式可以为斜面和浮雕的表面添加不同的光泽质感。选择"等高线"样式在浮雕中创建凹凸起伏的效果，如图 6-156 所示。

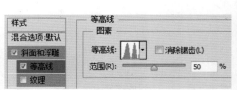
图 6-155

图 6-156

"纹理"用来给图形增加纹理质感。单击选择"纹理"选项，切换到"纹理"面板，单击"图案"右侧的下三角按钮，在下拉面板中选择图案。通过设置"缩放"和"深度"选项设置图案的大小和纹理的密度，如图 6-157 所示。效果如图 6-158 所示。

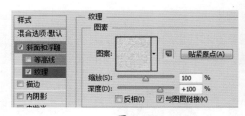
图 6-157

图 6-158

技巧提示　纹理中的图案

"图案"选项中的纹理图案就是图案库。通过自定义图案或载入下载的图案可以提供所需的纹理。

操作练习：使用斜面和浮雕样式制作金属感文字

案例文件	使用斜面和浮雕样式制作金属感文字 .psd	难易指数	★★★★★
视频教学	使用斜面和浮雕样式制作金属感文字 .flv	技术要点	"斜面和浮雕"图层样式的使用、创建剪贴蒙版

 案例效果 (如图 6-159 所示)

图 6-159

 操作步骤

STEP01 执行菜单"文件 > 打开"命令，或按 Ctrl+O 组合键，在弹出的"打开"对话框中单击选择素材"1.jpg"，单击"打开"按钮，效果如图 6-160 所示。单击工具箱中的"钢笔工具"按钮，在选项栏中设置"字体""字号"和"填充"，在画面中间位置单击并输入文字，如图 6-161 所示。

图 6-160   图 6-161

STEP 02 执行菜单"图层>图层样式>斜面和浮雕"命令，在弹出的"图层样式"对话框中设置"样式"为"内斜面"，设置"方法"为"雕刻清晰"，设置"深度"为450%，设置"方向"为"上"，设置"大小"为4像素，设置阴影"角度"为30度，设置阴影"高度"为30度，设置"高光模式"为"滤色"，设置"高光颜色"为白色，设置"不透明度"为75%，设置"阴影模式"为"正片叠底"，设置"阴影颜色"为黑色，设置"不透明度"为75%，单击"确定"按钮完成设置，如图6-162所示。效果如图6-163所示。

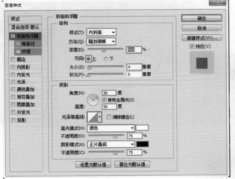

图 6-162   图 6-163

STEP 03 为了使文字具有金属质感，下面将置入金属素材并赋予文字。执行菜单"文件>置入"命令，在弹出的"置入"对话框中单击选择素材"2.jpg"，单击"置入"按钮，将其移动到适当的位置后按Enter键完成置入。接着执行菜单"图层>栅格化>智能对象"命令，将图层栅格化为普通图层，如图6-164所示。继续执行菜单"图层>创建剪贴蒙版"命令，效果如图6-165所示。

图 6-164   图 6-165

STEP 04 对整体添加炫彩光效，修饰整体画面。执行菜单"文件>置入"命令，在弹出的"置入"对话框中单击选择素材"2.jpg"，单击"置入"按钮，将其移动到适当位置后按Enter键完成置入。接着执行菜单"图层>栅格化>智能对象"命令，将图层栅格化为普通图层，如图6-166所示。接着在"图层"面板中设置图层混合模式为"滤色"，如图6-167所示。效果如图6-168所示。

STEP 05 在"图层"面板中选择该图层，单击面板底部的"添加图层蒙版"按钮，如图6-169所示。单击工具箱中的"画笔工具"按钮 ，在选项栏中单击"画笔预设"下三角按钮，在"画笔预设"下拉面板中设置"大小"为 100 像素，设置"硬度"为 0%，如图 6-170 所示。在选项栏中设置画笔"不透明度"为 30%。

STEP 06 在画面中按住鼠标左键并拖曳，使用画笔工具在画面蒙版中间位置绘制，被涂抹的区域将变为半透明显示，如图 6-171 所示。效果如图 6-172 所示。

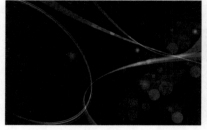

图 6-166　　　　　　　　　图 6-167　　　　　　　　　图 6-168

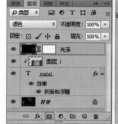

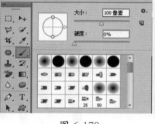

图 6-169　　　　　　图 6-170　　　　　　图 6-171　　　　　　图 6-172

6.2.3　"描边"样式

"描边"样式的使用频率非常高，使用"描边"样式可以为图层添加单色、渐变以及图案的描边效果。选中图层，执行菜单"图层 > 图层样式 > 描边"命令，在弹出的"图层样式"对话框中对"描边"的大小、填充类型、不透明度以及位置进行设置，设置完毕后单击"确定"按钮完成样式的添加，如图 6-173 所示。图 6-174 所示为不同"填充类型"的效果。为图形添加描边效果可以起到突出、强调的作用。

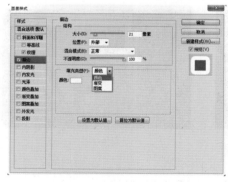

图 6-173

颜色描边　　　　　　渐变描边　　　　　　图案描边

图 6-174

6.2.4　"内阴影"样式

"内阴影"样式主要用于模拟图层向内凹陷的效果，该样式可使图层由边缘向内添加阴影。例如制作一个相框内的照片，这时我们就可以为照片添加"内阴影"样式，使相框的边缘产生阴影效果，使照片产生向内凹陷，低于相框内边缘的效果。图 6-175 和图 6-176 所示为添加阴影前后的对比效果。

图 6-175　　　　　　　　　　　　图 6-176

　　打开一幅图像，如图 6-177 所示。选中图层，执行菜单"图层 > 图层样式 > 内阴影"命令，在弹出的"图层样式"对话框中对"内阴影"的"结构"和"品质"进行设置，如图 6-178 所示。设置完毕后单击"确定"按钮，"内阴影"样式效果如图 6-179 所示。

图 6-177　　　　　　　　　　　图 6-178　　　　　　　　　　　图 6-179

"内阴影"样式与"投影"样式的参数选项十分相似，不同的是"投影"样式通过"扩展"选项来控制投影边缘的渐变范围，"内阴影"样式通过"阻塞"来控制渐变范围。"阻塞"选项可以模糊之前收缩内阴影的边界。"大小"选项与"阻塞"选项是相互关联的，"大小"数值越高，可设置的"阻塞"范围就越大，如图 6-180 和图 6-181 所示。

图 6-180　　　　　　　　　　　图 6-181

★ 混合模式：用来设置内阴影与下面图层的混合方式，默认设置为"正片叠底"模式。

★ 颜色：单击"混合模式"选项右侧的颜色块，可以设置内阴影的颜色。

★ 不透明度：设置内阴影的不透明度。数值越低，投影越淡。

★ 角度：用来设置投影应用于图层时的光照角度，指针方向为光源方向，相反方向为内阴影方向。

★ 使用全局光：当勾选该复选框时，将保持所有光照的角度一致；取消勾选该复选框时，将为不同的图层分别设置光照角度。

★ 距离：用来设置内阴影偏移图层内容的距离。

- ★ 阻塞：用于模糊之前收缩内阴影的边界。
- ★ 大小：用来设置内阴影的模糊范围，该值越高，模糊范围越广；反之内阴影越清晰。
- ★ 等高线：以调整曲线的形状来控制投影的形状，既可以手动调整，也可以通过内置的等高线预设。
- ★ 消除锯齿：混合等高线边缘的像素，使内阴影更加平滑。该选项对于尺寸较小且具有复杂等高线的内阴影比较实用。
- ★ 杂色：用来在内阴影中添加杂色的颗粒感效果，数值越大，颗粒感越强。

6.2.5 "内发光"样式

顾名思义，"内发光"是为图层的内部添加光晕效果。打开一幅图像，如图6-182所示。选中图层，执行菜单"图层 > 图层样式 > 内发光"命令，在弹出的"图层样式"对话框中对"内发光"的颜色、大小、不透明度等属性进行设置，如图6-183所示。设置完毕后单击"确定"按钮，"内发光"样式效果如图6-184所示。

图 6-182

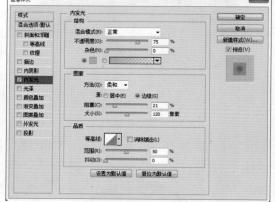
图 6-183

图 6-184

- ★ 杂色：在发光效果中添加随机的杂色效果，使光晕产生颗粒感。
- ★ 发光颜色：单击"杂色"选项下面的颜色块，可以设置发光颜色；单击颜色块后面的渐变条，可以在"渐变编辑器"对话框中选择或编辑渐变色，如图6-185和图6-186所示。

图 6-185

图 6-186

- ★ 方法：用来设置发光的方式。选择"柔和"选项，发光效果比较柔和；选择"精确"选项，可以得到精确的发光边缘。
- ★ 源：控制光源的位置。

★ 阻塞：用来在模糊之前收缩发光的杂边边界。
★ 大小：用来设置光晕范围的大小，如图 6-187 和图 6-188 所示。

图 6-187　　　　　　　　图 6-188

★ 等高线：用来控制发光的形状。
★ 范围：控制发光中作为等高线目标的部分和范围。
★ 抖动：改变渐变的颜色和不透明度的应用。

6.2.6　"光泽"样式

当制作金属、玻璃、塑料这些对象时，就可以使用到"光泽"样式。打开一幅图像，如图 6-189 所示。选中图层，执行菜单"图层 > 图层样式 > 光泽"命令，在弹出的"图层样式"对话框中对"光泽"的颜色、混合模式、不透明度、角度、距离、大小等参数进行设置，如图 6-190 所示。设置完毕后单击"确定"按钮，"光泽"样式效果如图 6-191 所示。

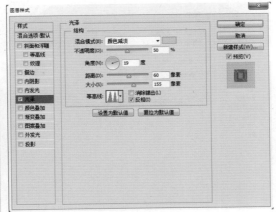

图 6-189　　　　　　　　　　图 6-190　　　　　　　　　　图 6-191

6.2.7　"颜色叠加"样式

"颜色叠加"样式用来为所选图层覆盖上某种颜色，而且还能够以不同的混合模式以及不透明度为图层进行着色。打开一幅图像，如图 6-192 所示。选中图层，执行菜单"图层 > 图层样式 > 颜色叠加"命令，在弹出的"图层样式"对话框中对"颜色叠加"的颜色、混合模式、不透明度进行设置，如图 6-193 所示。设置完毕后单击"确定"按钮，"颜色叠加"样式效果如图 6-194 所示。

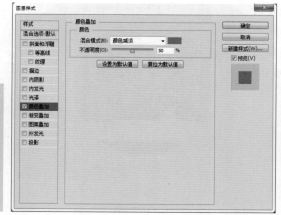

图 6-192　　　　　　　　　　　　图 6-193　　　　　　　　　　　　图 6-194

6.2.8　"渐变叠加"样式

　　"渐变叠加"样式和"颜色叠加"样式比较相似。"渐变叠加"样式能够以不同的混合模式以及不透明度使图层表面附着各种各样的渐变效果。打开一幅图像，如图 6-195 所示。选中图层，执行菜单"图层＞图层样式＞渐变叠加"命令，在弹出的"图层样式"对话框中对"渐变叠加"的渐变颜色、混合模式、不透明度进行设置，如图 6-196 所示。设置完毕后单击"确定"按钮，"渐变叠加"样式效果如图 6-197 所示。

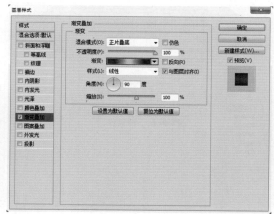

图 6-195　　　　　　　　　　　　图 6-196　　　　　　　　　　　　图 6-197

6.2.9　"图案叠加"样式

　　"图案叠加"样式用于为图层覆盖某种图案，而且能够以不同的混合模式和不透明度进行图案的叠加。打开一幅图像，如图 6-198 所示。选中图层，执行菜单"图层＞图层样式＞图案叠加"命令，在弹出的"图层样式"对话框中对"图案叠加"的图案类型、混合模式、不透明度进行设置，如图 6-199 所示。设置完毕后单击"确定"按钮，"图案叠加"样式效果如图 6-200所示。

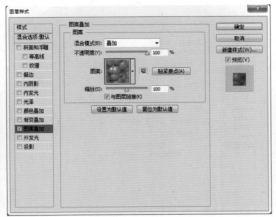

图 6-198　　　　　　　　　　图 6-199　　　　　　　　　　图 6-200

6.2.10 "外发光" 样式

　　"外发光" 样式与 "内发光" 比较相似。"外发光" 样式使图像由边缘向外添加发光效果。对于制作光效、发光效果非常好用，经常配合 "填充" 一起使用。

　　打开一幅图像，如图 6-201 所示。选中图层，执行菜单 "图层 > 图层样式 > 外发光" 命令，在弹出的 "图层样式" 对话框中对 "外发光" 的颜色、混合模式、不透明度以及大小进行设置，如图 6-202 所示。设置完毕后单击 "确定" 按钮，"外发光" 样式效果如图 6-203 所示。

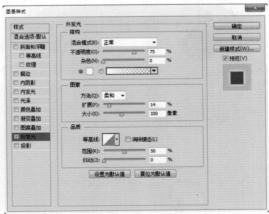

图 6-201　　　　　　　　　　图 6-202　　　　　　　　　　图 6-203

6.2.11 "投影" 样式

　　在真实世界中，有光的地方就会有阴影，"投影" 样式用于模拟对象受光照之后在对象后方产生的阴影效果。投影能够让对象更加真实、立体，所以 "投影" 样式的使用频率也非常高。

　　打开一幅图像，如图 6-204 所示。选中图层，执行菜单 "图层 > 图层样式 > 投影" 命令，在弹出的 "图层样式" 对话框中对 "投影" 的结构以及品质进行设置，如图 6-205 所示。设置完毕后单击 "确定" 按钮，"投影" 样式效果如图 6-206 所示。

图 6-204

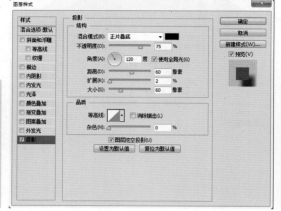

图 6-205

图 6-206

操作练习：使用多种图层样式制作晶莹质感文字

案例文件	使用多种图层样式制作晶莹质感文字 .psd
视频教学	使用多种图层样式制作晶莹质感文字 .flv

难易指数	★★★★★
技术要点	图层样式、图层蒙版、剪贴蒙版

 案例效果（如图 6-207 所示）

图 6-207

 操作步骤

STEP 01 执行菜单"文件＞打开"命令，或按 Ctrl+O 组合键，在弹出的"打开"对话框中单击选择素材"1.jpg"，单击"打开"按钮，效果如图 6-208 所示。单击工具箱中的"横排文字工具"按钮 T，在选项栏中设置适当的"字体"和"字号"，设置"填充"为橘红色，在画面中间位置单击并输入文字，如图 6-209 所示。

图 6-208

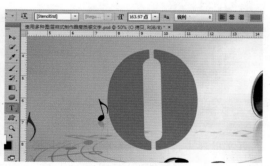

图 6-209

STEP 02 为文字添加图层样式，使文字具有光泽立体感。执行菜单"图层＞图层样式＞描边"命令，在弹出的"图层样式"对话框中设置"大小"为3像素、"位置"为"外部"、"混合模式"为"正常"、"不透明度"为100%、"填充类型"为"颜色"、"颜色"为黄色，如图6-210所示。在左侧列表框中勾选"内发光"复选框，设置"混合模式"为"滤色"、"不透明度"为75%、"杂色"为0%、"发光颜色"为黄色、"方法"为"柔和"、"大小"为10像素、"范围"为50%，如图6-211所示。

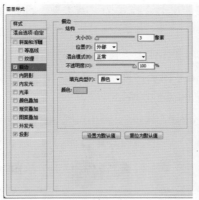

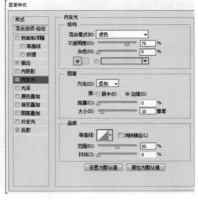

图 6-210　　　　　　　　　　图 6-211

STEP 03 在左侧列表框中勾选"投影"复选框，设置"混合模式"为"正常"、"投影颜色"为深棕色、"不透明度"为80%、"角度"为120度、"距离"为18像素、"扩展"为0%、"大小"为0像素，如图6-212所示。单击"确定"按钮完成设置，效果如图6-213所示。

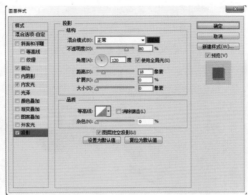

图 6-212　　　　　　　　　　　图 6-213

STEP 04 为文字制作晶莹质感。选中文字图层，执行菜单"图层>复制图层"命令，接着选中拷贝的文字图层，执行菜单"图层>图层样式>清除图层样式"命令，然后设置文字颜色为黑色，效果如图6-214所示。为该文字重新设置图层样式，执行菜单"图层>图层样式>内发光"命令，在弹出的"图层样式"对话框中设置"混合模式"为"正常"、"不透明度"为44%、"杂色"为0%、"内发光颜色"为白色、"方法"为"柔和"、"源"为"边缘"、"阻塞"为0%、"大小"为51像素、"范围"为50%，如图6-215所示。单击"确定"按钮，效果如图6-216所示。

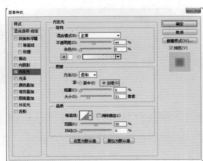

图 6-214　　　　　　　　　图 6-215　　　　　　　　　图 6-216

STEP 05 在"图层"面板中设置图层混合模式为"减去"，此时文字中黑色的部分被隐藏，效果如图 6-217 所示。

STEP 06 单击工具箱中的"多边形套索工具"按钮 ，在画面中绘制一个多边形选区，如图 6-218 所示。选中复制的文字图层，单击"图层"面板底部的"添加图层蒙版"按钮，为该图层创建图层蒙版，如图 6-219 所示。效果如图 6-220 所示。

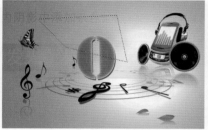

图 6-217　　　　　　　　图 6-218　　　　　　　　图 6-219　　　　　　　　图 6-220

STEP 07 将文字进行适当的旋转，使文字摆放更美观。在"图层"面板中选中文字图层和复制的文字图层，使用 Ctrl+T 组合键调出定界框，在画面中进行旋转，按住 Enter 键完成变换，效果如图 6-221 所示。使用同样的方法制作其他文字效果，如图 6-222 所示。

图 6-221　　　　　　　　　　　　　　图 6-222

STEP 08 在创建完所有文字后为文字制作镜像投影。在"图层"面板中选中建立的所有文字图层，按 Ctrl+J 组合键进行全部复制，再按 Ctrl+E 组合键合并图层，并将该图层拖曳到"背景"图层上方，如图 6-223 所示。接着使用 Ctrl+T 组合键进入自由变换状态，右击，执行"垂直翻转"命令，并将其旋转到适当位置，作为文字的倒影。按 Enter 键完成变换，如图 6-224 所示。

图 6-223　　　　　　　　　　　　　　图 6-224

STEP 09 选中文字倒影图层，单击"图层"面板底部的"添加图层蒙版"按钮，为文字倒影图层创建图层蒙版，如图 6-225 所示。单击图层蒙版缩览图，单击工具箱中的"渐变工具"按钮 ，在选项栏中单击渐变条，将其设置为黑白渐变，将渐变方式设置为"线性渐变"，在画面上部按住鼠标左键并向下拖曳绘制渐变，在图层蒙版中可看到填充的渐变，如图 6-226 所示。倒影图层变为半透明效果，如图 6-227 所示。

图 6-225

图 6-226

图 6-227

10 执行菜单"文件 > 置入"命令，在弹出的"置入"对话框中单击选择素材"2.png"，单击"置入"按钮，在画面中将素材移动到适当位置，按 Enter 键完成置入。接着执行菜单"图层 > 栅格化 > 智能对象"命令，将图层栅格化为普通图层，效果如图 6-228 所示。

图 6-228

操作练习：使用"样式"面板制作复杂的质感

案例文件	使用"样式"面板制作复杂的质感.psd	难易指数	★★★★★
视频教学	使用"样式"面板制作复杂的质感.flv	技术要点	"样式"面板的使用、载入样式库素材

案例效果 (如图 6-229 所示)

图 6-229

操作步骤

01 执行菜单"文件 > 打开"命令，或按 Ctrl+O 组合键，在弹出的"打开"对话框中单击选择素材"1.jpg"，单击"打开"按钮，效果如图 6-230 所示。

图 6-230

02 在图 6-229 中可以看到文字和形状被赋予了复杂的质感图层样式，所以要先载入已有的图层样式库。执行菜单"编辑 > 预设 > 预设管理器"命令，在弹出的"预设管理器"对话框中设置"预设类型"为"样式"，单击"载入"按钮，如图 6-231 所示。在弹出的"载入"对话框中单击选择"2.asl"，单击"载入"按钮完成载入，如图 6-232 所示。接着在"预设管理器"对话框中可以看到载入的图层样式，单击"完成"按钮完成编辑，如图 6-233 所示。

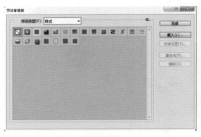

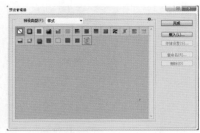

图 6-231　　　　　　　　　　　图 6-232　　　　　　　　　　　图 6-233

STEP 03 制作文字并为文字赋予质感。单击工具箱中的"横排文字工具"按钮 **T**，在选项栏中设置字体、字号、填充，在画面中间位置单击并输入文字，如图 6-234 所示。接着执行菜单"窗口＞样式"命令，在打开的"样式"面板中可以看到新载入的图层样式，如图 6-235 所示。选中文字图层，并单击"样式"面板中的样式，文字会直接显示出效果，如图 6-236 所示。

图 6-234　　　　　　　　　　　图 6-235　　　　　　　　　　　图 6-236

STEP 04 使用同样的方法制作其他文字，效果如图 6-237 所示。

STEP 05 制作质感自定形状。单击工具箱中的"自定形状工具"按钮 **★**，在选项栏中设置"绘制模式"为"形状"、"填充"为红色，单击"形状"下三角按钮，在下拉面板中选择"树"形状，接着在画面右侧按住鼠标左键拖曳绘制自定形状，如图 6-238 所示。接着执行菜单"窗口＞样式"命令，在打开的"样式"面板中选择新载入的图层样式，效果如图 6-239 所示。

图 6-237　　　　　　　　　　　图 6-238　　　　　　　　　　　图 6-239

6.3　为图层添加 3D 效果

在 Photoshop 中打开 3D 对象并进行编辑，但更多的时候是利用 Photoshop 将平面图层转换为 3D 效果。在 Photoshop 中普通图层、文字对象、形状对象、路径甚至是选区都可以用于创建为立体效果。在 3D 菜单中可以看到相应的命令，如图 6-240 所示。执行菜单"窗口＞3D"命令，打开 3D 面板，创建和编辑 3D 对象，如图 6-241 所示。在选中了 3D 对象之后，可以在"属性"面板中对 3D 对象进行属性的修改。

STEP 01 执行菜单"文件 > 打开"命令，打开一幅背景图像，如图 6-242 所示。接着单击工具箱中的"横排文字工具"按钮 **T**，在选项栏中设置合适的字体、字号，设置"填充"为白色，然后在画面中单击插入光标，接着输入文字，如图 6-243 所示。

图 6-240

图 6-241

图 6-242

图 6-243

STEP 02 选中该图层，执行菜单"3D> 从所选图层新建 3D 模型"命令。在 3D 面板中单击"网格"按钮，然后单击文字条目。接着配合"属性"面板，单击"形状预设"下三角按钮，在下拉面板中选择一个合适的形状。设置"凸出深度"为 300，如图 6-244 所示。此时文字效果如图 6-245 所示。

图 6-244

图 6-245

STEP 03 在移动工具选项栏中可以看到多个 3D 工具，包括移动、缩放、旋转等。选择选项栏中的对象旋转工具，向下拖曳 3D 轴，将文字的角度进行调整，如图 6-246 所示。文字效果如图 6-247 所示。

图 6-246

图 6-247

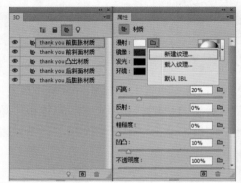

命令，如图 6-252 所示。接着单击"属性"面板中的 ![] 按钮，执行"编辑纹理"命令，如图 6-253 所示。

图 6-252　　　　　　　　　　　图 6-253

STEP 07 在打开的新文档中继续添加素材或者进行绘制，如图 6-254 所示。接着按 Ctrl+S 组合键保存，然后关闭该文档。此时文字效果如图 6-255 所示。

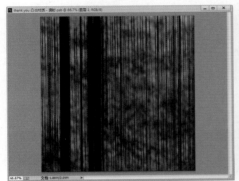

图 6-254　　　　　　　　　　　　图 6-255

STEP 08 调整 3D 光源。与真实世界相似，3D 功能中也可以添加或者编辑已有光源。单击 3D 面板中的"光源"按钮，然后单击"无限光 1"条目，接着在"属性"面板中设置"强度"为 100%，如图 6-256 所示。此时 3D 文字变亮了很多，效果如图 6-257 所示。

图 6-256　　　　　　　　　　　　图 6-257

STEP 09 至此 3D 文字编辑完成，下面可以添加一些装饰元素以及光效元素，如图 6-258 和图 6-259 所示。

图 6-258

图 6-259

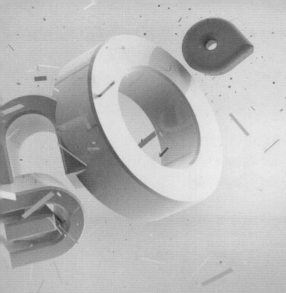

第 7 章
CHAPTER SEVEN
滤镜特效

本章概述

　　Photoshop 中的滤镜主要用来实现图像的各种特殊效果。添加滤镜的方法比较简单，但是如果要将滤镜效果发挥到极致，那么不仅需要一定的美术功底，还需要学会融会贯通，以及发挥自身的想象力。书中的资源虽然有限，但我们可以通过网络学习，制作更多光怪陆离、变化万千的滤镜效果。

本章要点

- 掌握添加滤镜的方法
- 掌握特殊滤镜的使用方法
- 了解滤镜组中滤镜的效果

扫一扫，下载
本章配备资源

佳作欣赏

7.1 使用滤镜

Photoshop 中的滤镜都在"滤镜"菜单下，单击菜单栏中的"滤镜"按钮，在下拉菜单中即可看到滤镜以及滤镜组的名称，如图 7-1 所示。滤镜菜单中的滤镜分为三大类。特殊滤镜几乎都是独立的滤镜，单击某一项特殊滤镜菜单即可弹出具有独立的操作界面以及工具的滤镜窗口，部分特殊滤镜已在前面的章节讲解过了，本节介绍一些"滤镜库"的滤镜以及"油画"滤镜。"滤镜组"名称后方都带有▶，这表示子命令中包含了多个滤镜。在 Photoshop 中还可以安装第三方滤镜，这类滤镜被称为"外挂滤镜"。

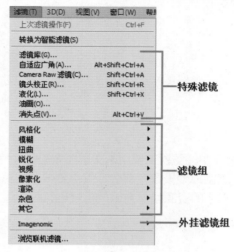

图 7-1

7.1.1 使用"滤镜库"

在 Photoshop 中有很多滤镜，它将一部分滤镜整合在一起，组成了"滤镜库"。在"滤镜库"窗口中可以为图层添加一个或多个滤镜效果。滤镜库的使用方法非常简单，操作如下。

STEP 01 选中一个图层，执行菜单"滤镜 > 滤镜库"命令，打开滤镜库窗口，在滤镜库中共包含 6 组效果，单击效果组前面的▶图标，展开该效果组。在展开的滤镜组中可以看到多种带有滤镜效果的缩览图，单击某个滤镜缩览图即可为当前画面应用滤镜效果。然后在右侧参数设置区适当调节参数，在左侧的浏览区可以查看当前设置的画面效果。调整完成后单击"确定"按钮结束操作，如图 7-2 所示。

图 7-2

STEP 02 为图片添加多个滤镜效果。在"滤镜库"窗口右下角处单击"新建效果图层"按钮，新建一个效果层。然后选择另一个滤镜，并调整参数，如图 7-3 所示。设置完成单击"确定"按钮，即可看到两种滤镜叠加的效果，如图 7-4 所示。

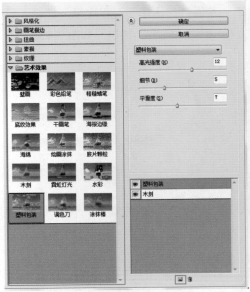

图 7-3

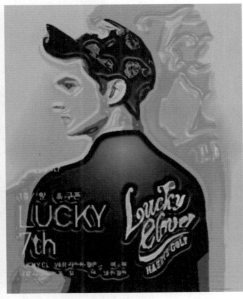

图 7-4

技巧提示　滤镜库中滤镜效果的删除、显示与隐藏

在"滤镜库"窗口中，选中添加的效果图层，然后单击"删除效果图层"按钮 即可将其删除。单击"指示效果显示与隐藏"图标 将显示或隐藏滤镜效果。

操作练习：制作欧美风格插画效果

案例文件	制作欧美风格插画效果.psd	难易指数	★★★★★
视频教学	制作欧美风格插画效果.flv	技术要点	滤镜库的使用、图层蒙版

案例效果 （如图 7-5、图 7-6 所示）

图 7-5

图 7-6

操作步骤

STEP 01 执行菜单"文件 > 打开"命令，或按 Ctrl+O 组合键，在弹出的"打开"对话框中单击选择素材"1.jpg"，单击"打开"按钮，效果如图 7-7 所示。执行菜单"图层 > 滤镜库"命令，在弹出的"滤镜库"窗口中，单击展开"艺术效果"卷展栏，选择"海报边缘"滤镜，设置"边缘厚度"为 10、"边缘强度"为 2、"海报化"为 0，单击"确定"按钮，如图 7-8 所示。

图 7-7   图 7-8

STEP 02 为画面添加装饰版块。单击工具箱中的"多边形套索工具"按钮，在选项栏中单击"新选区"按钮，在画面中单击绘制选区，如图 7-9 所示。设置"前景色"为黑色，使用 Alt+Delete 组合键为选区填充颜色，再使用 Ctrl+D 组合键取消选区，如图 7-10 所示。

图 7-9   图 7-10

STEP 03 选中"图层 1 拷贝"图层，执行菜单"图层 > 复制图层"命令，如图 7-11 所示。接着使用 Ctrl+T 组合键调出定界框，将光标定位在定界框上对其进行缩放旋转，并放置在画面右上角处，按 Enter 键完成变换，如图 7-12 所示。

图 7-11   图 7-12

STEP 04 单击工具箱中的"横排文字工具"按钮，在选项栏中设置合适的"字体"和"字号"，单击"左对齐"按钮，设置"填充"为绿色，在画面左下角单击，输入文字，如图 7-13 所示。执行菜单"图层 > 图层样式 > 投影"命令，在弹出的"图层样式"对话框中设置"混合模式"为"正常"、"投影颜色"为黄色、"不透明度"为 100%、"角度"为 150 度、"距离"为 6 像素、"扩展"为0%，"大小"为0像素，单击"确定"按钮完成设置，如图7-14所示。效果如图7-15所示。

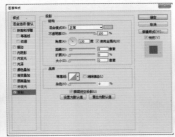

图 7-13　　　　　　　　　　　　　　　　图 7-14　　　　　　　　　　　　　图 7-15

STEP 05 使用 Ctrl+J 组合键复制文字图层，更改颜色，效果如图7-16所示。单击工具箱中的"多边形套索工具"按钮，在画面中绘制选区，如图7-17所示。

图 7-16　　　　　　　　　　　　图 7-17

STEP 06 单击"图层"面板底部的"添加图层蒙版"按钮，以当前选区创建蒙版，如图7-18所示。效果如图7-19所示。

图 7-18

图 7-19

STEP 07 使用横排文字工具在左下角输入另外一行文字，如图7-20所示。

图 7-20

操作练习：使用滤镜库制作水墨画效果

案例文件	使用滤镜库制作水墨画效果.psd	难易指数	★★★★★
视频教学	使用滤镜库制作水墨画效果.flv	技术要点	滤镜库、图层混合模式

案例效果 (如图 7-21、图 7-22 所示)

图 7-21

图 7-22

操作步骤

STEP 01 执行菜单"文件＞打开"命令，或按 Ctrl+O 组合键，在弹出的"打开"对话框中单击选择素材"1.jpg"，单击"打开"按钮，效果如图 7-23 所示。执行菜单"文件＞置入"命令，在弹出的"置入"对话框中单击选择素材"2.jpg"，单击"置入"按钮，将素材进行等比例缩放并放置在适当位置，按 Enter 键完成置入，如图 7-24 所示。

图 7-23

图 7-24

STEP 02 由于画面的暗部偏暗，所以要将画面暗部的亮度适当提高。执行菜单"图像＞调整＞阴影/高光"命令，在"阴影/高光"对话框中设置阴影"数量"为 100%、"色调宽度"为 50%、"半径"为 30 像素，单击"确定"按钮，如图 7-25 所示。效果如图 7-26 所示。

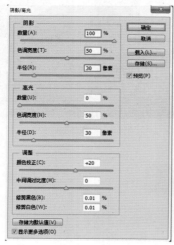

图 7-25

图 7-26

STEP 03 将画面制作成水墨画效果。执行菜单"图层>调整>黑白"命令,在打开的"属性"

面板中设置"红色"为
40、"黄色"为60、"绿色"
为40、"青色"为60、"蓝
色"为20、"洋红"为
80,单击"此调整剪贴到
此图层"按钮 ,如图7-27
所示。效果如图7-28所示。

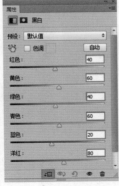

图 7-27

图 7-28

STEP 04 执行菜单"图
层>调整>曲线"命令,
在打开的"属性"面板中
的曲线上单击从而添加定
位点,按住鼠标左键向上
拖曳,单击"此调整剪
贴到此图层"按钮 ,
如图7-29所示。效果如
图7-30所示。

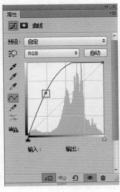

图 7-29

图 7-30

STEP 05 在"图层"面板中,按住Ctrl键选中"图层1"图层、"黑白1"图层和"曲线1"图层,
使用Ctrl+J组合键对选中图层进行复制,继续使用Ctrl+E组合键合并图层。选中合并的图层,执
行菜单"滤镜>滤镜库"命令,在弹出的"滤镜库"窗口中,展开"艺术效果"卷展栏,选择"水彩"
滤镜,设置"画笔细节"为14、"阴影强度"为0、"纹理"为1,单击"确定"按钮完成设置,
如图7-31所示。效果如图7-32所示。

图 7-31

图 7-32

STEP 06 将画面做旧并添加文字素材。单击工具箱中的"矩形工具"按钮 ,在选项栏中设置"绘
制模式"为"形状",设置"填充"为黄色,将光标移动到画面中卷框边缘处按住鼠标左键拖曳

绘制形状，如图 7-33 所示。接着在"图层"面板中设置图层混合模式为"线性加深"，设置"不透明度"为 28%，如图 7-34 所示。效果如图 7-35 所示。

图 7-33　　　　　　　　　　　　　图 7-34　　　　　　　　　　　　　图 7-35

STEP 07 执行菜单"文件 > 置入"命令，置入素材"3.png"，按 Enter 键完成置入，并将其放置在右上角，最终效果如图 7-36 所示。

图 7-36

7.1.2 / 油画

　　"油画"滤镜可以为图像模拟出油画效果，通过对画笔的样式、光线的亮度和方向的调整使油画更真实。打开一幅图像，如图 7-37 所示。接着执行菜单"滤镜 > 油画"命令，弹出"油画"对话框，设置"画笔"和"光照"选项组，设置完成后单击"确定"按钮，如图 7-38 所示。油画效果如图 7-39 所示。

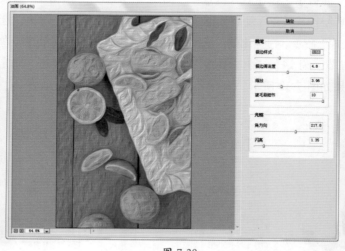

图 7-37　　　　　　　　　　　图 7-38　　　　　　　　　　　图 7-39

★ 描边样式：通过调整参数调整笔触样式。

★ 描边清洁度：通过调整参数设置纹理的柔化程度。

★ 缩放：设置纹理缩放程度。

★ 硬毛刷细节：设置画笔细节程度，数值越大毛刷纹理越清晰。

★ 角方向：设置光线的照射方向。

操作练习：为照片制作油画效果

案例文件	为照片制作油画效果.psd
视频教学	为照片制作油画效果.flv

难易指数	★★★★★
技术要点	"油画"滤镜

 案例效果 (如图 7-40、图 7-41 所示)

图 7-40

图 7-41

操作步骤

STEP 01 执行菜单"文件 > 打开"命令，或按 Ctrl+O 组合键，在弹出的"打开"对话框中单击选择素材"1.jpg"，单击"打开"按钮，效果如图 7-42 所示。执行菜单"滤镜 > 油画"命令，在弹出的"油画"对话框中设置"描边样式"为 10、"描边清洁度"为 3.25、"缩放"为 1.19、"硬毛刷细节"为 0、"角方向"为 300、"闪亮"为 1.6，单击"确定"按钮，如图 7-43 所示。

图 7-42

图 7-43

STEP 02 执行菜单"文件 > 置入"命令，在弹出的"置入"对话框中单击选择素材"2.png"，单击"置入"按钮，按 Enter 键完成置入，效果如图 7-44 所示。

图 7-44

7.2　使用"风格化"滤镜组

"风格化"滤镜组中的滤镜通过置换图像的像素和增加图像的对比度可以产生不同的作品风格效果。执行菜单"滤镜＞风格化"命令，在子菜单中可以看到滤镜组中的滤镜。

7.2.1　查找边缘

"查找边缘"滤镜可以自动查找图像像素对比度变换强烈的边界，将高反差区变亮。常用来制作类似铅笔画、速写的效果。打开一幅图像，选中需要添加滤镜的图层，效果如图 7-45 所示。执行菜单"滤镜＞风格化＞查找边缘"命令，此时画面效果如图 7-46 所示。

图 7-45

图 7-46

7.2.2　等高线

"等高线"滤镜可以在每个颜色通道勾画亮度区域，出现彩色的线条效果。打开一幅图像，选中需要添加滤镜的图层，效果如图 7-47 所示。执行菜单"滤镜＞风格化＞等高线"命令，在弹出的"等高线"对话框中设置相应的选项，如图 7-48 所示。此时画面效果如图 7-49 所示。

图 7-47

图 7-48

图 7-49

★ 色阶：用来设置区分图像边缘亮度的级别。

★ 边缘：用来设置处理图像边缘的位置。

7.2.3　风

"风"滤镜可以制作出模拟风吹过时产生的效果。打开一幅图像，选中需要添加滤镜的图层，效果如图 7-50 所示。执行菜单"滤镜＞风格化＞风"命令，在弹出的"风"对话框中设置相应的选项，如图 7-51 所示。此时画面效果如图 7-52 所示。

图 7-50　　　　　　　　　图 7-51　　　　　　　　　图 7-52

★　方法：包含"风""大风"和"飓风"3 种，效果分别如图 7-53~ 图 7-55 所示。

图 7-53　　　　　　　　　图 7-54　　　　　　　　　图 7-55

★　方向：用来设置风源的方向，包含"从右"和"从左"两种。

7.2.4　浮雕效果

"浮雕效果"滤镜用来模拟制作具有凹凸质感的浮雕效果。打开一幅图像，选中需要添加滤镜的图层，效果如图 7-56 所示。执行菜单"滤镜 > 风格化 > 浮雕效果"命令，在弹出的"浮雕效果"对话框中设置相应的选项，如图 7-57 所示。此时画面效果如图 7-58 所示。

图 7-56　　　　　　　　　图 7-57　　　　　　　　　图 7-58

★　角度：用于设置浮雕效果的光线方向。光线方向会影响浮雕的凸起位置。

★　高度：用于设置浮雕效果的凸起高度。

★　数量：用于设置"浮雕效果"滤镜的作用范围。数值越高，边界越清晰。

7.2.5 / 扩散

　　"扩散"滤镜用于模拟一种类似于磨砂玻璃质感的效果。打开一幅图像，选中需要添加滤镜的图层，效果如图 7-59 所示。执行菜单"滤镜 > 风格化 > 扩散"命令，在弹出的"扩散"对话框中设置相应的选项，如图 7-60 所示。此时画面效果如图 7-61 所示。

 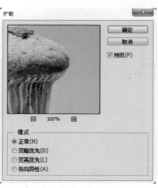 

图 7-59　　　　　　　　　　　图 7-60　　　　　　　　　　　图 7-61

　　★　正常：使图像的所有区域都进行扩散处理，与图像的颜色值没有任何关系。
　　★　变暗优先：用较暗的像素替换亮部区域的像素，并且只有暗部像素产生扩散。
　　★　变亮优先：用较亮的像素替换暗部区域的像素，并且只有亮部像素产生扩散。
　　★　各向异性：使用图像中较暗和较亮的像素产生扩散效果。

7.2.6 / 拼贴

　　"拼贴"滤镜用于模拟制作多个小的部分拼接为一幅画的效果。打开一幅图像，选中需要添加滤镜的图层，效果如图 7-62 所示。执行菜单"滤镜 > 风格化 > 拼贴"命令，在弹出的"拼贴"对话框中设置相应的选项，如图 7-63 所示。此时画面效果如图 7-64 所示。

 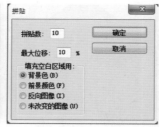 

图 7-62　　　　　　　　　　　图 7-63　　　　　　　　　　　图 7-64

　　★　拼贴数：用来设置在图像
　　　　每行和每列中要显示的贴
　　　　块数。图 7-65 和图 7-66
　　　　所示为不同参数的对比
　　　　效果。

图 7-65　　　　　　　　　　　图 7-66

★ 最大位移：用来设置拼贴偏移原始位置的最大距离。
★ 填充空白区域用：用来设置填充空白区域的使用方法。

7.2.7 / 曝光过度

　　打开一幅图像，选中需要添加滤镜的图层，效果如图 7-67 所示。执行菜单"滤镜 > 风格化
> 曝光过度"命令。"曝光过
度"滤镜用于混合负片和正片
图像，类似于显影过程中将摄
影照片短暂曝光的效果，如
图 7-68 所示。

 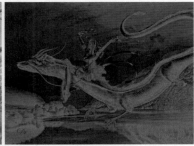

图 7-67　　　　　　　　　　　图 7-68

7.2.8 / 凸出

　　"凸出"滤镜将使一幅图像分割为一个一个的小部分，并且每个部分都有 3D 凸起的质感。
打开一幅图像，选中需要添加滤镜的图层，效果如图 7-69 所示。执行菜单"滤镜 > 风格化 > 凸出"
命令，在弹出的"凸出"对话框中设置相应的选项，如图 7-70 所示。此时画面效果如图 7-71 所示。

 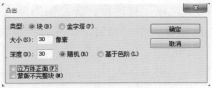 

图 7-69　　　　　　　　　　图 7-70　　　　　　　　　　　图 7-71

★ 类型：包含"块"和"金
字塔"两种方式，用来
设置三维方块产生的形
状，如图 7-72 和图 7-73
所示。

 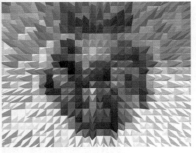

图 7-72　　　　　　　　　　　图 7-73

★ 大小：用来设置立方体或金字塔底面的大小。
★ 深度：用来设置凸出对象的深度。"随机"表示为每个块或金字塔设置一个随机的任意深度；
　　"基于色阶"表示使每个对象的深度与其亮度相对应，亮度越亮，图像越凸出。

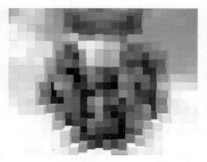

图 7-74

★ 立方体正面：勾选该复选框，每一个凸起的三维方块都以
单色显示，如图 7-74 所示。
★ 蒙版不完整块：使所有图像都包含在凸出的范围之内。

7.3 使用"模糊"滤镜组

"模糊"滤镜组中的滤镜可使图像边缘模糊柔化或晃动虚化。在该滤镜组中有部分滤镜没
有设置对话框。"模糊"滤镜组中的滤镜使用频率非常高，如制作柔和的过渡边缘、制作景深效
果等。

7.3.1 场景模糊

使用"场景模糊"滤镜可以在画面的不同区域添加"图钉"，选中每个图钉并通过调整模糊
数值可使画面产生渐变的模糊效果。

STEP 01 打开一幅图像，选中需要添加滤镜的图层，效果如图 7-75 所示。执行菜单"滤镜＞模
糊＞场景模糊"命令，弹出"场景模糊"对话框，在左侧的缩览图中会看到模糊的图像，这是
因为默认情况下在图像的中央位置有一个"图钉"，而且"模糊"数值为 15 像素，如图 7-76
所示。

图 7-75

图 7-76

STEP 02 选中这个"图钉"，按住鼠标左键将其向右上方拖曳，如图 7-77 所示。在人物头部单
击建立"图钉"，然后设置该图钉的"模糊"为 0 像素，使一部分人像变清晰，如图 7-78 所示。

图 7-77

图 7-78

STEP 03 在其他区域新建一个"图钉"，并设置一定的模糊数值，如图 7-79 所示。设置完成后，单击"确定"按钮，效果如图 7-80 所示。

图 7-79

图 7-80

- ★　模糊：用于设置模糊强度。
- ★　光源散景：用于控制光照亮度，数值越大高光区域的亮度就越高。
- ★　散景颜色：通过调整数值可以控制散景区域颜色的程度。
- ★　光照范围：通过调整滑块来控制散景的范围。

7.3.2　光圈模糊

　　"光圈模糊"滤镜可将一个或多个焦点添加到图像中。根据不同的要求对焦点的大小与形状、图像其余部分的模糊数量以及清晰区域与模糊区域之间的过渡效果进行相应的设置。打开一幅图像，选中需要添加滤镜的图层，效果如图 7-81 所示。执行菜单"滤镜 > 模糊 > 光圈模糊"命令，将光标定位到控制框上，调整控制框的大小以及圆度。在"模糊工具"面板中对"光圈模糊"的数值进行设置，数值越大模糊程度也越大，调整完成后单击选项栏中的"确定"按钮即可，如图 7-82 所示。此时画面效果如图 7-83 所示。

图 7-81　　　　　　　　　　　　图 7-82　　　　　　　　　　　　图 7-83

7.3.3 / 移轴模糊

　　制作移轴效果有两种方法，一种是通过移轴镜头进行拍摄；另一种是使用移轴滤镜进行后期制作。移轴效果通过变化景深聚焦点位置，将真实世界拍成像"假的"一样，从而营造出"微观世界"或"人造都市"的感觉。

STEP 01 打开一幅图像，选中需要添加滤镜的图层，效果如图 7-84 所示。执行菜单"滤镜＞模糊＞移轴模糊"命令，弹出"移轴模糊"对话框，会看到移轴模糊的控制框，如图 7-85 所示。

图 7-84　　　　　　　　　　　　图 7-85

STEP 02 将光标移到控制点上，选中控制点将其向下拖曳，使清晰的范围扩大，如图 7-86 所示。为了让模糊效果柔和，可以通过拖曳的方法移动虚线的位置，如图 7-87 所示。

图 7-86　　　　　　　　　　　　图 7-87

STEP 03 增大"模糊"数值为 20 像素，接着设置"扭曲度"。"扭曲度"是用来设置模糊的扭曲程度，当参数为负数时扭曲为弧线；当参数为正数时，扭曲为向外放射状。在这里设置"扭曲度"为 70%，如图 7-88 所示。设置完成后单击"确定"按钮，效果如图 7-89 所示。

图 7-88　　　　　　　　　　　　图 7-89

★ 模糊：用于设置模糊强度。

★ 扭曲度：用于控制模糊扭曲的形状。

★ 对称扭曲：勾选该复选框将从两个方向应用扭曲。

操作练习：制作移轴摄影效果

案例文件	制作移轴摄影效果.psd
视频教学	制作移轴摄影效果.flv

难易指数	★★★★★
技术要点	移轴模糊、曲线、自然饱和度

 案例效果 （如图 7-90、图 7-91 所示）

图 7-90

图 7-91

 操作步骤

STEP 01 执行菜单"文件 > 打开"命令，或按 Ctrl+O 组合键，在弹出的"打开"对话框中单击选择素材"1.jpg"，单击"打开"按钮，如图 7-92 所示。

图 7-92

STEP 02 执行菜单"滤镜 > 模糊 > 移轴模糊"命令，如图 7-93 所示。接着在右侧"模糊工具"面板中设置"模糊"为 43 像素、"扭曲度"为 0%，如图 7-94 所示。

图 7-93

图 7-94

STEP 03 将光标定位在画面中圆形标的位置，如图 7-95 所示。接着按住鼠标左键向下拖曳改变"轴"的位置，如图 7-96 所示。单击"确定"按钮完成设置，如图 7-97 所示。

图 7-95　　　　　　　　　　　图 7-96　　　　　　　　　　　图 7-97

STEP 04 此时画面颜色黯沉，下面调整画面亮度和饱和度。执行菜单"图像 > 调整 > 曲线"命令，在打开的"属性"面板中的曲线上单击，即可添加定位点，然后按住鼠标左键向上拖曳，继续添加定位点并向下拖曳，如图 7-98 所示。效果如图 7-99 所示。

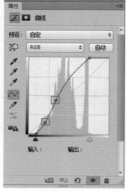

图 7-98

图 7-99

STEP 05 执行菜单"图像 > 调整 > 自然饱和度"命令，在弹出的"属性"面板中设置"自然饱和度"为 +60，如图 7-100 所示。效果如图 7-101 所示。

图 7-100

图 7-101

7.3.4 表面模糊

在不修改边缘的情况下使用"表面模糊"滤镜模糊图像。打开一幅图像，选中需要添加滤镜的图层，效果如图 7-102 所示。执行菜单"滤镜 > 模糊 > 表面模糊"命令，在弹出的"表面模糊"对话框中设置相应的选项，如图 7-103 所示。此时画面效果如图 7-104 所示。

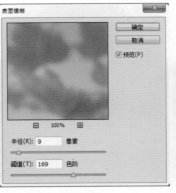

图 7-102   图 7-103   图 7-104

★ 半径：用于设置模糊取样区域的大小。

★ 阈值：控制相邻像素色调值与中心像素值相差多大时才能成为模糊的一部分。

7.3.5 / 动感模糊

"动感模糊"滤镜可以沿指定的方向，产生类似于运动的效果。该滤镜常被用来制作带有动感的画面。打开一幅图像，选中需要添加滤镜的图层，效果如图 7-105 所示。执行菜单"滤镜 > 模糊 > 动感模糊"命令，在弹出的"动感模糊"对话框中设置相应的选项，如图 7-106 所示。此时画面效果如图 7-107 所示。

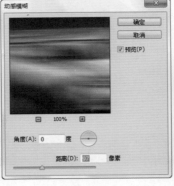
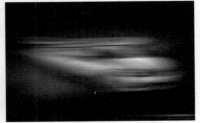

图 7-105   图 7-106   图 7-107

★ 角度：用来设置模糊的方向。

★ 距离：用来设置像素模糊的程度。

7.3.6 / 方框模糊

"方框模糊"滤镜基于相邻像素的平均颜色值可以生成模糊效果。打开一幅图像，选中需要添加滤镜的图层，效果如图 7-108 所示。执行菜单"滤镜 > 模糊 > 方框模糊"命令，在弹出的"方框模糊"对话框中设置"半径"为 15 像素。"半径"值用于调整计算给定像素的平均值的区域大小，如图 7-109 所示。此时画面效果如图 7-110 所示。

图 7-108

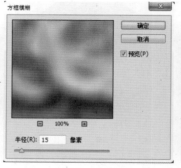
图 7-109

图 7-110

7.3.7 / 高斯模糊

　　"高斯模糊"滤镜可以向图像中添加低频细节，使图像产生一种朦胧的模糊效果。打开一幅图像，选中需要添加滤镜的图层，效果如图 7-111 所示。执行菜单"滤镜>模糊>高斯模糊"命令，在弹出的"高斯模糊"对话框中设置"半径"为 10 像素，数值越高模糊效果越强烈，如图 7-112 所示。此时画面效果如图 7-113 所示。

图 7-111

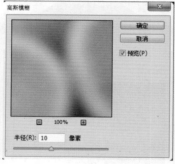
图 7-112

图 7-113

操作练习：使用"高斯模糊"滤镜制作有趣的照片

案例文件	使用"高斯模糊"滤镜制作有趣的照片 .psd	难易指数	⭐⭐⭐⭐⭐
视频教学	使用"高斯模糊"滤镜制作有趣的照片 .flv	技术要点	"高斯模糊"滤镜、图层蒙版

 案例效果（如图 7-114、图 7-115 所示）

图 7-114

图 7-115

操作步骤

STEP 01 执行菜单"文件 > 打开"命令，或按 Ctrl+O 组合键，在弹出的"打开"对话框中单击选择素材"1.jpg"，单击"打开"按钮，效果如图 7-116 所示。

STEP 02 将背景模糊使画面有纵深感。使用 Ctrl+J 组合键复制"背景"图层。执行菜单"滤镜 > 模糊 > 高斯模糊"命令，在弹出的"高斯模糊"对话框中设置"半径"为 10 像素，如图 7-117 所示。单击"确定"按钮完成设置，效果如图 7-118 所示。

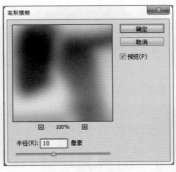

图 7-116　　　　　　　　图 7-117　　　　　　　　图 7-118

STEP 03 制作卡片素材。执行菜单"文件 > 置入"命令，置入素材"2.png"，将素材移动到画面中间位置，按 Enter 键完成置入。执行菜单"图层 > 栅格化 > 智能对象"命令，将图层栅格化为普通图层，如图 7-119 所示。

STEP 04 制作卡片中的清晰画面。在"图层"面板中选中"背景"图层，执行菜单"图层 > 复制图层"命令，并将复制出的清晰照片图层移动到最上层，效果如图 7-120 所示。在"图层"面板中设置图层混合模式为"正片叠底"，效果如图 7-121 所示。

图 7-119　　　　　　　　图 7-120　　　　　　　　图 7-121

STEP 05 在"图层"面板中单击底部的"添加图层蒙版"按钮，如图 7-122 所示。选择图层蒙版缩览图，设置"前景色"为黑色，单击工具箱中的"画笔工具"按钮，在选项栏中单击"画笔预设"下三角按钮，在"画笔预设"下拉面板中设置"大小"为 100 像素、"硬度"为 0%，接着在画面中黄色卡片外部及边缘按住鼠标左键拖曳并进行涂抹，此时在图层蒙版缩览图中可以看到被涂抹的区域变成了黑色的区域且被隐藏了起来，如图 7-123 所示。效果如图 7-124 所示。

图 7-122   图 7-123   图 7-124

7.3.8 进一步模糊

    "进一步模糊"滤镜没有任何参数可以设置，使用该滤镜只会让画面产生轻微的、均匀的模糊效果。打开一幅图像，选中需要添加滤镜的图层，效果如图 7-125 所示。执行菜单"滤镜＞模糊＞进一步模糊"命令，此时画面效果如图 7-126 所示。

图 7-125   图 7-126

7.3.9 径向模糊

    "径向模糊"滤镜用来制作缩放或旋转相机时所产生的模糊效果。打开一幅图像，选中需要添加滤镜的图层，效果如图 7-127 所示。执行菜单"滤镜＞模糊＞径向模糊"命令，在弹出的"径向模糊"对话框中设置相应的选项，如图 7-128 所示。此时画面效果如图 7-129 所示。

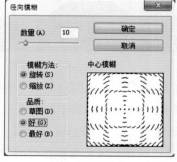

图 7-127   图 7-128   图 7-129

★ 数量：用于设置模糊的强度。数值越高，模糊效果越明显。

★ 模糊方法：控制模糊的方式，包括旋转和缩放两种，如图 7-130 和图 7-131 所示。

★ 中心模糊：在设置框中单击并拖动鼠标可以更改模糊的位置，图 7-132 和图 7-133 所示分别为不同原点的旋转模糊效果。

图 7-130　　　　　　　　　　　　　　图 7-131

图 7-132　　　　　　　　　　　　　　图 7-133

★ 品质：控制模糊效果的质量。"草图"的处理速度较快，但会产生颗粒效果；"好"和"最好"的处理速度较慢，但是生成的效果比较平滑。

7.3.10 镜头模糊

景深效果往往能够让主体内容更加突出，通过"镜头模糊"滤镜可以非常精准地制作出景深效果。

STEP 01 打开一幅图像，接下来就针对这幅图像打造景深效果，如图 7-134 所示。

STEP 02 因为使用"镜头模糊"滤镜需要根据 Alpha 通道的黑白关系来控制画面内容的模糊程度。使用"快速选择工具" 在人物上方以及近景的位置拖曳得到选区，如图 7-135 所示。执行菜单"窗口 > 通道"命令，在"通道"面板中单击"创建新通道"按钮 ，新建一个 Alpha 通道，然后将选区填充为白色，如图 7-136 所示。

图 7-134　　　　　　　图 7-135　　　　　　　　　　　图 7-136

技巧提示 在通道中制作羽化选区

在通道中使用画笔工具的柔角画笔的虚边在草地位置涂抹，这样得到的选区就是羽化的选区了。

STEP 03 使用 Ctrl+I 组合键将颜色反向，效果如图 7-137 所示。

图 7-137

STEP 04 将通道调整完成后，返回到"图层"面板中，执行菜单"滤镜＞模糊＞镜头模糊"命令，在弹出的"镜头模糊"对话框中设置"源"为 Alpha 1、"模糊焦距"为 255、"半径"为 60，如图 7-138 所示。设置完成后单击"确定"按钮，景深效果如图 7-139 所示。

图 7-138

图 7-139

★ 深度映射：从"源"下拉列表中选择使用 Alpha 通道或图层蒙版可以创建景深效果（前提是图像中存在 Alpha 通道或图层蒙版），其中通道或蒙版中的白色区域将被模糊，而黑色区域则保持原样；"模糊焦距"选项用来设置位于角点内的像素的深度；"反相"选项用来反转 Alpha 通道或图层蒙版。

★ 光圈：该选项组用来设置模糊的显示方式。"形状"选项用来选择光圈的形状；"半径"选项用来设置模糊的数量；"叶片弯度"选项用来设置对光圈边缘进行平滑处理的程度；"旋转"选项用来旋转光圈。

★ 镜面高光：该选项组用来设置镜面高光的范围。"亮度"选项用来设置高光的亮度；"阈值"
选项用来设置亮度的停止点，比停止点值亮的所有像素都被视为镜面高光。

★ 杂色："数量"选项用来在图像中添加或减少杂色；"分布"选项用来设置杂色的分布方式，它
包含"平均分布"和"高斯分布"两种方式；勾选"单色"复选框，将使添加的杂色为单一颜色。

7.3.11　模糊

　　"模糊"滤镜效果比较弱，常被用在图像中有显著颜色变化的地方，消除杂色。它通过平衡
已定义的线条和遮蔽区域的清晰边缘旁边的像素使图像变得柔和。打开一幅图像，选中需要添加
滤镜的图层，效果如图 7-140
所示。执行菜单"滤镜 > 模
糊 > 模糊"命令，此时画面
效果如图 7-141 所示。

图 7-140

图 7-141

7.3.12　平均

　　"平均"滤镜用来查找图像的平均颜色，再用该颜色进行填充，就可以创建平滑的外观效果。
打开一幅图像，选中需要添加滤镜的图层，效果如图 7-142 所示。执行菜单"滤镜 > 模糊 > 平均"
命令，此时画面效果如图 7-143 所示。如果画面中存在选区，那么将平均选区中的像素颜色，如
图 7-144 所示。

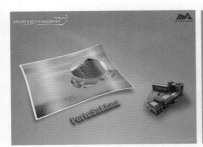
图 7-142

图 7-143

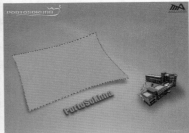
图 7-144

7.3.13　特殊模糊

　　"特殊模糊"滤镜将使画面中的颜色临近的部分模糊。打开一幅图像，选中需要添加滤镜的
图层，效果如图 7-145 所示。执行菜单"滤镜 > 模糊 > 特殊模糊"命令，在弹出的"特殊模糊"
对话框中设置相应的选项，如图 7-146 所示。此时画面效果如图 7-147 所示。

★ 半径：用来设置要应用模糊的范围。

★ 阈值：用来设置像素具有多大差异后才会被模糊处理。

★ 品质：设置模糊效果的质量，包含"低""中等"和"高"3 种。

图 7-145

图 7-146

图 7-147

★ 模式：选择"正常"选项，不会在图像中添加任何特殊效果，如图 7-148 所示；选择"仅限边缘"
选项，将以黑色显示图像，以白色描绘出图像边缘像素亮度值变化强烈的区域，如图 7-149 所
示；选择"叠加边缘"选项，将以白色描绘出图像边缘像素亮度值变化强烈的区域，如图 7-150
所示。

图 7-148

图 7-149

图 7-150

7.3.14 / 形状模糊

"形状模糊"滤镜能够以选定的形状来创建特殊的模糊效果。打开一幅图像，选中需要添加
滤镜的图层，效果如图 7-151 所示。执行菜单"滤镜 > 模糊 > 形状模糊"命令，在弹出的"形状模糊"
对话框中设置相应的选项，如图 7-152 所示。此时画面效果如图 7-153 所示。

图 7-151

图 7-152

图 7-153

★　半径：用来调整形状的大小。数值越大，模糊效果越好。
★　形状列表：在形状列表中选择一个形状，可以使用该形状来模糊图像。

7.4　使用"扭曲"滤镜组

通过更改"扭曲"滤镜组中滤镜的图像纹理和质感的方式可使图像扭曲。例如，"波纹"滤镜可以模拟水波的效果，"水波"滤镜可以制作同心圆的涟漪效果。执行菜单"滤镜＞扭曲"命令即可看到相应的滤镜，其中包括"波浪""波纹""极坐标""挤压""切变""球面化""水波""旋转扭曲"和"置换"。

7.4.1　波浪

"波浪"滤镜可以制作类似波浪的效果。打开一幅图像，选中需要添加滤镜的图层，效果如图 7-154 所示。执行菜单"滤镜＞扭曲＞波浪"命令，在弹出的"波浪"对话框中设置相应的选项，如图 7-155 所示。此时画面效果如图 7-156 所示。

图 7-154

图 7-155

图 7-156

★　类型：波浪的类型包括"正弦""三角形"和"方形"3 种，如图 7-157~ 图 7-159 所示。

图 7-157

图 7-158

图 7-159

★　生成器数：用来设置波浪的强度。
★　波长：控制相邻两个波峰之间的水平距离。
★　波幅：控制波浪的宽度（最小）和高度（最大）。
★　比例：设置波浪在水平方向和垂直方向上的波动幅度。
★　随机化：单击此按钮将产生随机化的波纹效果。
★　未定义区域：用来设置空白区域的填充方式。选中"折回"单选按钮，将在空白区域填充溢出的内容；选中"重复边缘像素"单选按钮，将填充扭曲边缘的像素颜色。

7.4.2 / 波纹

"波纹"滤镜可以模拟波纹的效果，且可以控制波纹的数量和大小。打开一幅图像，选中需要添加滤镜的图层，效果如图 7-160 所示。执行菜单"滤镜＞扭曲＞波纹"命令，在弹出的"波纹"对话框中设置相应的选项，如图 7-161 所示。此时画面效果如图 7-162 所示。

图 7-160　　　　　　　图 7-161　　　　　　　图 7-162

7.4.3 / 极坐标

"极坐标"滤镜可以快速地把直线变为环形，把平面图转为有趣的球体。当然这个过程也可以相反。

STEP 01 打开一幅图像，选中需要添加滤镜的图层，效果如图 7-163 所示。执行菜单"滤镜＞扭曲＞极坐标"命令，在弹出的"极坐标"对话框中选中"平面坐标到极坐标"单选按钮，如图 7-164 所示。

图 7-163　　　　　　　　　　　　　　图 7-164

STEP 02 单击"确定"按钮，效果如图 7-165 所示。接着将图形适当缩放，效果如图 7-166 所示。

 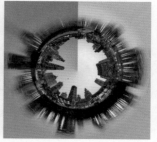

图 7-165　　　　　　　　　　　　　图 7-166

03 如果选中"极坐标到平面坐标"单选按钮，效果如图 7-167 所示。

图 7-167

7.4.4 挤压

"挤压"滤镜将制作图像向外或向内挤压的效果。打开一幅图像，选中需要添加滤镜的图层，效果如图 7-168 所示。执行菜单"滤镜 > 扭曲 > 挤压"命令，在弹出的"挤压"对话框中设置相应的选项，如图 7-169 所示。

图 7-168

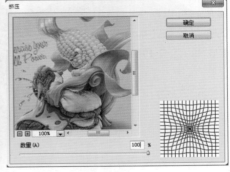

图 7-169

★ 数量：控制挤压的强烈程度。数值为负值时，图像向外挤压，如图 7-170 所示；数值为正值时，图像会向内挤压，如图 7-171 所示。

图 7-170

图 7-171

7.4.5 切变

"切变"滤镜将按照曲线的弧度进行扭曲图像。打开一幅图像，选中需要添加滤镜的图层，效果如图7-172所示。执行菜单"滤镜＞扭曲＞切变"命令，在弹出的"切换"对话框中设置相应的选项，如图7-173所示。此时画面效果如图7-174所示。

图 7-172

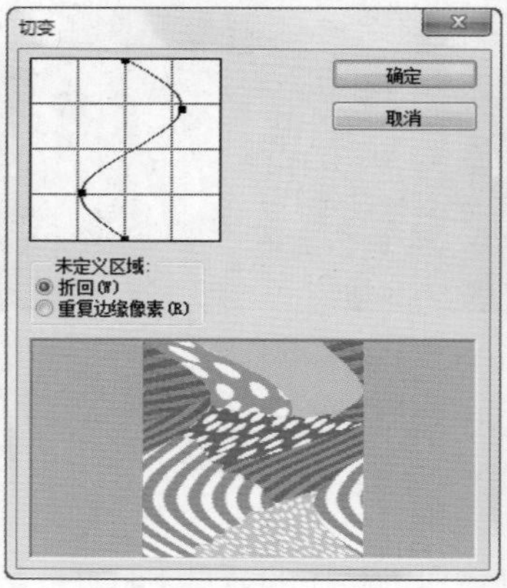

图 7-173

图 7-174

★ 曲线调整框：通过在曲线调整框中调整曲线的弧度，可以产生不同的变形效果，如图7-175和图7-176所示。

图 7-175

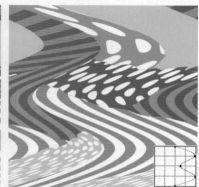

图 7-176

★ 折回：用来在图像的空白区域中填充溢出图像之外的图像内容，如图7-177所示。

★ 重复边缘像素：在图像边界不完整的空白区域填充扭曲边缘的像素颜色，如图7-178所示。

图 7-177

图 7-178

7.4.6 球面化

"球面化"滤镜将模拟类似球面化凸起或收缩的效果。打开一幅图像，选中需要添加滤镜的图层，效果如图7-179所示。执行菜单"滤镜＞扭曲＞球面化"命令，在弹出的"球面化"对话框中设置相应的选项，如图7-180所示。此时画面效果如图7-181所示。

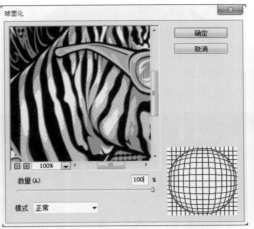

图 7-179　　　　　　　　　　　图 7-180　　　　　　　　　　　图 7-181

★ 数量：用来设置图像球面化的程度。当设置为正值时，图像会向外凸起，如图 7-182 所示；当设置为负值时，图像会向内收缩，如图 7-183 所示。

★ 模式：控制图像的挤压模式。

图 7-182　　　　　　　　　　　图 7-183

7.4.7 水波

"水波"滤镜用来制作水波产生的涟漪效果。打开一幅图像，选中需要添加滤镜的图层，效果如图 7-184 所示。执行菜单"滤镜 > 扭曲 > 水波"命令，在弹出的"水波"对话框中设置相应的选项，如图 7-185 所示。此时画面效果如图 7-186 所示。

图 7-184　　　　　　　　　　　图 7-185　　　　　　　　　　　图 7-186

- ★ 数量：控制波纹的数量。当设置为负值时，将产生下凹的波纹，如图 7-187 所示；当设置为正值时，将产生上凸的波纹，如图 7-188 所示。
- ★ 起伏：设置波纹的数量。数值越大，波纹越多。
- ★ 样式：控制生成波纹的样式。图 7-189 所示为"围绕中心"效果；图 7-190 所示为"从中心向外"效果；图 7-191 所示为"水池波纹"效果。

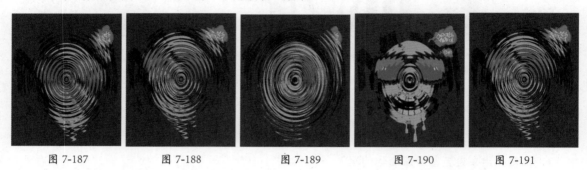

| 图 7-187 | 图 7-188 | 图 7-189 | 图 7-190 | 图 7-191 |

7.4.8 旋转扭曲

"旋转扭曲"滤镜可以将图像从中心进行旋转扭曲。打开一幅图像，选中需要添加滤镜的图层，效果如图 7-192 所示。执行菜单"滤镜 > 扭曲 > 旋转扭曲"命令，在弹出的"旋转扭曲"对话框中，调整"角度"数值控制旋转扭曲的旋转强度。设置完成后单击"确定"按钮，如图 7-193 所示。此时画面效果如图 7-194 所示。

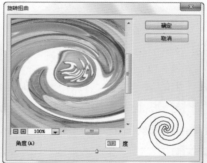

| 图 7-192 | 图 7-193 | 图 7-194 |

7.4.9 置换

"置换"滤镜常用来制作特殊的效果。进行置换之前需要先准备两张图片，其中必须有一个是 PSD 格式。

STEP 01 准备一幅画面中主体物较为突出的图像，并将其存储为 PSD 格式，如图 7-195 所示。接着打开一幅色彩倾向较为明显的图像，如图 7-196 所示。

STEP 02 执行菜单"滤镜 > 扭曲 > 置换"命令，在弹出的"置换"对话框中，设置合适的参数，如图 7-197 所示。单击"确定"按钮，接着在弹出的"选取一个置换图"对话框中单击选择 PSD 文件，然后单击"打开"按钮，如图 7-198 所示。

图 7-195 图 7-196

图 7-197 图 7-198

★ 水平 / 垂直比例：用来设置水平方向和垂直方向移动的距离。

★ 置换图：用来设置置换图像的方式，包括"伸展以适合"和"拼贴"两种。

STEP 03 此时画面效果如图 7-199 所示。然后将主体图形抠取出来，再次置入背景素材使画面变得模糊，效果如图 7-200 所示。

图 7-199 图 7-200

7.5 使用"锐化"滤镜组

对于一幅模糊的图像，使其"锐化"可以增加像素和像素间的对比度，从而使图像看起来更加清晰、锐利。在 Photoshop 中，锐化有很多种方式，执行菜单"滤镜 > 锐化"命令，在子菜单中包括"USM 锐化""防抖""进一步锐化""锐化""锐化边缘""智能锐化"等滤镜。

7.5.1 USM 锐化

"USM 锐化"滤镜将自动识别画面中色彩对比明显的区域，并对其进行锐化。打开一幅图像，选中需要添加滤镜的图层，效果如图 7-201 所示。执行菜单"滤镜 > 锐化 >USM 锐化"命令，在弹出的"USM 锐化"对话框中设置相应的选项，如图 7-202 所示。此时画面效果如图 7-203 所示。

图 7-201　　　　　　　　　图 7-202　　　　　　　　　图 7-203

★ 数量：用来设置锐化效果的精细程度。数值越低，锐化效果越不明显，如图 7-204 所示；数值越高，锐化效果越明显，如图 7-205 所示。

图 7-204　　　　　　　　　图 7-205

★ 半径：用来设置图像锐化的半径范围大小。半径越小范围越小，如图 7-206 所示；半径越大范围越大，如图 7-207 所示。

图 7-206　　　　　　　　　图 7-207

★ 阈值：只有相邻像素之间的差值达到所设置的"阈值"数值时才会被锐化。数值越低，被锐化的像素就越多，如图 7-208 所示；数值越高，被锐化的像素就越少，如图 7-209 所示。

图 7-208　　　　　　　　　　　　图 7-209

7.5.2 防抖

在拍摄过程中由于器材的限制，或者操作的不规范会使照片产生虚化、晕影、伪像等问题，这时使用"防抖"滤镜可以进行修复。

STEP 01 打开一幅图像，效果如图 7-210 所示。执行菜单"滤镜>锐化>防抖"命令，打开"防抖"对话框，调整"模糊描摹边界"参数。该选项是整个"防抖"滤镜的核心功能，它的工作原理是先勾出大体轮廓，再由其他参数辅助修正。其取值范围是 10~199，数值越大锐化效果越明显，如图 7-211 所示。

图 7-210　　　　　　　　　　　　图 7-211

技巧提示　调整"模糊描摹边界"数值时会遇到的问题

当"模糊描摹边界"取值较高时，图像边缘的对比会明显加深，并会产生一定的晕影，这是很明显的锐化效应。

STEP 02 经过锐化后，画面中产生了晕影。接着进行"平滑"处理，该选项是将锐化后的晕影变得模糊,使整体效果看起来更加平滑,如图 7-212 所示。设置完成后单击"确定"按钮,效果如图 7-213 所示。

图 7-212 图 7-213

★ ▢（模糊评估工具）：使用该工具在需要锐化的位置进行绘制。

★ ▸（模糊方向工具）：手动指定直接模糊描摹的方向和长度。

★ ✋（抓手工具）：用于拖动图像在对话框中的位置。

★ 🔍（缩放工具）：用于放大或缩小图像显示的大小。

★ 模糊描摹边界：用来指定模糊描摹边界的大小。

★ 源杂色：指定源的杂色,分为"自动""低""中"和"高"。

★ 平滑：用来平滑锐化导致的杂色。

★ 伪像抑制：用来抑制较大的图像。

7.5.3 进一步锐化

"进一步锐化"滤镜通过增加像素之间的对比度可使图像变得清晰,但锐化效果不是很明显（与"模糊"滤镜组中的"进一步模糊"滤镜类似）。打开一幅图像,选中需要添加滤镜的图层,效果如图 7-214 所示。执行菜单"滤镜 > 锐化 > 进一步锐化"命令,此时画面效果如图 7-215 所示。

图 7-214 图 7-215

7.5.4　锐化

"锐化"滤镜没有参数设置对话框，并且其锐化程度一般都比较小。打开一幅图像，选中需要添加滤镜的图层，效果如图 7-216 所示。执行菜单"滤镜 > 锐化 > 锐化"命令，此时画面效果如图 7-217 所示。

图 7-216　　　　　　　　　图 7-217

7.5.5　锐化边缘

"锐化边缘"滤镜没有参数设置对话框，该滤镜会锐化图像的边缘。打开一幅图像，选中需要添加滤镜的图层，效果如图 7-218 所示。执行菜单"滤镜 > 锐化 > 锐化边缘"命令，此时画面效果如图 7-219 所示。

图 7-218　　　　　　　　　　　　图 7-219

7.5.6　智能锐化

"智能锐化"滤镜的参数比较多，是实际工作中使用频率最高的一种锐化滤镜。打开一幅图像，选中需要添加滤镜的图层，效果如图 7-220 所示。执行菜单"滤镜 > 锐化 > 智能锐化"命令，在弹出的"智能锐化"对话框中设置相应的选项，如图 7-221 所示。此时画面效果如图 7-222 所示。

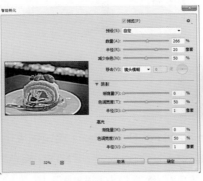

图 7-220　　　　　　　　图 7-221　　　　　　　　图 7-222

★ 预设：在下拉列表中可以将当前设置的锐化参数存储为预设参数。

★ 数量：控制锐化的精
细程度。数值越低，
锐化效果越微弱，如
图 7-223 所示；数值
越高，锐化效果越强
烈，如图 7-224 所示。

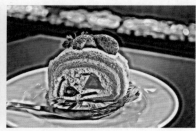

图 7-223　　　　　　　　　　　　图 7-224

★ 半径：控制锐化影响的边缘像素的半径大小。数值越低，受影响的边缘半径就越小，锐化的
效果就越模糊，如
图 7-225 所示；数值
越高，受影响的边
缘半径就越大，锐
化的效果就越明显，
如图 7-226 所示。

图 7-225　　　　　　　　　　　　图 7-226

★ 减去杂色：减少画面的杂色。

★ 移去：选择锐化图像的算法。选择"高斯模糊"选项，将使用"USM 锐化"滤镜的方法锐化图
像；"镜头模糊"选项用来查找图像中的边缘和细节，并对细节进行更加精细的锐化，以减少
锐化的光晕；选择"动感模糊"选项，将激活右侧的"角度"选项，通过设置"角度"值可以
减少由于相机或对象移动而产生的模糊效果。

★ 渐隐量：设置阴影或高光中的锐化程度。

★ 色调宽度：设置阴影和高光中色调的修改范围。

★ 半径：设置每像素周围的区域大小。

7.6　使用"视频"滤镜组

"视频"滤镜组包括"NTSC 颜色"滤镜和"逐行"滤镜。这两个滤镜主要用来处理从隔
行扫描方式的设备中提取
的图像。该滤镜组不太常
用，只需要了解即可，如
图 7-227 所示。

图 7-227

7.6.1　NTSC 颜色

NTSC 是 National Television Standards Committee（美国国家电视标准委员会）的英文缩写。其
负责开发一套美国标准电视广播传输和接收协议。"NTSC 颜色"滤镜可将色域限制在电视机重
现可接受的范围内，以防止过饱和颜色渗透到电视扫描行中。

7.6.2　逐行

视频中因为逐行扫描和隔行扫描的原因，在采用隔行扫描方式播放的设备中，每一帧画面都会被拆分显示，而拆分得到的残缺画面就被称为"场"。在 Photoshop 中使用"逐行"滤镜可以去除画面中的奇数或偶数隔行线，如图 7-228 所示。

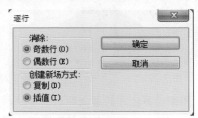

图 7-228

★ 消除：用来控制消除逐行的方式，包括"奇数行"和"偶数行"两种。

★ 创建新场方式：控制消除场后用复制、插值的方式来填充空白区域。选中"复制"单选按钮，将复制被删除部分周围的像素并用来填充空白区域；选中"插值"单选按钮，将利用被删除部分周围的像素，并通过插值的方法填充。

7.7　使用"像素化"滤镜组

使用"像素化"滤镜组中的滤镜可将图像分成一定的区域，且这些区域将转变为相应的色块，再由色块构成图像，进而创造出独特的艺术效果。执行菜单"滤镜 > 像素化"命令，在子菜单中包括"彩块化""彩色半调""点状化""晶格化""马赛克""碎片"和"铜板雕刻"滤镜。

7.7.1　彩块化

"彩块化"滤镜将使画面中颜色临近的部分像素模拟出类似绘画的效果。打开一幅图像，选中需要添加滤镜的图层，效果如图 7-229 所示。执行菜单"滤镜 > 像素化 > 彩块化"命令，此时画面效果如图 7-230 所示。

图 7-229

图 7-230

7.7.2　彩色半调

"彩色半调"滤镜将模拟在图像的每个通道上使用放大的半调网屏的效果，在画面中会形成一个个由彩色的小圆组成的效果。打开一幅图像，选中需要添加滤镜的图层，效果如图 7-231 所示。执行菜单"滤镜 > 像素化 > 彩色半调"命令，在弹出的"彩色半调"对话框中设置相应的选项，如图 7-232 所示。此时画面效果如图 7-233 所示。

图 7-231　　　　　　　　　　图 7-232　　　　　　　　　　图 7-233

★　最大半径：用来设置生成的最大网点的半径。

★　网角（度）：用来设置图像各个原色通道的网点角度。

7.7.3　点状化

　　"点状化"滤镜可以将图像中的颜色分解成随机分布的网点，类似于使用彩色水粉笔在画面中绘制的一个个彩色点。打开一幅图像，选中需要添加滤镜的图层，效果如图 7-234 所示。执行菜单"滤镜＞像素化＞点状化"命令，在弹出的"点状化"对话框中，通过设置"单元格大小"选项来控制网格点的大小，"单元格大小"用来设置每个多边形色块的大小，如图 7-235 所示。此时画面效果如图 7-236 所示。

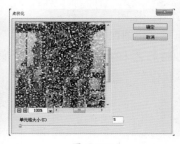

图 7-234　　　　　　　　　　图 7-235　　　　　　　　　　图 7-236

7.7.4　晶格化

　　"晶格化"滤镜可以使图像中相近的像素集中到多边形色块中，产生类似结晶颗粒的效果，与"点状化"滤镜比较接近。打开一幅图像，选中需要添加滤镜的图层，效果如图 7-237 所示。执行菜单"滤镜＞像素化＞晶格化"命令，在弹出的"晶格化"对话框中可通过设置"单元格大小"选项来控制多边形色块大小，如图 7-238 所示。此时画面效果如图 7-239 所示。

图 7-237　　　　　　　　　　图 7-238　　　　　　　　　　图 7-239

7.7.5 / 马赛克

"马赛克"滤镜可模拟制作整体或局部马赛克效果。打开一幅图像,选中需要添加滤镜的图层,
效果如图 7-240 所示。执行菜单"滤镜 > 像素化 > 马赛克"命令,在弹出的"马赛克"对话框中,
通过设置"单元格大小"选项来调整马赛克大小,如图 7-241 所示。此时画面效果如图 7-242 所示。

图 7-240　　　　　　　　　　图 7-241　　　　　　　　　　图 7-242

7.7.6 / 碎片

"碎片"滤镜可将图像中的像素复制 4 次,然后将复制的像素平均分布,并使其相互偏移。
打开一幅图像,选中需要
添加滤镜的图层,效果如
图 7-243 所示。执行菜单
"滤镜 > 像素化 > 碎片"命
令,此时画面效果如图 7-244
所示。

图 7-243　　　　　　　　　　图 7-244

7.7.7 / 铜板雕刻

"铜板雕刻"滤镜可模拟多种类似铜板雕刻的画面效果。打开一幅图像,选中需要添加滤镜
的图层,效果如图 7-245 所示。执行菜单"滤镜 > 像素化 > 铜板雕刻"命令,在弹出的"铜板雕刻"
对话框中设置相应的选项,如图 7-246 所示。此时画面效果如图 7-247 所示。

 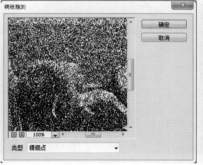 

图 7-245　　　　　　　　　　图 7-246　　　　　　　　　　图 7-247

★ 类型：控制铜板雕刻的类型，共 10 种类型。包含"精细点""中等点""粒状点""粗网点""短直线""中长直线""长直线""短描边""中长描边"和"长描边"，如图 7-248 所示。

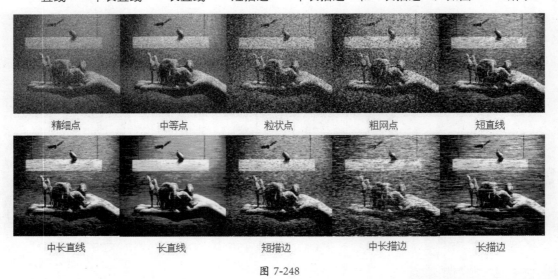

| 精细点 | 中等点 | 粒状点 | 粗网点 | 短直线 |
| 中长直线 | 长直线 | 短描边 | 中长描边 | 长描边 |

图 7-248

7.8 使用"渲染"滤镜组

"渲染"滤镜组中的滤镜可以改变图像的光感效果，主要用来在图像中创建 3D 形状、云彩照片、折射照片和模拟光反射效果。例如"镜头光晕"滤镜可以为画面添加类似于阳光光晕的效果、"云彩"滤镜可以制作出云雾、云朵的效果。执行菜单"滤镜 > 渲染"命令，在子菜单中包括"分层云彩""光照效果""镜头光晕""纤维"和"云彩"滤镜。

7.8.1 分层云彩

"分层云彩"滤镜将使云彩数据与现有的像素以"差值"方式进行混合。首次应用该滤镜时，图像的某些部分会被反相成云彩图案。打开一幅图像，选中需要添加滤镜的图层，效果如图 7-249 所示。执行菜单"滤镜 > 渲染 > 分层云彩"命令，此时画面效果如图 7-250 所示。

图 7-249

图 7-250

操作练习：使用滤镜打造云雾效果

案例文件	使用滤镜打造云雾效果.psd		难易指数	★★★★★
视频教学	使用滤镜打造云雾效果.flv		技术要点	分层云彩、图层蒙版

案例效果（如图 7-251、图 7-252 所示）

图 7-251

图 7-252

操作步骤

STEP 01 执行菜单"文件 > 打开"命令，或按 Ctrl+O 组合键，在弹出的"打开"对话框中单击选择素材"1.jpg"，单击"打开"按钮，效果如图 7-253 所示。

STEP 02 在"图层"面板中单击底部的"创建新图层"按钮，新建一个图层并将其选中，设置"前景色"为黑色，"背景色"为白色，执行菜单"滤镜 > 渲染 > 分层云彩"命令，效果如图 7-254 所示。接着在"图层"面板中设置图层混合模式为"滤色"，效果如图 7-255 所示。

图 7-253

图 7-254

图 7-255

STEP 03 在"图层"面板中单击底部的"添加图层蒙版"按钮，如图 7-256 所示。单击图层蒙版缩览图，设置"前景色"为黑色，单击工具箱中的"画笔工具"按钮，在选项栏中单击"画笔预设"下三角按钮，在"画笔预设"下拉面板中设置"大小"为 100 像素、"硬度"为 0%，如图 7-257 所示。接着在人像附近的区域按住鼠标左键并拖曳涂抹，同时在图层蒙版缩览图中可以看到被涂抹的区域变成了黑色并被隐藏，效果如图 7-258 所示。

STEP 04 为了增强云彩效果需要再叠加一层云彩。选择云彩图层，执行菜单"图层 > 复制图层"命令，效果如图 7-259 所示。单击复制图层的图层蒙版缩览图，设置"前景色"为黑色，如图 7-260 所示。用同样的方法使用画笔工具对画面中云彩进行涂抹，被涂抹的部分隐藏了一些云朵，效果如图 7-261 所示。

图 7-256

图 7-257

图 7-258

图 7-259

图 7-260

图 7-261

7.8.2 光照效果

光源位置不同，所产生的光影也会发生变化，所以在制作立体效果时，一定要考虑到光影的变化。使用"光照效果"滤镜可以模拟出较为真实的光照效果。

STEP01 打开一幅图像，选中一个图层，效果如图 7-262 所示。执行菜单"滤镜 > 渲染 > 光照效果"命令，即可打开"光照效果"窗口，默认情况下会显示一个"聚光灯"光源的控制框，然后拖动控制框的控制点调整光源位置和光照范围。此时可以勾选"预览"复选框查看效果，如图 7-263 所示。

图 7-262

图 7-263

STEP02 光源位置调整完成后，在右侧面板中调整光源的颜色，以及光源的"强度"，如图 7-264所示。设置完成后单击"确定"按钮，效果如图 7-265 所示。

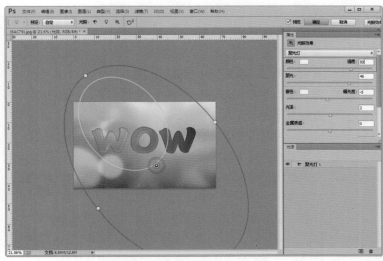

图 7-264

图 7-265

1. 光照效果选项栏

在窗口的顶部有"预设"和"光照"两个选项，如图 7-266 所示。

★ 预设：在选项栏中的"预设"下拉列表中有多种预设的光照效果。图 7-267 所示为"平行光"效果；图 7-268 所示为"圆形光"效果。

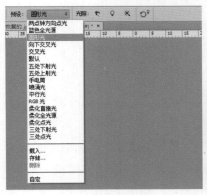

图 7-266

图 7-267　　　　　　　　　　　　　图 7-268

★ （聚光灯）：产生聚光灯照射的效果。按住 Shift 键并拖动，可使角度保持不变而只更改椭圆的大小。按住 Ctrl 键并拖动可保持大小不变并更改点光的角度或方向。

★ （点光）：产生由光源中心向四周均匀发散的效果。

★ （无限光）：类似于太阳一样，将光照射在整个平面上。

★ （重置当前光照）：单击该按钮即可对当前光源进行重置。

2. "属性"面板

创建光源后，在"属性"面板中可对该光源进行参数的设置，在灯光类型下拉列表中可以对光源类型进行更改，如图 7-269 所示。

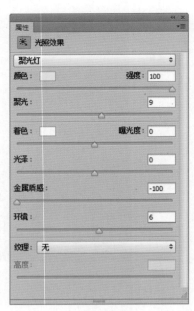

图 7-269

★ 颜色：控制灯光的颜色。

★ 强度：控制灯光的强弱。

★ 聚光：用来控制灯光的光照范围。该选项只能用于聚光灯。

★ 着色：单击以填充整体光照。

★ 曝光度：控制光照的曝光效果。数值为负时，可减少光照；数值为正时，可增加光照。

★ 光泽：用来设置灯光的反射强度。

★ 金属质感：用于设置反射的光线是光源色彩，还是图像本身的颜色。数值越高，反射光越接近反射体本身的颜色；数值越低，反射光越接近光源颜色。

★ 环境：漫射光，使该光照如同与室内的其他光照相结合一样。

★ 纹理：在下拉列表中选择通道，为图像应用纹理通道。

★ 高度：启用"纹理"后，该选项处于可用状态，可以控制应用纹理后产生的凸起的高度。

3. "光源"面板

在"光源"面板中可以看到当前场景中创建的光源。当然使用"回收站"图标 🗑 可以删除不需要的光源，如图 7-270 所示。

图 7-270

7.8.3 镜头光晕

"镜头光晕"滤镜可以模拟由于光线太强而出现的光晕效果。打开一幅图像，选中需要添加滤镜的图层，效果如图 7-271 所示。执行菜单"滤镜＞渲染＞镜头光晕"命令，在弹出的"镜头光晕"对话框中，按住鼠标左键拖曳预览窗口中的十字光标移动光源的位置，如图 7-272 所示。此时画面效果如图 7-273 所示。

图 7-271

图 7-272

图 7-273

★ 预览窗口：在该窗口中可以确定镜头光晕添加的位置。
★ 亮度：控制镜头光晕的亮度。设置"亮度"值为100%，效果如图 7-274 所示。设置"亮度"值为 160%，效果如图 7-275 所示。

图 7-274　　　　　图 7-275

★ 镜头类型：用来选择镜头光晕的类型，共 4 种类型，包括"50-300 毫米变焦""35 毫米聚焦""105 毫米聚焦"和"电影镜头"，效果分别如图 7-276 所示。

50-300毫米变焦　　　35毫米聚焦　　　105毫米聚焦　　　电影镜头

图 7-276

操作练习：使用"镜头光晕"滤镜制作晕影效果

案例文件	使用"镜头光晕"滤镜制作晕影效果 .psd	难易指数	★★★★★
视频教学	使用"镜头光晕"滤镜制作晕影效果 .flv	技术要点	"镜头光晕"滤镜

 案例效果（如图 7-277、图 7-278 所示）

图 7-277　　　　　图 7-278

操作步骤

STEP 01 执行菜单"文件 > 打开"命令，或按 Ctrl+O 组合键，在弹出的"打开"对话框中单击选择素材"1.jpg"，单击"打开"按钮，如图 7-279 所示。

STEP 02 制作光晕效果。执行菜单"滤镜 > 渲染 > 镜头光晕"命令，在弹出的"镜头光晕"对话框中将光晕位置移动到右上角，设置"亮度"为 160%，选中"35 毫米聚焦"单选按钮，如图 7-280 所示。单击"确定"按钮完成设置，效果如图 7-281 所示。

图 7-279

图 7-280

图 7-281

7.8.4 / 纤维

"纤维"滤镜可以根据"前景色"和"背景色"的颜色制作类似纤维质感的效果。该滤镜的颜色效果只取决于前景色和背景色，而与当前图像无关。新建一个空白图层，先设置合适的"前景色"与"背景色"，这里将"前景色"设置为绿色、"背景色"设置为白色，执行菜单"滤镜 > 渲染 > 纤维"命令，在弹出的"纤维"对话框中设置相应的选项，如图 7-282 所示。此时画面效果如图 7-283 所示。

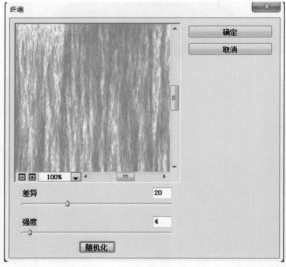

图 7-282

图 7-283

★ 差异：控制颜色变化的方式。

★ 强度：控制纤维外观的明显程度。

★ 随机化：单击该按钮，将随机生成新的纤维效果。

7.8.5 / 云彩

　　"云彩"滤镜将根据"前景色"和"背景色"制作非常真实的云彩效果。新建一个空白图层，先设置合适的"前景色"与"背景色"，这里将"前景色"设置为蓝色、"背景色"设置为白色。执行菜单"滤镜>渲染>云彩"命令，效果如图7-284所示。

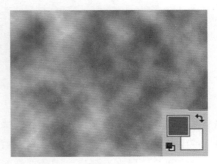

图 7-284

7.9　使用"杂色"滤镜组

　　"杂色"滤镜组中的滤镜用于添加或去掉图像的杂点。例如当图像中有噪点时，就可以使用"减少杂色"滤镜，需要制作画面颗粒质感时可以使用"添加杂色"滤镜。执行菜单"滤镜>杂色"命令，在子菜单中包括"减少杂色""蒙尘与划痕""去斑""添加杂色"和"中间值"滤镜。

7.9.1 / 减少杂色

　　"减少杂色"滤镜可以保留边缘并减少图像中的杂色。打开一幅图像，选中需要添加滤镜的图层，效果如图7-285所示。执行菜单"滤镜>杂色>减少杂色"命令，在弹出的"减少杂色"对话框中设置相应的选项，如图7-286所示。此时画面效果如图7-287所示。

图 7-285

图 7-286

图 7-287

　★　高级：选中"高级"单选按钮，将单独对每一个通道进行设置。

　★　设置：在"设置"下拉列表中可以快速地选择设置好的数值。

　★　基本：在"基本"选项卡下，可以对主要的参数进行设置。

　★　强度：用来设置应用于所有图像通道的明亮度杂色的减少量。图7-288和图7-289所示为不同强度的对比效果。

图 7-288　　　　　　　　　　　　图 7-289

★ 保留细节：用来控制保留图像的边缘和细节的程度。

★ 减少杂色：移去随机的颜色像素。数值越大，减少的颜色杂色越多。

★ 锐化细节：用来设置移去图像杂色时锐化图像的程度。

★ 移去 JPEG 不自然感：勾选该复选框后，将去除因 JPEG 压缩而造成的不自然效果。

7.9.2 蒙尘与划痕

　　"蒙尘与划痕"滤镜可以去除图像中的杂点和划痕。打开一幅图像，选中需要添加滤镜的图层，效果如图 7-290 所示。执行菜单"滤镜 > 杂色 > 蒙尘与划痕"命令，在弹出的"蒙尘与划痕"对话框中设置相应的选项，如图 7-291 所示。此时画面效果如图 7-292 所示。

图 7-290　　　　　　　　　　　图 7-291　　　　　　　　　　　图 7-292

★ 半径：用来设置柔化图像边缘的范围。图 7-293 和图 7-294 所示为不同半径的对比效果。

图 7-293　　　　　　　　　　　　图 7-294

★ 阈值：用来定义像素的差异有多大才会被视为杂点。数值越高，消除杂点的能力越弱。

7.9.3 去斑

"去斑"滤镜会自动检测画面中类似斑点的区域，并自动处理这部分斑点以达到去斑的目的。打开一幅图像，选中需要添加滤镜的图层，效果如图 7-295 所示。执行菜单"滤镜 > 杂色 > 去斑"命令，此时画面效果如图 7-296 所示。

图 7-295

图 7-296

7.9.4 添加杂色

"添加杂色"滤镜可以为画面添加细小的杂色颗粒，它常被用来制作复古、怀旧的画面效果。打开一幅图像，选中需要添加滤镜的图层，效果如图 7-297 所示。执行菜单"滤镜 > 杂色 > 添加杂色"命令，在弹出的"添加杂色"对话框中设置相应的选项，如图 7-298 所示。此时画面效果如图 7-299 所示。

图 7-297

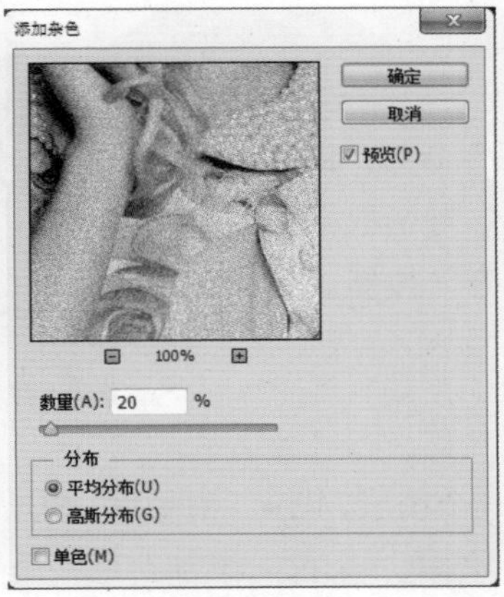

图 7-298

图 7-299

★ 数量：用来设置添加到图像中的杂点的数量。图 7-300 和图 7-301 所示为不同数量的对比效果。

图 7-300

图 7-301

★ 分布：选中"平均分布"单选按钮，将随机向图像中添加杂点，杂点效果比较柔和；选中"高斯分布"单选按钮，将沿一条钟形曲线分布杂色的颜色值，以获得斑点状的杂点效果。

★ 单色：勾选该复选框以后，杂点只影响原有像素的亮度，并且像素的颜色不会发生改变。

操作练习：使用"添加杂色"滤镜制作下雪效果

案例文件	使用"添加杂色"滤镜制作下雪效果.psd	难易指数	★★★★★
视频教学	使用"添加杂色"滤镜制作下雪效果.flv	技术要点	"添加杂色"和"动感模糊"滤镜

案例效果（如图 7-302、图 7-303 所示）

图 7-302

图 7-303

操作步骤

STEP 01 执行菜单"文件 > 打开"命令，或按 Ctrl+O 组合键，在弹出的"打开"对话框中单击选择素材"1.jpg"，单击"打开"按钮，效果如图 7-304 所示。

图 7-304

STEP 02 制作出雪的效果。新建一个图层，设置"前景色"为黑色，按 Alt+Delete 组合键进行填充，效果如图 7-305 所示。执行菜单"滤镜 > 杂色 > 添加杂色"命令，在弹出的"添加杂色"对话框中设置"数量"为 60%，选择"分布"为"平均分布"，勾选"单色"复选框，如图 7-306 所示。单击"确定"按钮，效果如图 7-307 所示。

图 7-305

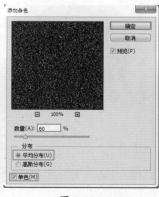

图 7-306

图 7-307

STEP 03 由于此时的杂色斑点太小，所以需要单击工具箱中的"矩形选框工具"按钮■，在画面中间位置按住鼠标左键拖曳绘制选区，如图 7-308 所示。接着使用 Ctrl+C 组合键进行复制，使用 Ctrl+V 组合键进行粘贴，关闭之前的杂色图层，效果如图 7-309 所示。

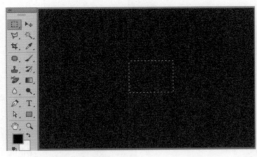

图 7-308　　　　　　　　　　　　　　　图 7-309

STEP 04 选中复制的图层，使用 Ctrl+T 组合键调出定界框，将光标定位在定界框边缘将其放大到覆盖整个画面，按 Enter 键完成变换，如图 7-310 所示。在"图层"面板中设置图层混合模式为"滤色"，如图 7-311 所示。效果如图 7-312 所示。

图 7-310　　　　　　　　图 7-311　　　　　　　　图 7-312

STEP 05 为了使雪花更加真实，可以为其制作动感效果。选中雪花图层，执行菜单"滤镜 > 模糊 > 动感模糊"命令，在弹出的"动感模糊"对话框中设置"角度"为 60 度、"距离"为 20 像素，如图 7-313 所示。单击"确定"按钮完成设置，效果如图 7-314 所示。

图 7-313　　　　　　　　　　　　　　图 7-314

7.9.5 中间值

　　"中间值"滤镜用来搜索像素选区的半径范围从而查找亮度相近的像素，并且会去除与相邻像素差异太大的像素，然后用搜索到的像素的中间亮度值来替换中心像素。打开一幅图像，选中需要添加滤镜的图层，效果如图 7-315 所示。执行菜单"滤镜＞杂色＞中间值"命令，在弹出的"中间值"对话框中，"半径"主要用于设置搜索像素选区的半径范围，如图 7-316 所示。此时画面效果如图 7-317 所示。

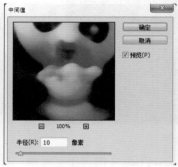

| 图 7-315 | 图 7-316 | 图 7-317 |

7.10 使用"其它"滤镜组

执行菜单"滤镜＞其它"命令，在子菜单中包括"高反差保留""位移""自定""最大值"和"最小值"等滤镜。

7.10.1 高反差保留

"高反差保留"滤镜将自动分析图像中的细节边缘部分，并且会制作出一张带有细节的图像。当然，这种图像看起来不怎么漂亮，但是用处却很大。比如，在对人像面部进行磨皮时可以应用这种图像，把这部分的细节作为选取对象，就可以对面部的一些瑕疵进行快速修饰。打开一幅图像，选中需要添加滤镜的图层，效果如图 7-318 所示。执行菜单"滤镜＞其它＞高反差保留"命令，在弹出的"高反差保留"对话框中，"半径"主要用来设置滤镜分析处理图像像素的范围。数值越大，所保留的原始像素就越多；当数值为 0.1 像素时，仅保留图像边缘的像素，如图 7-319 所示。此时画面效果如图 7-320 所示。

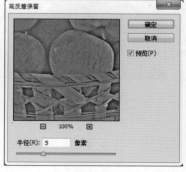

| 图 7-318 | 图 7-319 | 图 7-320 |

7.10.2 位移

"位移"滤镜可以在水平或垂直方向上偏移图像，通常用来制作无缝衔接的效果。打开一幅图像，选中需要添加滤镜的图层，效果如图 7-321 所示。执行菜单"滤镜 > 其它 > 位移"命令，在弹出的"位移"对话框中设置选项，如图 7-322 所示。设置完成后单击"确定"按钮，此时画面效果如图 7-323 所示。

 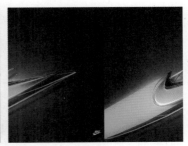

图 7-321　　　　　　　　图 7-322　　　　　　　　图 7-323

★ 水平：用来设置图像像素在水平方向上的偏移距离，如图 7-324 所示。

★ 垂直：用来设置图像像素在垂直方向上的偏移距离，如图 7-325 所示。

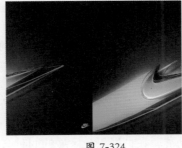 

图 7-324　　　　　　　　图 7-325

★ 未定义区域：用来选择图像发生偏移后填充空白区域的方式。"设置为背景"选项，可用背景色填充空缺区域；"重复边缘像素"选项，可在空缺区域填充扭曲边缘的像素颜色；"折回"选项，可在空缺区域填充溢出图像之外的图像内容。

7.10.3 自定

"自定"滤镜可以设计用户自己的滤镜效果。该滤镜可以根据预定义的"卷积"数学运算来更改图像中每像素的亮度值。打开一幅图像，选中需要添加滤镜的图层，效果如图 7-326 所示。执行菜单"滤镜 > 其它 > 自定"命令，在弹出的"自定"对话框中设置相应的选项，如图 7-327 所示。此时画面效果如图 7-328 所示。

图 7-326　　　　　　　　图 7-327　　　　　　　　图 7-328

7.10.4 最大值

"最大值"滤镜可以在指定的半径范围内，用周围像素的最高亮度值替换当前像素的亮度值。"最大值"滤镜具有阻塞功能，可以展开白色区域阻塞黑色区域。打开一幅图像，选中需要添加滤镜的图层，效果如图 7-329 所示。执行菜单"滤镜＞其它＞最大值"命令，在弹出的"最大值"对话框中设置相应的选项，如图 7-330 所示。此时画面效果如图 7-331 所示。

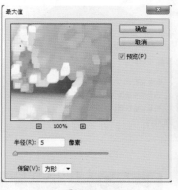

图 7-329　　　　　　　　　图 7-330　　　　　　　　　图 7-331

★ 半径：设置用周围像素的最高亮度值来替换当前像素的亮度值的范围。

★ 保留：在"保留"下拉列表中包括"方形"和"圆形"两个选项。

7.10.5 最小值

"最小值"滤镜具有伸展功能，在扩展黑色区域的同时会收缩白色区域。打开一幅图像，选中需要添加滤镜的图层，效果如图 7-332 所示。执行菜单"滤镜＞其它＞最小值"命令，在弹出的"最小值"对话框中设置相应的选项，如图 7-333 所示。此时画面效果如图 7-334 所示。

图 7-332　　　　　　　　　图 7-333　　　　　　　　　图 7-334

★ 半径：设置用周围像素的最低亮度值来替换当前像素的亮度值的范围。

★ 保留：在"保留"下拉列表中包括"方形"和"圆形"两个选项。

第 8 章
CHAPTER EIGHT

合成

本章概述

　　"合成"是部分组成整体的意思，在 Photoshop 中"合成"是将不同场景中的人或物组合在一个场景中，如把人像从原背景中抠出来，然后更换一个背景，这就叫作"合成"。"合成"并不是简单的素材堆叠、罗列，还要讲求色调的谐调、光影的融合，以及气氛的渲染。"合成"也是十分考验设计师艺术表现力、创造力的，这些能力还是要在不断学习、探索中得到。

本章要点

- 综合掌握图层蒙版、画笔工具的使用方法
- 综合掌握图层蒙版、剪贴蒙版、图层样式及渐变工具的配合使用
- 综合掌握剪贴蒙版、图层蒙版、混合模式的使用方法
- 综合掌握图层蒙版、剪贴蒙版、混合模式、曲线、可选颜色、画笔工具及渐变工具的配合使用

扫一扫，下载
本章配备资源

佳作欣赏

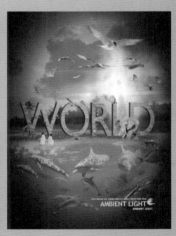

8.1　创意广告合成：画中汽车

案例文件	创意广告合成：画中汽车.psd
视频教学	创意广告合成：画中汽车.flv

难易指数	★★★★★
技术要点	图层蒙版、画笔工具

案例效果 (如图8-1所示)

图 8-1

操作步骤

STEP 01 制作画面背景。执行菜单"文件>新建"命令，创建一个新文档。设置"前景色"为灰色，使用 Alt+Delete 组合键填充灰色，如图 8-2 所示。

STEP 02 制作绘画感的道路。单击工具箱中的"磁性套索工具"按钮，在选项栏中单击"新选区"按钮，设置"羽化"为 25 像素，接着将光标移动到画面底部绘制弯曲的选区，如图 8-3 所示。然后单击工具箱中的"渐变工具"按钮，在选项栏中单击渐变条，在弹出的"渐变编辑器"对话框中编辑一个棕色系渐变，设置渐变方式为"线性渐变"，将光标移动到选区附近按住鼠标左键拖曳填充渐变，如图 8-4 所示。

图 8-2

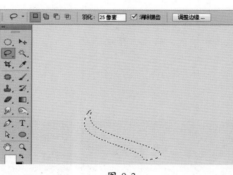

图 8-3

图 8-4

STEP 03 在"图层"面板中设置"不透明度"为 52%，如图 8-5 所示。效果如图 8-6 所示。使用同样的方法制作其他部分的效果，如图 8-7 所示。

图 8-5

图 8-6

图 8-7

STEP 04 置入底图素材。执行菜单"文件>置入"命令,在弹出的"置入"对话框中单击选择素材"1.jpg",单击"置入"按钮,并将素材放置到适当位置,按 Enter 键完成置入。执行菜单"图层>栅格化>智能对象"命令,将图层栅格化为普通图层,效果如图 8-8 所示。在"图层"面板中设置图层混合模式为"正片叠底",设置"不透明度"为 29%,如图 8-9 所示。效果如图 8-10 所示。

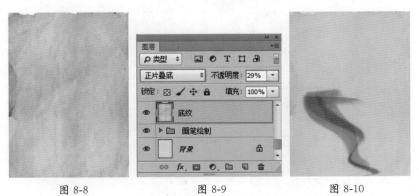

图 8-8　　　　　　　　　图 8-9　　　　　　　　　图 8-10

STEP 05 执行菜单"文件>置入"命令,置入素材"2.jpg",并将素材放置到适当位置,按 Enter 键完成置入。执行菜单"图层>栅格化>智能对象"命令,将图层栅格化为普通图层,效果如图 8-11 所示。在"图层"面板中单击底部的"添加图层蒙版"按钮,再单击工具箱中的"画笔工具"按钮 ,在选项栏中单击"画笔预设"下三角按钮,在"画笔预设"下拉面板中设置"大小"为 100 像素、"不透明度"为 0%,设置"前景色"为黑色,在"图层"面板中单击图层蒙版缩览图,接着将光标移动到画面中对要隐藏的区域按住鼠标左键拖曳进行涂抹,如图 8-12 所示。继续按住鼠标左键在画面中要隐藏的区域拖曳进行涂抹隐藏,如图 8-13 所示。同时在图层蒙版缩览图中可看到被涂抹的区域变成了黑色,效果如图 8-14 所示。

图 8-11　　　　　　　图 8-12　　　　　　　图 8-13　　　　　　　图 8-14

STEP 06 执行菜单"文件>置入"命令,置入素材"3.jpg",并将素材旋转后放置到画面顶部,按 Enter 键完成置入。执行菜单"图层>栅格化>智能对象"命令,将图层栅格化为普通图层,效果如图 8-15 所示。在"图层"面板中设置"不透明度"为 60%,如图 8-16 所示。效果如图 8-17 所示。

STEP 07 使用同样的方法为"图层 10"图层添加蒙版,并隐藏不需要的区域,如图 8-18 所示。效果如图 8-19 所示。

STEP 08 使用同样的方法绘制另一座山,效果如图 8-20 所示。

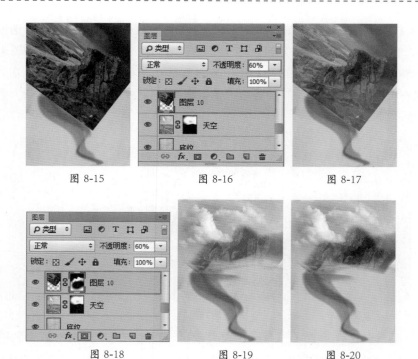

图 8-15　　　　　　图 8-16　　　　　　图 8-17

图 8-18　　　　　　图 8-19　　　　　　图 8-20

STEP 09 制作地面。执行菜单"文件＞置入"命令，置入素材"5.jpg"，并将素材放置到适当位置，按 Enter 键完成置入。执行菜单"图层＞栅格化＞智能对象"命令，将图层栅格化为普通图层，效果如图 8-21 所示。下面制作扭曲道路的效果。首先将直的路变得扭曲，执行菜单"编辑＞操控变形"命令，可以看到画面中素材上出现了无数的三角形，如图 8-22 所示。然后将光标定位在画面中单击以添加定位点，单击定位点并拖曳形状进行自由扭曲，如图 8-23 所示。按 Enter 键完成变形，此时路成弧度扭曲，如图 8-24 所示。

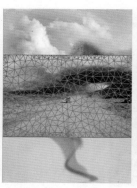

图 8-21　　　　　　图 8-22　　　　　　图 8-23　　　　　　图 8-24

STEP 10 使用同样的方法为该图层添加图层蒙版，使用黑色画笔涂抹多余的部分，使之隐藏，如图 8-25 所示。图层蒙版效果如图 8-26 所示。

图 8-25　　　　　　图 8-26

STEP 11 新建一个图层，设置"前景色"为棕色，使用画笔工具在画面下半部分绘制棕色的道路，

如图 8-27 所示。在"图层"面板中设置图层混合模式为"正片叠底"。继续执行菜单"图层 > 创建剪贴蒙版"命令，如图 8-28 所示。效果如图 8-29 所示。

图 8-27　　　　　　　图 8-28　　　　　　　图 8-29

STEP 12 为道路两边添加沙土效果。执行菜单"文件 > 置入"命令，置入素材"6.jpg"，将素材放置到适当位置，按 Enter 键完成置入。执行菜单"图层 > 栅格化 > 智能对象"命令，将图层栅格化为普通图层，效果如图 8-30 所示。为素材添加图层蒙版。首先使用黑色填充蒙版，然后使用白色画笔工具绘制道路两侧的部分，使该图层只保留道路两边的沙土，如图 8-31 所示。图层蒙版效果如图 8-32 所示。

STEP 13 为道路两边的沙土调色。执行菜单"图像 > 调整 > 曲线"命令，在打开的"属性"面板中的曲线上单击以添加控制点，按住鼠标左键向下拖曳控制点调整曲线形状，再添加一个控制并点向下拖曳调整曲线形状，如图 8-33 所示。单击"此调整剪贴到此图层"按钮，效果如图 8-34 所示。

    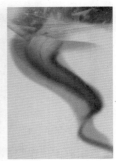

图 8-30　　　　图 8-31　　　　图 8-32　　　　图 8-33　　　　图 8-34

STEP 14 制作沙土感觉的平地。执行菜单"文件 > 置入"命令，置入素材"6.jpg"，并将素材放置到适当位置，按 Enter 键完成置入。执行菜单"图层 > 栅格化 > 智能对象"命令，将图层栅格化为普通图层，效果如图 8-35 所示。为素材添加图层蒙版。使用黑色画笔工具将边缘处的沙土擦除，使沙土素材有边缘的柔和过渡感，如图 8-36 所示。图层蒙版效果如图 8-37 所示。

STEP 15 为沙土调色。执行菜单"图像 > 调整 > 曲线"命令，在打开的"属性"面板中的曲线上单击以添加控制点，按住鼠标左键向下拖曳控制点调整曲线形状，再添加一个控制点向下拖曳调整曲线形状，如图 8-38 所示。调整完毕后，单击"此调整剪贴到此图层"按钮，效果如图 8-39 所示。

图 8-35　　　　　图 8-36　　　　　图 8-37　　　　　图 8-38　　　　　图 8-39

STEP 16 为平地沙土制作出高低起伏感。执行菜单"文件＞置入"命令，置入素材"6.jpg"，并将素材放置到适当位置，按 Enter 键完成置入。执行菜单"图层＞栅格化＞智能对象"命令，将图层栅格化为普通图层，效果如图 8-40 所示。为素材添加图层蒙版。使用黑色画笔工具将画面中沙土选择性地擦除，使画面的沙土有阴影变化高低起伏的感觉，如图 8-41 所示。图层蒙版效果如图 8-42 所示。

STEP 17 为沙土调色。执行菜单"图像＞调整＞曲线"命令，在打开的"属性"面板中的曲线上单击以添加控制点，按住鼠标左键向下拖曳控制点调整曲线形状，再添加一个控制点向下拖曳调整曲线形状，如图 8-43 所示。调整完毕后单击"此调整剪贴到此图层"按钮，效果如图 8-44 所示。

   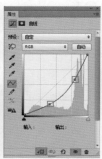 

图 8-40　　　　　图 8-41　　　　　图 8-42　　　　　图 8-43　　　　　图 8-44

STEP 18 制作喷溅的泥点。单击工具箱中的"自定形状工具"按钮，在选项栏中设置"绘制模式"为"像素"，单击"形状"下三角按钮，在"形状"下拉面板中单击选择喷溅形状，设置"前景色"为深灰色。新建一个图层，在沙土边缘按住鼠标左键并拖曳绘制形状，如图 8-45 所示。继续绘制两个沙土形状，如图 8-46 所示。接着置入沙土素材，执行菜单"图层＞创建剪贴蒙版"命令，使沙土素材只显示出部分喷溅效果，如图 8-47 所示。

图 8-45　　　　　　　图 8-46　　　　　　　图 8-47

STEP 19 执 行 菜 单 "文件 > 置入"命令，置入地面素材"5.jpg"，效果如图 8-48 所示。为素材添加图层蒙版，使用画笔工具将画面边缘擦除，使画面中保留部分沙地区域，如图 8-49 所示。

图 8-48

图 8-49

STEP 20 使地面与边缘颜色叠加、融合。新建一个图层，设置"前景色"为棕色，使用画笔工具绘制沙土的边缘处，如图 8-50 所示。在"图层"面板中设置图层混合模式为"正片叠底"。执行菜单"图层 > 创建剪贴蒙版"命令，"图层"面板如图 8-51 所示。效果如图 8-52 所示。

图 8-50

图 8-51

图 8-52

STEP 21 置入云朵。执行菜单"文件 > 置入"命令，置入素材"7.png"，并将素材放置到适当位置，按 Enter 键完成置入。执行菜单"图层 > 栅格化 > 智能对象"命令，将图层栅格化为普通图层，效果如图 8-53 所示。使用同样的方法置入素材"8.png"，效果如图 8-54 所示。

STEP 22 执行菜单"文件 > 置入"命令，置入素材"4.jpg"，并将素材放置到适当的位置，按 Enter 键完成置入。执行菜单"图层 > 栅格化 > 智能对象"命令，将图层栅格化为普通图层，如图 8-55 所示。为素材添加图层蒙版。使用画笔工具将山石以外的多余位置擦除，使画面中只有山石，如图 8-56 所示。图层蒙版效果如图 8-57 所示。

图 8-53

图 8-54

图 8-55

图 8-56

图 8-57

STEP 23 置入汽车素材并抠图。执行菜单"文件 > 置入"命令，置入素材"4.jpg"，并将素材放置到适当位置，按 Enter 键完成置入。执行菜单"图层 > 栅格化 > 智能对象"命令，将图层栅格化为普通图层。单击工具箱中的"钢笔工具"按钮，在画面中汽车边缘绘制路径，如图 8-58

所示。接着在选项栏中单击"路径操作"按钮，在下拉菜单中选择"排除重叠形状"命令。继续使用钢笔工具在画面中汽车玻璃位置边缘绘制选区，如图 8-59 所示。使用 Ctrl+Enter 组合键将路径转化为选区，如图 8-60 所示。

图 8-58

图 8-59

图 8-60

STEP 24 单击"图层"面板底部的"添加图层蒙板"按钮，效果如图 8-61 所示。图层蒙版效果如图 8-62 所示。

图 8-61

图 8-62

STEP 25 给汽车添加车窗。同样的方法使用钢笔工具绘制车窗部分选区，使用 Ctrl+C 组合键复制图层，使用 Ctrl+V 组合键粘贴为独立图层，如图 8-63 所示。为了使车窗更加真实，在"图层"面板中设置"不透明度"为 30%，如图 8-64 所示。此时玻璃成为半透明效果，如图 8-65 所示。

图 8-63

图 8-64

图 8-65

STEP 26 执行菜单"文件 > 置入"命令，置入手素材"4.jpg"，并将素材放置到适当位置，按 Enter 键完成置入。执行菜单"图层 > 栅格化 > 智能对象"命令，将图层栅格化为普通图层，最终效果如图 8-66 所示。

图 8-66

8.2 创意电影海报：惊喜圣诞夜

案例文件	创意电影海报：惊喜圣诞夜.psd
视频教学	创意电影海报：惊喜圣诞夜.flv

难易指数	★★★★★
技术要点	图层蒙版、剪贴蒙版、图层样式、渐变工具

 案例效果 (如图 8-67 所示)

图 8-67

 操作步骤

STEP 01 制作海报的背景。执行菜单"文件 > 新建"命令，创建一个新文档。单击工具箱中的"渐变工具"按钮▇，在选项栏中单击渐变条，在弹出的"渐变编辑器"对话框中编辑一个红色系渐变，单击"确定"按钮完成设置。设置渐变方式为"径向渐变"，设置"模式"为"正常"，将光标移动到画面中间位置，按住鼠标左键向外拖曳填充渐变，效果如图 8-68 所示。

图 8-68

STEP 02 给背景添加特殊的图案叠加。载入特殊图案，执行菜单"编辑 > 预设 > 预设管理器"命令，在弹出的"预设管理器"对话框中单击"预设类型"下三角按钮，在弹出的下拉列表中选择"图案"选项，单击"载入"按钮，如图 8-69 所示。在弹出的"载入"对话框中单击选择"1.pat"，单击"载入"按钮完成载入，如图 8-70 所示。在"预设管理器"对话框中可以看到载入的图案，单击"完成"按钮完成载入，如图 8-71 所示。

STEP 03 为背景添加载入的图案。执行菜单"图层 > 图层样式 > 图案叠加"命令，在弹出的"图层样式"对话框中设置"混合模式"为"正常"，设置"不透明度"为 2%，设置"图案"为之前载入的图案，设置"缩放"为 223%，如图 8-72 所示。设置完成后单击"确定"按钮，效果如图 8-73 所示。

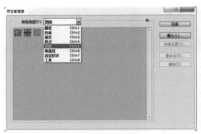

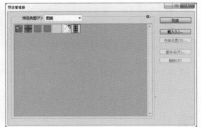

图 8-69　　　　　　　　　　　图 8-70　　　　　　　　　　　图 8-71

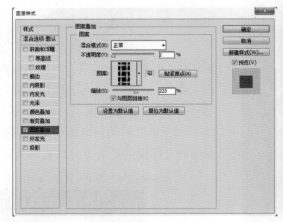

图 8-72　　　　　　　　　　　　　　　　图 8-73

STEP 04 制作背景上的星光来渲染画面气氛。首先要制作一个四角星的画笔。单击工具箱中的"矩形工具"按钮，在选项栏中设置"绘制模式"为"像素"，设置"模式"为"正常"，在画面中间位置按住 Shift 键并按住鼠标左键拖曳绘制形状。接着单击工具箱中的"橡皮擦工具"按钮，在选项栏中单击"画笔预设"下三角按钮，在下拉面板中设置"大小"为 60 像素，设置"硬度"为 100%，选择圆形笔刷，在画面中的正方形上下左右单击擦除一块，如图 8-74 所示。在"图层"面板中，按住 Ctrl 键单击图层缩览图，显示形状选区。执行菜单"编辑 > 定义画笔预设"命令，在弹出的"画笔名称"对话框中单击"确定"按钮完成编辑，如图 8-75 所示。

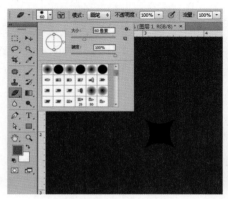

图 8-74　　　　　　　　　　　　　　　图 8-75

STEP 05 隐藏刚才用于定义画笔而绘制的形状图层，使用四角星画笔绘制大量的星形光斑。单击工具箱中的"画笔工具"按钮，在选项栏中设置画笔笔刷为四角形形状，并设置"前景色"为白色，如图 8-76 所示。接着在选项栏中单击"切换画笔面板"按钮，在打开的"画笔"面板中设置"大小"为 10 像素、"间距"为 500%，如图 8-77 所示。勾选"形状动态"复选框，设置"大小抖动"为 52%，如图 8-78 所示。勾选"散布"复选框，设置"散布"为 1000%，如图 8-79 所示。

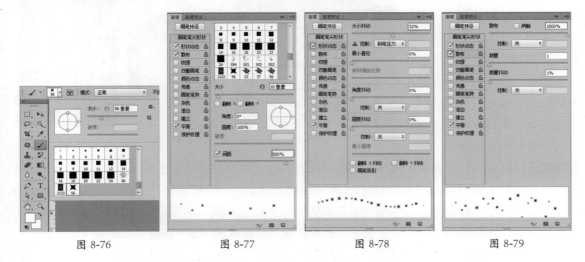

| 图 8-76 | 图 8-77 | 图 8-78 | 图 8-79 |

STEP 06 将光标移动到画面中按住鼠标左键拖曳绘制，如图 8-80 所示。接着在选项栏中更改画笔大小，然后在画面中绘制，效果如图 8-81 所示。

| 图 8-80 | 图 8-81 |

STEP 07 制作放射状图形。单击工具箱中的"矩形工具"按钮 ，在选项栏中设置"绘制模式"为"像素"，设置"模式"为"正常"，设置"前景色"为橘黄色，在画面中间位置按住 Shift 键并按住鼠标左键拖曳绘制矩形，如图 8-82 所示。使用 Ctrl+T 组合键调出定界框，将光标定位在中心点，按住鼠标左键将中心点拖曳到右侧，接着将矩形旋转，按 Enter 键确定变换，如图 8-83 所示。然后使用 Ctrl+Alt+Shift+T 组合键复制并重复上一次变换，如图 8-84 所示。使用同样的方法制作半圈矩形，如图 8-85 所示。

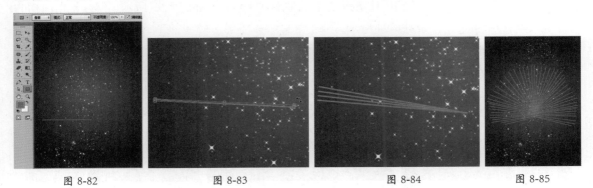

| 图 8-82 | 图 8-83 | 图 8-84 | 图 8-85 |

STEP 08 按住 Ctrl 键选中矩形所有图层，使用 Ctrl+E 组合键合并所选图层，并单击"图层"面板底部的"添加图层蒙版"按钮，如图 8-86 所示。单击工具箱中的"画笔工具"按钮 ，在选项栏中单击"画笔预设"下三角按钮，在"画笔预设"下拉面板中设置"大小"为 100 像素、"硬度"为 0%，并设置"前景色"为黑色，接着在放射状图形边缘涂抹，边缘虚化。图层蒙版效果如图 8-87 所示。画面效果如图 8-88 所示。

图 8-86　　　　　　　　　　图 8-87　　　　　　　　图 8-88

STEP 09 执行菜单"文件 > 置入"命令，在弹出的"置入"对话框中单击选择素材"2.png"，单击"置入"按钮，按 Enter 键完成置入。执行菜单"图层 > 栅格化 > 智能对象"命令，将图层栅格化为普通图层，如图 8-89 所示。接着为音乐符添加"外发光"效果，执行菜单"图层 > 图层样式 > 外发光"命令，在弹出的"图层样式"对话框中设置"混合模式"为"滤色"，设置"不透明度"为 75%，设置"杂色"为 0%，设置"发光颜色"为黄色，设置"方法"为"柔和"，设置"扩展"为 0%，设置"大小"为 15 像素，设置"范围"为 50%，设置"抖动"为 0%，如图 8-90 所示。设置完成后单击"确定"按钮，效果如图 8-91 所示。

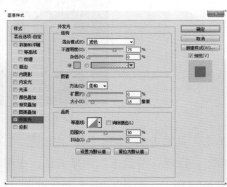

图 8-89　　　　　　　　　　图 8-90　　　　　　　　图 8-91

STEP 10 执行菜单"文件 > 置入"命令，在弹出的"置入"对话框中单击选择素材"3.png"，单击"置入"按钮，按 Enter 键完成置入。执行菜单"图层 > 栅格化 > 智能对象"命令，将图层栅格化为普通图层，如图 8-92 所示。使用同样的方法置入素材"4.png"，如图 8-93 所示。继续使用同样的方法置入素材"5.png"，如图 8-94 所示。

图 8-92　　　　　　　　　　图 8-93　　　　　　　　图 8-94

STEP 11 执行菜单"文件 > 置入"命令，置入素材"6.png"，按 Enter 键完成置入。执行菜单"图层 > 栅格化 > 智能对象"命令，将图层栅格化为普通图层，如图 8-95 所示。执行菜单"图层 > 图层样式 > 投影"命令，在弹出的"图层样式"对话框中设置"混合模式"为"正片叠底"，设置"投影颜色"为棕红色，设置"不透明度"为 52%，设置"角度"为 –106 度，设置"距离"为 5 像素，设置"扩展"为 0%，设置"大小"为 16 像素，如图 8-96 所示。设置完成后单击"确定"按钮，效果如图 8-97 所示。

图 8-95

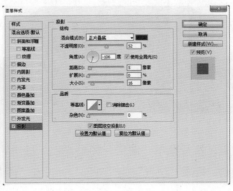
图 8-96

图 8-97

STEP 12 选中投影后的图层，执行菜单"图层 > 复制图层"命令，在弹出的"复制图层"对话框中单击"确定"按钮，接着使用 Ctrl+T 组合键调出定界框，右击，执行"水平翻转"命令，将图像进行翻转，并放置在适当位置，如图 8-98 所示。

STEP 13 使用同样的方法继续复制图像。使用 Ctrl+T 组合键调出定界框，旋转缩放图像并将其放置在画面左侧位置，如图 8-99 所示。接着对复制的图像进行调色，执行菜单"图层 > 新建调整图层 > 色相 / 饱和度"命令，在打开的"属性"面板中设置"色相"为 –20，如图 8-100 所示。设置完成后单击"此调整剪贴到此图层"按钮，效果如图 8-101 所示。

图 8-98

图 8-99

图 8-100

图 8-101

STEP 14 使用同样的方法继续复制图像，并将其放置在画面的右侧，如图 8-102 所示。

图 8-102

STEP 15 在画面中制作大小不一样的文字。单击工具箱中的"横排文字工具"按钮 **T**，在选项栏中设置合适的"字体"，设置"字号"为 91.22 点，设置"填充"为黄色，在画面中单击并输入文字，如图 8-103 所示。然后在选项栏中将"字号"更改为 39.1 点，继续在画面中输入，效果如图 8-104 所示。接着使用 Ctrl+T 组合键调出定界框，将文字进行旋转，按 Enter 键完成操作，如图 8-105 所示。

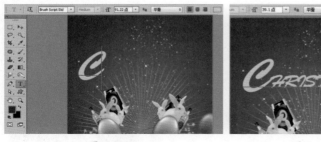

图 8-103　　　　　　　　　　　　图 8-104　　　　　　　　　　　　图 8-105

STEP 16 为文字添加描边效果。执行菜单"图层 > 图层样式 > 描边"命令，在弹出的"图层样式"对话框中设置"大小"为 9 像素，设置"位置"为"外部"，设置"混合模式"为"正常"，设置"不透明度"为 100%，设置"填充类型"为"颜色"，设置"颜色"为暗红色，如图 8-106 所示。设置完成后接着单击"确定"按钮，效果如图 8-107 所示。最后使用同样的方法制作其他文字，如图 8-108 所示。

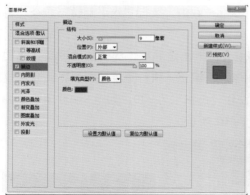

图 8-106　　　　　　　　　　　　图 8-107　　　　　　　　　　　　图 8-108

STEP 17 制作文字按钮。单击工具箱中的"椭圆选框工具"按钮 **●**，在画面右侧按住 Shift 键并按住鼠标左键拖曳绘制正圆选区，如图 8-109 所示。单击工具箱中的"渐变工具"按钮 **■**，在选项栏中单击渐变条，在弹出的"渐变编辑器"对话框中编辑一个黑白渐变，并设置渐变方式为"线性渐变"，接着在画面中按住鼠标左键拖曳为选区填充渐变，如图 8-110 所示。继续在其中制作一个填充红色的圆形，如图 8-111所示。

图 8-109　　　　　　　　　　　　图 8-110　　　　　　　　　　　　图 8-111

STEP 18 添加按钮中的文字。单击工具箱中的"横排文字工具"按钮**T**，在选项栏中设置合适的"字体"和"字号"，设置"填充"为黄色，在画面中单击并输入文字，使用 Ctrl+T 组合键调出定界框，将文字进行旋转并放置在适当位置，如图 8-112 所示。使用同样的方法输入其他文字，如图 8-113 所示。

图 8-112　　　　　　　　　图 8-113

STEP 19 执行菜单"文件>置入"命令，置入素材"7.jpg"，按 Enter 键完成置入。执行菜单"图层>栅格化>智能对象"命令，将图层栅格化为普通图层，如图 8-114 所示。接下来要隐藏白色背景。单击工具箱中的"魔棒工具"按钮，在选项栏中设置"容差"为 5，勾选"连续"复选框，将光标移到白色背景区域，单击，得到背景部分的选区，如图 8-115 所示。接着在白色选区内右击，在弹出的快捷菜单中执行"选择反向"命令，再单击"图层"面板底部的"添加图层蒙版"按钮，此时背景部分被隐藏，效果如图 8-116 所示。图层蒙版效果如图 8-117 所示。

图 8-114　　　　图 8-115　　　　图 8-116　　　　图 8-117

STEP 20 为人物进行调色。执行菜单"图层>新建调整图层>色相/饱和度"命令，在打开的"属性"面板中设置"色相"为 -5、"饱和度"为 +28，并单击"此调整剪贴到此图层"按钮，如图 8-118 所示。使该调整图层只影响人物部分，效果如图 8-119 所示。

图 8-118　　　　　　　　图 8-119

STEP 21 制作半个鸡蛋壳。执行菜单"文件＞置入"命令，再次置入素材"6.png"，并进行栅格化。单击工具箱中的"多边形套索工具"按钮，在画面中的鸡蛋上绘制半个鸡蛋的选区，如图 8-120 所示。按 Delete 键删除选区，效果如图 8-121 所示。为删除后的鸡蛋壳绘制阴影。在鸡蛋壳图层的下方新建一个图层，单击工具箱中的"画笔工具"按钮，在选项栏中单击"画笔预设"下三角按钮，在"画笔预设"下拉面板中设置"大小"为80像素、"硬度"为0%、"不透明度"为 33%，设置"前景色"为深紫色，在画面中鸡蛋壳断裂处绘制。由于阴影位于人像上，所以需要选中该阴影图层，右击，执行"创建剪贴蒙版"命令，如图 8-122 所示。效果如图 8-123 所示。

图 8-120

图 8-121

图 8-122

图 8-123

STEP 22 执行菜单"文件＞置入"命令，置入素材"8.png"，按 Enter 键完成置入。执行菜单"图层＞栅格化＞智能对象"命令，将图层栅格化为普通图层，如图 8-124 所示。

STEP 23 在画面中添加装饰性的高光。单击工具箱中的"画笔工具"按钮，在选项栏中单击"画笔预设"下三角按钮，在"画笔预设"下拉面板中设置"大小"为 40 像素，"硬度"为 0%，设置"前景色"为白色，在画面中适当位置按住鼠标左键拖曳并绘制高光线条，如图 8-125 所示。使用同样的方法多绘制几道高光，如图 8-126 所示。

图 8-124

图 8-125

图 8-126

STEP 24 执行菜单"文件＞置入"命令，置入红色缎带素材"9.png"，按 Enter 键完成置入。执行菜单"图层＞栅格化＞智能对象"命令，将图层栅格化为普通图层，如图 8-127 所示。为了使缎带更加立体，为其添加投影。执行菜单"图层＞图层样式＞投影"命令，在弹出的"图层样式"对话框中设置"混合模式"为"正片叠底"，设置"投影颜色"为黑色，设置"不透明度"为 57%，设置"角度"为 −106 度，设置"距离"为 1 像素，设置"扩展"为 0%，设置"大小"为 24 像素，如图 8-128 所示。设置完成后单击"确定"按钮，效果如图 8-129 所示。

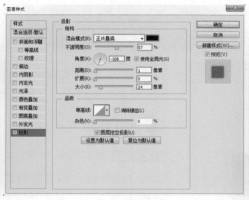

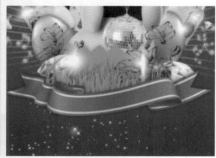

图 8-127 图 8-128 图 8-129

STEP 25 执行菜单"文件 > 置入"命令，置入素材"10.png"，如图 8-130 所示。

STEP 26 为画面添加底部文字。先制作缎带的路径文字，单击工具箱中的"钢笔工具"按钮，在选项栏中设置"绘制模式"为"路径"，接着在画面中缎带位置按住鼠标左键拖曳并绘制路径，如图 8-131 所示。单击工具箱中的"横排文字工具"按钮，在选项栏中设置合适的"字体"和"字号"，设置"填充"为黄色，单击路径，并在路径上输入文字，如图 8-132 所示。

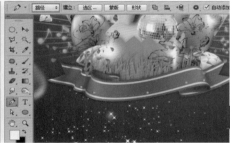

图 8-130 图 8-131 图 8-132

STEP 27 使用同样的方法制作其他简单文字，最终效果如图 8-133 所示。

图 8-133

8.3 创意风景合成：神奇的大自然

案例文件	创意风景合成：神奇的大自然.psd
视频教学	创意风景合成：神奇的大自然.flv

难易指数	★★★★★
技术要点	剪贴蒙版、图层蒙版、混合模式

📖 **案例效果** (如图 8-134 所示)

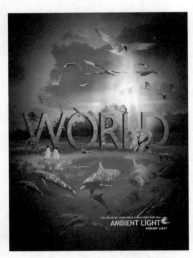

图 8-134

📖 **操作步骤**

STEP 01 执行菜单"文件>打开"命令，或按 Ctrl+O 组合键，在弹出的"打开"对话框中选择素材"1.jpg"，单击"打开"按钮，如图 8-135 所示。

图 8-135

STEP 02 添加海底素材并调色。执行菜单"文件>置入"命令，在弹出的"置入"对话框中单击选择素材"2.jpg"，单击"置入"按钮，并将素材移动到适当位置，按 Enter 键完成置入。执行菜单"图层>栅格化>智能对象"命令，将图层栅格化为普通图层，如图 8-136 所示。为了使画面颜色融合，对画面进行调色。执行菜单"图层>新建调整图层>选取颜色"命令，在打开的"属性"面板中的"颜色"下拉列表框中选择"蓝色"选项，设置"青色"为+100%、"洋红"为-65%、"黄色"为+100%、"黑色"为+100%，如图 8-137 所示。单击"此调整剪贴到此图层"按钮，效果如图 8-138 所示。

图 8-136

图 8-137

图 8-138

STEP 03 制作有层次感的草地。执行菜单"文件>置入"命令，置入素材"3.jpg"，将素材移动到适当位置，按 Enter 键完成置入。执行菜单"图层>栅格化>智能对象"命令，将图层栅格化为普通图层，如图 8-139 所示。单击"图层"面板底部的"添加图层蒙版"按钮，为该图层创建图层蒙版，接着单击工具箱中的"画笔工具"按钮 ✐，在选项栏中单击"画笔预设"下三角按钮，在"画笔预设"面板中设置"大小"为 200 像素、"硬度"为 0%，设置"前景色"为白色，在"图层"面板中选中图层蒙版缩览图，将光标移动到画面中按住鼠标左键对画面上部进行拖曳涂抹，将天空抹去，如图 8-140 所示。图层蒙版效果如图 8-141 所示。

STEP 04 在画面中可以看到保留的草地过多，下面去除一些草地。使用画笔工具在蒙版下部按住鼠标左键拖曳进行涂抹，隐藏过多的草地，如图 8-142 所示。图层蒙版效果如图 8-143 所示。

    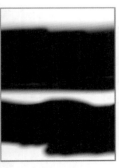

图 8-139　　　　图 8-140　　　　图 8-141　　　　图 8-142　　　　图 8-143

STEP 05 在画面中可以看到草地并不立体，因此要为草地制作光感变化的效果。执行菜单"文件 > 置入"命令，置入素材"4.jpg"，将素材移动到适当位置，按 Enter 键完成置入。执行菜单"图层 > 栅格化 > 智能对象"命令，将图层栅格化为普通图层，如图 8-144 所示。在置入的画面中可以看到草地的阴影明暗变化，为了保留阴影区域的草地，对其他部位进行隐藏。单击"图层"面板底部的"添加图层蒙版"按钮，为该图层创建图层蒙版，继续使用同样的方法将阴影明暗变化的草地保留，如图 8-145 所示。图层蒙版效果如图 8-146 所示。

图 8-144　　　　图 8-145　　　　图 8-146

STEP 06 执行菜单"文件 > 置入"命令，置入素材"5.jpg"，将素材移动到适当位置，按 Enter 键完成置入。执行菜单"图层 > 栅格化 > 智能对象"命令，将图层栅格化为普通图层，如图 8-147 所示。在"图层"面板中设置图层混合模式为"滤色"，如图 8-148 所示。效果如图 8-149 所示。接着使用同样的方法将光效多余部分用图层蒙版隐藏显示，如图 8-150 所示。

图 8-147　　　　图 8-148　　　　图 8-149　　　　图 8-150

325

STEP 07 制作立体字。首先制作立体文字底层的深色底纹，单击工具箱中的"横排文字工具"按钮 **T**，在选项栏中设置适合的"字体"和"字号"，设置"填充"为墨绿色，在画面草地上方位置单击并输入文字，如图 8-151 所示。接着为文字制作简单的阴影明暗变化效果，单击工具箱中的"画笔工具"按钮 ，在选项栏中单击"画笔预设"下三角按钮，在下拉面板中设置"大小"为 60 像素、"硬度"为 0%、"模式"为"正常"，设置"不透明度"为 50%，设置"前景色"为黑色，在画面中按住鼠标左键拖曳并绘制文字的阴影，将其他图层关闭可以更明显地看到效果，如图 8-152 所示。选中该图层，执行菜单"图层 > 创建剪贴蒙版"命令，效果如图 8-153 所示。

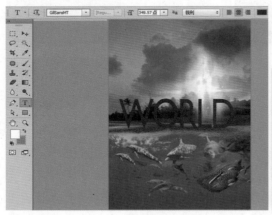

图 8-151　　　　　　　　　　　图 8-152　　　　　　　　　　　图 8-153

STEP 08 制作顶层的文字。在"图层"面板中选中文字图层，执行菜单"图层 > 复制图层"命令，将该图层移到阴影图层上方，在画面中将其向右移动一点，并在选项栏中将填充颜色设置为黄色，如图 8-154 所示。接着执行菜单"文件 > 置入"命令，置入素材"6.jpg"，将素材移动到适当位置，按 Enter 键完成置入。执行菜单"图层 > 栅格化 > 智能对象"命令，将图层栅格化为普通图层，如图 8-155 所示。选中该图层，执行"图层 > 创建剪贴蒙版"命令，效果如图 8-156 所示。

图 8-154　　　　　　　　　　　图 8-155　　　　　　　　　　　图 8-156

STEP 09 制作文字上的光影变化。单击工具箱中的"画笔工具"按钮 ，在选项栏中单击"画笔预设"下三角按钮，在"画笔预设"下拉面板中设置"大小"为100像素、"硬度"为0%、"模式"为"正常"，设置"不透明度"为50%，设置"前景色"为黄色，在文字上部按住鼠标左键由左向右拖曳并绘制，如图8-157所示。将其他图层关闭可看到绘制的效果，如图8-158所示。执行菜单"图层>创建剪贴蒙版"命令，效果如图8-159所示。使用同样的方法在文字底部制作一条半透明黑色的阴影，效果如图8-160所示。

STEP 10 执行菜单"文件>置入"命令，置入素材"7.png"，将素材移动到适当位置，按 Enter 键完成置入。执行菜单"图层>栅格化>智能对象"命令，将图层栅格化为普通图层，如图8-161 所示。

图 8-157　　　　图 8-158　　　　图 8-159　　　　图 8-160　　　　图 8-161

STEP 11 给画面添加暗角。创建一个新图层，设置"前景色"为黑色，使用 Alt+Delete 组合键填充黑色，如图8-162所示。接着单击工具箱中的"椭圆选框工具"按钮，在选项栏中单击"新选区"按钮，设置"羽化"为50像素，在画面中间位置按住鼠标左键拖曳并绘制较大的椭圆选区，如图8-163所示。接着将光标定位在选区内部右击，在弹出的快捷菜单中执行"选择反向"命令，选区效果如图8-164所示。选中黑色的图层，单击"图层"面板底部的"添加图层蒙版"按钮，为选区创建图层蒙版，如图8-165所示。

图 8-162　　　　　图 8-163　　　　　图 8-164　　　　　图 8-165

STEP 12 单击工具箱中的"横排文字工具"按钮，在选项栏中设置合适的"字体"和"字号"，设置"填充"为白色，在画面右下角位置单击并输入文字，如图8-166所示。使用同样的方法输入其他文字，如图8-167所示。执行菜单"文件>置入"命令，置入素材"8.png"，将素材移动到右下位置并缩放，按 Enter 键完成置入。执行菜单"图层>栅格化>智能对象"命令，将图层栅格化为普通图层，如图8-168所示。

图 8-166

图 8-167

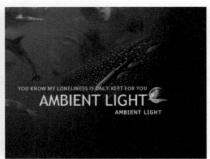
图 8-168

STEP 13 对画面的整体进行调色。执行菜单"图层 > 新建调整图层 > 曲线"命令，在打开的"属性"面板中的曲线上单击从而添加两个控制点，按住鼠标左键向上拖曳控制点调整曲线形状，如图 8-169 所示。最终效果如图 8-170 所示。

图 8-169

图 8-170

8.4 创意人像合成：森林女神

案例文件	创意人像合成：森林女神.psd
视频教学	创意人像合成：森林女神.flv

难易指数	★★★★★
技术要点	图层蒙版、剪贴蒙版、混合模式、曲线、可选颜色、画笔工具、渐变工具

 案例效果 (如图 8-171 所示)

图 8-171

🎴 操作步骤

STEP 01 执行菜单"文件 > 打开"命令，或按 Ctrl+O 组合键，在弹出的"打开"对话框中单击选择素材"1.jpg"，单击"打开"按钮，如图 8-172 所示。

STEP 02 对人物照片的背景进行处理，使背景呈现纯白色。单击工具箱中的"减淡工具"按钮 🔍，在选项栏中单击"画笔预设"下三角按钮，在"画笔预设"下拉面板中设置"大小"为 150 像素、"硬度"为 0%，设置"范围"为"高光"，设置"曝光度"为 45%，接着将光标移动到画面中背景处按住鼠标左键拖曳涂抹背景区域，如图 8-173 所示。

图 8-172

图 8-173

STEP 03 置入天空素材。执行菜单"文件 > 置入"命令，在弹出的"置入"对话框中单击选择素材"2.jpg"，单击"置入"按钮，并将素材放置到适当位置，按 Enter 键完成置入。执行菜单"图层 > 栅格化 > 智能对象"命令，将图层栅格化为普通图层，如图 8-174 所示。在"图层"面板中设置图层混合模式为"正片叠底"，效果如图 8-175 所示。

图 8-174

图 8-175

STEP 04 在"图层"面板底部单击"添加图层蒙版"按钮，接着单击工具箱中的"画笔工具"按钮 ✏️，在选项栏中单击"画笔预设"下三角按钮，在"画笔预设"下拉面板中设置"大小"为 100 像素，在选项栏中设置画笔"不透明度"为 30%，设置"前景色"为黑色，在"图层"面板中选中图层蒙版缩览图，接着将光标移到蒙版中人物部分，按住鼠标左键拖曳进行涂抹，如图 8-176 所示。继续按住鼠标左键在要隐藏的人物区域拖曳进行涂抹隐藏，效果如图 8-177 所示。图层蒙版效果如图 8-178 所示。

图 8-176

图 8-177

图 8-178

STEP 05 对天空进行调色。执行菜单"图层 > 新建调整图层 > 色相 / 饱和度"命令，在打开的"属性"面板中选择颜色为"青色"，设置"色相"为+180、"饱和度"为 0、"明度"为+65，如图 8-179 所示。设置完成后单击"此调整剪贴到此图层"按钮，效果如图 8-180 所示。

图 8-179

图 8-180

STEP 06 丰富天空颜色。单击"图层"面板底部的"创建新图层"按钮，接着单击工具箱中的"渐变工具"按钮，在选项栏中单击渐变条，在弹出的"渐变编辑器"对话框中编辑一个紫色到透明的渐变，设置渐变方式为"线性渐变"，将光标移动到画面下部按住鼠标左键由下到上进行拖曳填充渐变，如图 8-181 所示。接着在"图层"面板中设置图层混合模式为"色相"，如图 8-182 所示。效果如图 8-183 所示。执行菜单"图层 > 创建剪贴蒙版"命令，使该图层只影响到天空图层，如图 8-184 所示。

图 8-181

图 8-182

图 8-183

图 8-184

STEP 07 为人物添加美丽的眼影。为了方便观察，单击工具箱中的"缩放工具"按钮，将光标移动到画面中多次单击，将画面显示放大，如图 8-185 所示。新建一个图层，接着单击工具箱中的"画笔工具"按钮，在选项栏中单击"画笔预设"下三角按钮，在"画笔预设"下拉面板中设置"大小"为 20 像素、"硬度"为 0%，设置"前景色"为淡绿色，接着将光标移到眼睛周围按住鼠标左键拖曳绘制，如图 8-186 所示。继续设置"前景色"为淡黄色，在眼睛周围按住鼠标左键拖曳绘制，如图 8-187 所示。

图 8-185

图 8-186

图 8-187

STEP 08 在"图层"面板中设置图层混合模式为"颜色"，如图 8-188 所示。效果如图 8-189 所示。

STEP 09 新建一个图层，继续使用画笔工具，设置"前景色"为淡蓝色，接着将光标定位在眼尾处按住鼠标左键拖曳进行绘制，如图 8-190 所示。接着在"图层"面板中设置图层混合模式为"正片叠底"，如图 8-191 所示。效果如图 8-192 所示。

图 8-188

图 8-189

图 8-190

图 8-191

图 8-192

STEP 10 新建一个图层，继续使用画笔工具，在选项栏中设置"不透明度"为 30%，设置"前景色"为白色，接着将光标定位在上眼皮中部，按住鼠标左键拖曳进行绘制，如图 8-193 所示。然后在"图层"面板中设置图层混合模式为"叠加"，如图 8-194 所示。效果如图 8-195 所示。

STEP 11 添加眼尾的羽毛装饰。执行菜单"文件 > 置入"命令，置入素材"2.png"，并将素材放置到适当位置，按 Enter 键完成置入。执行菜单"图层 > 栅格化 > 智能对象"命令，将图层栅格化为普通图层，如图 8-196 所示。使用同样的方法制作左边眼影的装饰，如图 8-197 所示。

图 8-193

图 8-194

图 8-195

图 8-196

图 8-197

STEP 12 对嘴唇进行调色。执行菜单"图层 > 新建调整图层 > 可选颜色"命令，在打开的"属性"面板中选择"颜色"为"红色"，设置"青色"为 -1%、"洋红"为 +31%、"黄色"为 +30%、"黑色"为 +7%，如图 8-198 所示。效果如图 8-199 所示。

图 8-198　　　　　　　　　　　图 8-199

STEP 13 若想将调色的效果应用在人物的嘴唇处，就必须使用"图层蒙版"只显示嘴唇效果。在"图层"面板中选中该调整图层的蒙版缩览图，设置"前景色"为黑色，使用 Alt+Delete 组合键为图层蒙版填充黑色，如图 8-200 所示。接着单击工具箱中的"画笔工具"按钮 ✐，在选项栏中单击"画笔预设"下三角按钮，在"画笔预设"下拉面板中设置"大小"为 20 像素、"硬度"为 0%，设置"前景色"为白色，在嘴唇处按住鼠标左键拖曳进行涂抹，此时只有嘴唇颜色发生变化，如图 8-201 所示。图层蒙版效果如图 8-202 所示。

图 8-200　　　　　　　　　图 8-201　　　　　　　　　图 8-202

STEP 14 对人物肤色调整。使用同样的方法创建调整图层，在打开的"属性"面板中选择"颜色"为"中性色"，设置"青色"为 +24%、"洋红"为 +23%、"黄色"为 +10%、"黑色"为 -12%，如图 8-203 所示。效果如图 8-204 所示。

图 8-203　　　　　　　　　　　图 8-204

STEP 15 在调整图层蒙版中使用黑色画笔涂抹皮肤以外的部分，使该调整图层只影响皮肤效果，如图 8-205 所示。图层蒙版效果如图 8-206 所示。

图 8-205　　　　　　　　　　　　　　　　图 8-206

STEP 16 对人物的头发进行调色。新建一个图层，接着单击工具箱中的"画笔工具"按钮，在选项栏中单击"画笔预设"下三角按钮，在"画笔预设"下拉面板中设置"大小"为 100 像素、"硬度"为 0%，在选项栏中设置"不透明度"为 80%，设置"前景色"为绿色，接着将光标移到头发上按住鼠标左键拖曳绘制，继续设置"前景色"为紫色，在头发上按住鼠标左键拖曳绘制。再设置"前景色"为蓝色，在人物头发上进行涂抹，如图 8-207 所示。接着在"图层"面板中设置图层混合模式为"叠加"，如图 8-208 所示。效果如图 8-209 所示。

图 8-207　　　　　　　　　　图 8-208　　　　　　　　图 8-209

STEP 17 使用同样的方法再绘制一层颜色，效果如图 8-210 所示。在"图层"面板中设置图层混合模式为"叠加"，效果如图 8-211 所示。

图 8-210　　　　　　　　　　　　　　　　图 8-211

STEP 18 执行菜单"文件 > 置入"命令，置入素材"4.png"和素材"5.png"，并将素材放置到适当的位置，按 Enter 键完成置入。执行菜单"图层 > 栅格化 > 智能对象"命令，将图层栅格化为普通图层，如图 8-212 所示。选择素材"4.png"所在图层，执行菜单"图层 > 复制图层"命令，接着使用 Ctrl+T 组合键调出定界框，将光标定位在定界框一角处，按住鼠标左键并拖曳，对素材进行适当的缩放和旋转，并放置在藤边，如图 8-213 所示。使用同样的方法制作一组藤蔓，效果如图 8-214 所示。

STEP 19 使用同样方法添加更多藤蔓，如图 8-215 所示。

图 8-212　　　　图 8-213　　　　图 8-214　　　　图 8-215

STEP 20 执行菜单"文件 > 置入"命令，置入素材"6.jpg"，并将素材放置到适当位置，按 Enter 键完成置入。执行菜单"图层 > 栅格化 > 智能对象"命令，将图层栅格化为普通图层，如图 8-216 所示。在"图层"面板中设置图层混合模式为"正片叠底"，如图 8-217 所示。效果如图 8-218 所示。

图 8-216　　　　　　图 8-217　　　　　　图 8-218

STEP 21 在画面中可以看到蝴蝶遮挡了手臂，为该图层创建图层蒙版。使用同样的方法对手臂处的蝴蝶进行隐藏，效果如图 8-219 所示。图层蒙版效果如图 8-220 所示。

图 8-219　　　　　　　　　图 8-220

STEP 22 对蝴蝶提高亮度。执行菜单"图层 > 新建调整图层 > 曲线"命令，调整曲线形态，如图 8-221 所示。效果如图 8-222 所示。

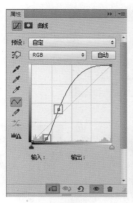

图 8-221   图 8-222

STEP 23 执行菜单"文件 > 置入"命令,置入素材"7.png",并将素材放置到适当位置,按 Enter 键完成置入。执行菜单"图层 > 栅格化 > 智能对象"命令,将图层栅格化为普通图层,如图 8-223 所示。接着执行菜单"文件 > 置入"命令,置入紫色花朵素材"8.png",并将素材放置到适当位置,按 Enter 键完成置入。执行菜单"图层 > 栅格化 > 智能对象"命令,将图层栅格化为普通图层,如图 8-224 所示。使用同样的方法置入两种白色花朵素材"9.png"和"10.png",点缀在藤蔓上,效果如图 8-225 所示。

图 8-223   图 8-224   图 8-225

STEP 24 执行菜单"文件 > 置入"命令,置入素材"11.jpg",并将素材放置到适当位置,按 Enter 键完成置入。执行菜单"图层 > 栅格化 > 智能对象"命令,将图层栅格化为普通图层,如图 8-226 所示。在"图层"面板中设置图层混合模式为"滤色",如图 8-227 所示。效果如图 8-228 所示。

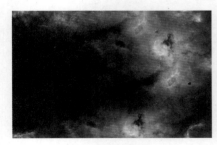

图 8-226   图 8-227   图 8-228

STEP 25 制作装饰文字。单击工具箱中的"横排文字工具"按钮 T,在选项栏中设置"字体"和"字号",设置"填充"为绿色,在画面右下角位置单击并输入文字,如图 8-229 所示。新建一个图层,接着单击工具箱中的"画笔工具"按钮 ,在选项栏中单击"画笔预设"下三角按钮,在"画笔预设"下拉面板中设置"大小"为 100 像素、"硬度"为 0%,在选项栏中设置"不透明度"为 80%,

设置"前景色"为绿色，接着将光标移到右下角文字处按住鼠标左键拖曳绘制。继续设置"前景色"为紫色，按住鼠标左键拖曳绘制。再设置"前景色"为粉色进行涂抹，如图 8-230 所示。接着执行菜单"图层 > 创建剪贴蒙版"命令，使颜色线条只显示出文字形态中的部分，如图 8-231 所示。

图 8-229

图 8-230

图 8-231

STEP 26 执行菜单"文件 > 置入"命令，置入素材"12.jpg"，并将素材放置在右下角位置，按 Enter 键完成置入，效果如图 8-232 所示。

图 8-232

STEP 27 将文字及文字的右下角装饰组建为一个组，选中该组，执行菜单"图层 > 图层样式 > 描边"命令，在弹出的"图层样式"对话框中设置"大小"为 3 像素，设置"位置"为"外部"，设置"混合模式"为"正常"，设置"不透明度"为 100%，设置"填充类型"为"颜色"，设置"颜色"为紫色，如图 8-233 所示。单击"确定"按钮完成设置，效果如图 8-234 所示。画面最终效果如图 8-235 所示。

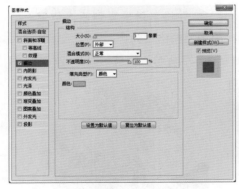
图 8-233

图 8-234

图 8-235